彩图 1-1 远借

彩图 1-2 法国凡尔赛宫苑

彩图 2-1 北海公园濠濮间的长廊

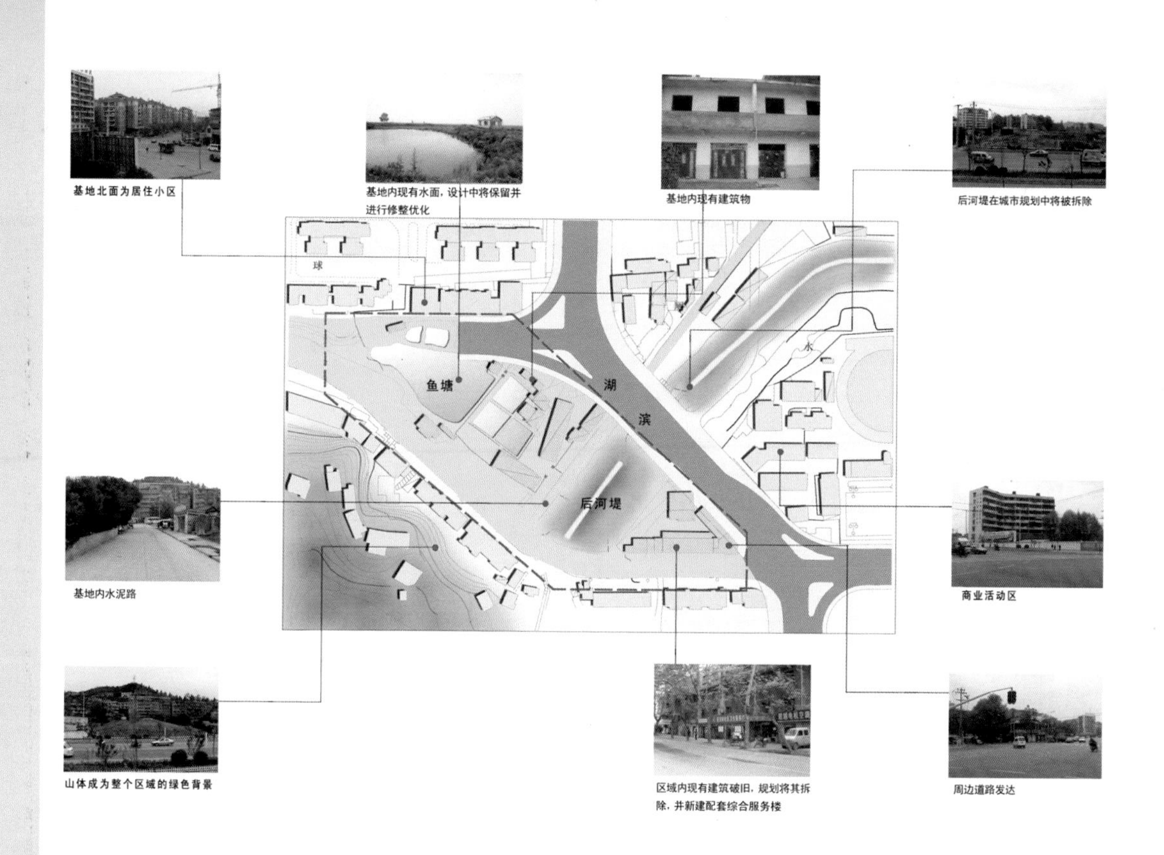

彩图 4-1 基地现状图

彩图 4-2 主出入口广场

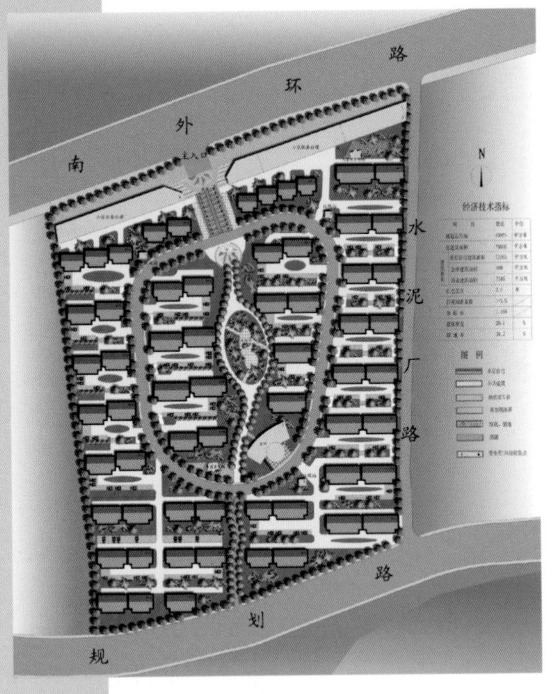

彩图 5-1 某居住区的绿地设计平面图

彩图 5-2 某居住区中心公园

彩图 5-3 东堤湾小区中心游园

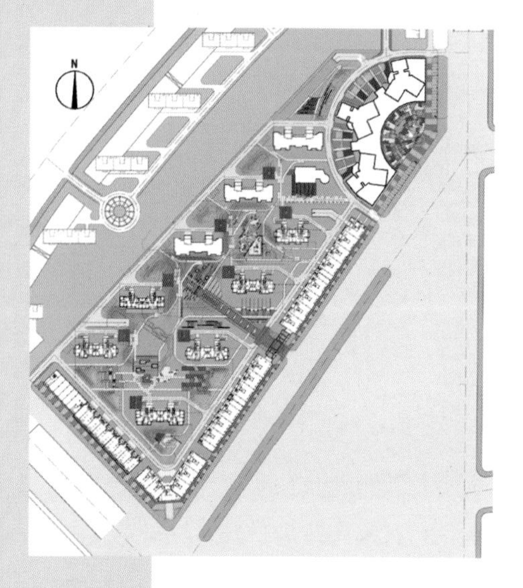

彩图 5-4 哈尔滨哈西新区某居住区

彩图 6-1 某校入口区绿化景观效果图

彩图 7-1　立体交叉口绿化景观

彩图 8-1 青岛五四广场

彩图 8-2 营口经济技术开发区月亮广场

彩图 8-3 石家庄政府广场

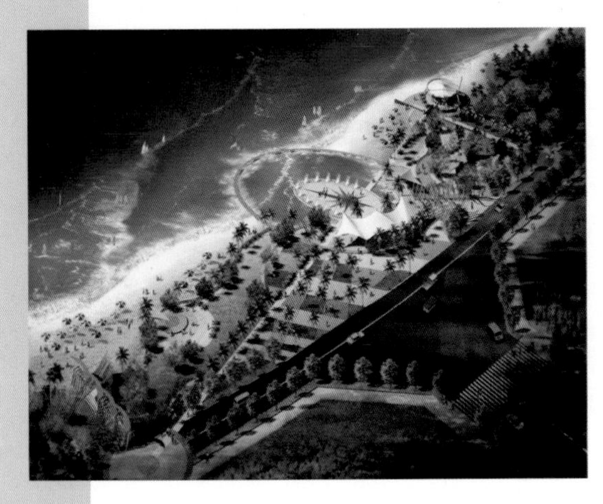

彩图 8-4 三亚海月广场

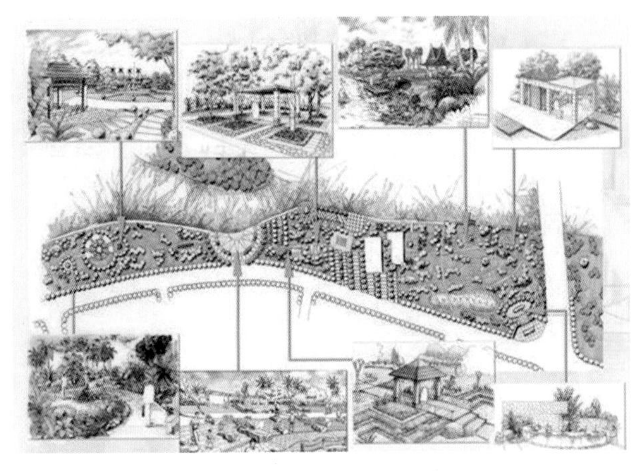

彩图 10-1 某城市滨水绿地景观设计图

彩图 10-2 瑞安市瑞详新区滨水绿地景观设计现状图

高职高专教育"十二五"规划建设教材

园林规划设计

第2版

赵彦杰　主编

中国农业大学出版社
·北京·

内容简介

根据高等职业教育的主要任务和专业培养目标的要求，本教材分为三部分，第一部分是园林规划设计的理论知识，重点介绍园林规划设计的基本知识和基本方法；第二部分是各类绿地的规划设计，采用项目任务驱动的形式，符合最新的高职教育改革发展方向；第三部分是实训内容。

本书既是教材又是园林设计职业者的参考书，详尽的案例任务分析可为从业者提供完成设计的正确方法。

图书在版编目(CIP)数据

园林规划设计 / 赵彦杰主编. —北京 ：中国农业大学出版社，2013.8(2015.11 重印)
ISBN 978-7-5655-0782-3

Ⅰ.①园… Ⅱ.①赵… Ⅲ.①园林－规划－教材②园林设计－教材 Ⅳ.①TU986

中国版本图书馆 CIP 数据核字(2013)第 175606 号

书　名 园林规划设计　第 2 版
作　者 赵彦杰　主编

策划编辑 姚慧敏　　**责任编辑** 韩元凤
封面设计 郑　川　　**责任校对** 王晓凤　陈莹
出版发行 中国农业大学出版社
社　址 北京市海淀区圆明园西路 2 号　　**邮政编码** 100193
电　话 发行部 010-62818525，8625　　读者服务部 010-62732336
编辑部 010-62732617，2618　　出　版　部 010-62733440
网　址 http://www.cau.edu.cn/caup　　**e-mail** cbsszs @ cau.edu.cn
经　销 新华书店
印　刷 北京鑫丰华彩印有限公司
版　次 2013 年 7 月第 2 版　2015 年 11 月第 2 次印刷
规　格 787×1092　16 开本　17.25 印张　415 千字　彩插 2
定　价 32.00 元

编写人员

主　编　赵彦杰　（临沂大学）

副主编　王　巍　（黑龙江农业工程职业学院）

　　　　　杨京燕　（台州科技职业技术学院）

　　　　　赵新英　（新疆农业职业技术学院）

　　　　　张玉泉　（黑龙江农业职业技术学院）

参　编　冯志敏　（信阳农林学院）

　　　　　马　英　（河北政法职业学院）

　　　　　徐金玉　（潍坊技师学院）

　　　　　王移山　（潍坊职业学院）

前　言

《园林规划设计》是全国高职高专园林类专业"十二五"规划系列教材，是高职院校园林技术和园林工程技术专业的核心教材。

本教材在编写中，根据高等职业教育的主要任务和专业培养目标的要求，将教材分为三部分，第一部分是园林规划设计的理论知识，将重点放在介绍园林规划设计的基本知识和基本方法；第二部分是各类绿地的规划设计，这一部分改变过去理论阐述，采用项目任务驱动的形式，符合高职教育改革发展方向；第三部分为实训内容。教材在编写过程中遵从以下几个原则：

1. 专业知识的深度与广度体现高职高专的特点，注重内容的实用性、科学性、专业性。

2. 理论知识与实践技能训练的比例适度。注重实践技能知识的应用与职业技能方面的培养训练，强调职业岗位需求，满足园林行业工作要求。

3. 吸收新的规划设计理念，强调社会性和时代性，注重生态文明，建设美丽中国，使学生尽快适应园林行业的发展趋势。

4. 教材编写中各章都有知识目标、技能目标、实训项目等，设计章节采用项目任务的形式展开，有实例分析和实训项目，从而加强和突出教材的实用性。

5. 内容系统完整，体现其参考性、资料性，有一定的保存价值，文字叙述详尽，便于高职高专学生学习使用，并且为从事园林行业后的工作，提供有价值的案例参考。

本书各章节编写分工如下：王巍编写第一章（后半部分）、第五章；赵新英编写第一章（前半部分）、第二章；杨京燕编写第六章、第七章、第九章；张玉泉编写第四章、第十一章、第十二章；冯志敏编写第十章；马英编写第八章；前言等其他章节由赵彦杰、徐金玉、王移山编写。

本教材的编写中得到了山东临沂大学、黑龙江农业工程职业学院、新疆农业职业技术学院、台州科技职业技术学院、黑龙江农业职业技术学院、信阳农林学院、河北政法职业学院、潍坊技师学院、潍坊职业学院等院校的大力支持，在此表示感谢。

在本书编写过程中，我们参考了大量的国内外有关著作、论文及互联网上园林设计作品，有些难以找到原始出处，未能一一注明，敬请谅解，谨向有关专家、学者、单位、个人致以衷心的感谢。

由于编写人员的水平有限，编写时间紧张，书中难免有疏漏和不妥之处，恳请广大读者提出宝贵意见和建议，以便我们修正和不断补充完善。

编　者

2012 年 12 月

目 录

知识篇

应用篇

实训篇

知 识 篇

绪 论

当今社会随着城市化发展的趋势，人们的物质生活日益提高，但生态环境也受到严重破坏。人们重新审视自己的行为，认识到必须保护自然环境，维护自然生态平衡。园林规划设计学科恰恰是与之关系密切的一门应用学科，其核心是为人类构建和谐的活动空间，全面提高人类生活的环境品质。

一、几个基本概念

世界造园已有6 000多年的历史，有东方、西亚和希腊三大系统。中国在黄帝时期就有建造园林的文字记载，东方园林以中国园林为代表，中国园林有优秀的造园艺术传统及造园文化传统，被誉为“世界园林之母”。中国园林从崇尚自然的思想出发，发展形成了以山水为骨架的自然式园林；西方古典园林以意大利台地园和法国园林为代表，把园林看作是建筑的附属和延伸，强调轴线、对称，发展形成具有几何图案美的规则式园林。到了近、现代，园林风格互相融合渗透，又形成了混合式园林和自由式园林。

(一)园林

园林，顾名思义，不但要有“园”加以范围，而且还要用“林”充实园子。指在一定的地域运用工程技术和艺术手段，通过改造地形、种植花草树木、营造建筑和布置园路等途径创作而成的美的自然环境和游憩境域。现代园林的涵盖范围是非常广阔的，包括庭园、宅园、小游园、花园、公园、植物园、动物园等，还包括森林公园、风景名胜区、自然保护区或国家公园的游览区以及休养胜地。园林在历史进程中不断完善自身功能，现代园林又有了新的含义，它不只是作为游憩的场所，而且具有保护和改善环境的功能，尤为重要的是园林在心理上和精神上所产生的有益作用。

景观是可供人参观的自然风光及人文名胜。现代园林景观可以指某地区或某种类型的自然景色，也可指人工创造的景色。如云海玉盘、晚霞西照、旭日东升、黄河金带是泰山的四大景观；吉林雾凇、长江三峡、云南石林、桂林山水是中国的四大景观。自然景观是自然形成的，如瀑布、石笋、石钟乳等，而文化景观有人为的因素在内，多指有保留价值、考古价值、文化价值在内，如古庙、长城、遗址等。文化景观，特别是古文化景观的保存是受自然环境影响的，而且非常的大，如古建筑，很容易受到自然因素的破坏，很难达到原有的精美程度，而若干年后很可能只保留一个遗址。自然景观的形成是大自然造就的，但它的美也很容易受大自然的破坏，而且这个破坏的人为因素很大、很严重。在人类改造自然的过程中，对自然造成了很大的破坏，这是自然因素无法比拟的。

(二)园林绿地规划和园林设计

绿地是为改善城市生态,保护环境,供居民户外游憩,美化市容,以栽植花草树木为主要内容的土地。广义的绿地,指城市行政管理辖区范围内由公共绿地、专用绿地、防护绿地、园林生产绿地,风景名胜区、交通绿地等所构成的绿地系统;狭义的绿地,指小面积的绿化地段,如街道绿地、居住区绿地等,有别于面积相对较大,具有较多游憩设施的公园。

园林绿地规划从大的方面讲,是指明对未来园林绿地发展方向的设想安排,其主要任务是按照国民经济发展需要,提出园林绿地发展的战略目标、发展规模、速度和投资等。这种规划是由各级园林行政部门制定的。用以指导园林绿地的建设。这种规划也叫发展规划。另一种是指对某一个园林绿地(包括已建和拟建的园林绿地)所占用的土地进行安排和对园林要素如山水、植物、建筑等进行合理的布局与组合,如需要划分哪些景区,各布置在什么地方,要多大面积以及投资和完成的时间等。这种规划从时间、空间方面对园林绿地进行安排,使之符合生态、社会和经济的要求,同时又能保证园林规划设计各要素之间取得有机联系,以满足园林艺术要求。这种规划是由园林规划设计部门完成的。

通过规划虽然在时空关系上对园林绿地建设进行了安排,但是这种安排还不能给人们提供一个优美的园林环境。为此要求进一步对园林绿地进行设计。所以园林绿地设计就是为了满足一定目的和用途,在规划的原则下,围绕园林地形,利用植物、山水、建筑等园林要素创造出具有独立风格、有生机、有力度、有内涵的园林环境,或者说设计就是对园林空间进行组合,创造出一种新的园林环境。这个环境是一幅立体画面,是无声的诗,它可以使游人愉快、欢乐并能产生联想。园林绿地设计的内容包括地形设计、建筑设计、园路设计、种植设计及园林小品等方面的设计。园林规划和园林设计都是园林绿地建设前的计划和打算,两者所处的层次和高度不同,解决的问题也不一样。规划是设计的基础,设计是规划的实现手段。

园林规划设计是将待建园林的创意、功能、目的,根据经济条件和艺术法则的指导落实在图纸上的创作过程。其最终目的是要为人们创造优美舒适、健康文明的游憩环境。因此,园林规划设计不仅要考虑经济、技术和生态问题,还要在艺术上考虑美的问题。要借助建筑美、绘画美、文学美和人文美来增强自身的表现能力。园林是现代化城市建设的重要组成部分。

“适用、经济、美观”是园林规划设计必须遵循的原则。所谓适用,一是要因地制宜,具有一定的科学性;二是园林的功能要适合于服务对象。在考虑是否适用的前提下,其次考虑经济问题,经济问题的实质就是如何做到事半功倍。其实我国明朝末年计成所著《园冶》一书中,其主题思想之一就是:“巧于因借、精在体宜。”在适用、经济的前提下,尽可能地做到美观,满足园林布局、造景的艺术要求,在某些特定条件下,美观原则应提到更重要的地位。在园林规划设计中,适用、经济、美观三者之间不是孤立的,而是紧密联系、相互依存、不可分割的整体;单纯地追求适用、经济,不考虑园林艺术的美感,就会降低园林的艺术水准,失去吸引力;如果单纯地追求美观,不全面考虑适用和经济,同样不会得到人们的认可;必须在适用和经济的前提下,尽可能地做到美观,美观必须与适用、经济协调,统一考虑,只有正确处理好三者之间的关系,才能最终创造出理想的园林艺术作品。

二、行业发展趋势及从业人员具备的基本素质

现代世界园林发展的趋势是与生态保护相结合的,强调引入自然,回到自然;从城市中的花园转变为花园城市;园林中以植物为主组织的景观取代以建筑为主的景观,丘陵起伏的地形

和建立草坪，取代大面积的挖湖堆山；新材料、新技术、新的园林机械在园林中广泛应用；注重生产内容、养鱼、种藕以及栽种药用和经济植物等；强调功能性、科学性与艺术性结合，用生态学的观点去配置植物；体现时代精神的雕塑在园林中日益增多。

提到中国园林，世人无不赞叹它的博大精深。在几千年的历史长河中，祖国大地上所建园林不计其数，苏州的拙政园、留园等一大批古典园林还被纳入世界文化遗产。但由于各种原因的影响，加上不同的时代对园林的不同需求，中国园林发展至今，走过了一条艰难而曲折的道路，真正的现代园林和城市绿化是在新中国成立以后才开始快速发展的。党和政府非常重视城市绿地建设事业，并在各地相继建立了园林绿化管理部门，担负起园林事业的建设工作。

然而近年来，由于工业的迅速发展和城市人口的迅猛增长，导致城市环境越来越差，原有的园林绿地已满足不了当前城市化进程的需要。大规模的园林建设活动虽然不少，起到了一些积极的作用，如园林城市的出现，有北京、杭州、库尔勒、遵义、包头、临沂、廊坊等。但是，并没有从根本上阻止环境的进一步恶化，严酷的环境现实，使中国现代园林绿化面临严峻的挑战和难得的机遇。搞好园林绿化建设必须培养一大批懂技术、会管理的人才，使之既具备专业知识，又具有实践技能。

三、行业中的新技术及法律法规

现代园林规划设计的设计要素在不断创新，当今社会给予当代设计师的材料和技术手段比以往任何时期都多，现代设计师可以较自由地应用光影、色彩、声音、质感等形式要素与地形、水体、植物、建筑等形体要素创造园林环境。全球性的环境恶化与资源短缺使人们认识到对大自然的掠夺式开发与滥用所造成的后果。应运而生的生态与可持续发展思想给社会、经济及文化带来了新的发展思路，越来越多的环境规划设计行业正不断吸纳环境生态观念。

佐佐木事务所在查尔斯顿水滨公园设计中，不仅保留而且扩大了公园沿河一侧的河滩用地以保护具有生态意义的沼泽地。该园林中运用的工程技术措施：为减小径流峰值的场地雨水滞蓄手段，为两栖生物考虑的自然多样化驳岸工程措施、污水的自然或生物进化技术，为地下水回灌的"生态铺地"等均具有明显的"绿色"成分。

可见，园林人性化的理念已经不仅局限于适应人的需求，而是扩展到要为动物、植物等一切生命创造舒适的生存空间。我国东湖公园的设计者从动植物的生态习性出发，合理选择乔、灌、藤、草以及湿生植物，通过模仿自然生境为鸟类、鱼类和昆虫创造可栖息的家，从而使公园环境更加生态化。

为了促进城市园林绿化事业的发展，改善生态环境，美化生活环境，增进人民身心健康，国家制定的《城市绿化条例》(以下简称《条例》)已经1992年5月20日国务院第104次常务会议通过，自1992年8月1日起施行。

该《条例》总则中明确指出，城市人民政府应当把城市绿化建设纳入国民经济和社会发展计划；国家鼓励和加强城市绿化的科学研究，推广先进技术，提高城市绿化的科学技术和艺术水平；城市中的单位和有劳动能力的公民，应当依照国家有关规定履行植树或者其他绿化义务；对在城市绿化工作中成绩显著的单位和个人，由人民政府给予表彰和奖励；国务院设立全国绿化委员会，统一组织领导全国城乡绿化工作，其办公室设在国务院林业行政主管部门；国务院城市建设行政主管部门和国务院林业行政主管部门等，按照国务院规定的职权划分，负责全国城市绿化工作。地方绿化管理体制，由省、自治区、直辖市人民政府根据本地实际情况规定；城市人民政府城市绿化行政主管部门主管本行政区域内城市规划区的城市绿化工作。

该《条例》在规划和建设方面明确指出，城市人民政府应当组织城市规划行政主管部门和城市绿化行政主管部门等共同编制城市绿化规划，并纳入城市总体规划。

城市绿化规划应当从实际出发，根据城市发展需要，合理安排同城市人口和城市面积相适应的城市绿化用地面积。

该《条例》在保护和管理方面明确指出，城市的公共绿地、风景林地、防护绿地、行道树及干道绿化带的绿化，由城市人民政府城市绿化行政主管部门管理。

任何单位和个人都不得擅自改变城市绿化规划用地性质或者破坏绿化规划用地的地形、地貌、水体和植被。任何单位和个人都不得擅自占用城市绿化用地。

该《条例》在罚则中明确指出，工程建设项目的附属绿化工程设计方案或者城市的公共绿地、居住区绿地、风景林地和干道绿化带等绿化工程的设计方案，未经批准或者未按照批准的设计方案施工的，由城市人民政府城市绿化行政主管部门责令停止施工、限期改正或者采取其他补救措施。

随着国家对生态环境和园林的越来越重视，相应地园林法律法规不断更新和完善，为园林的发展提供了有力的保障，也一定会使园林行业更加科学地统一和规范。

四、学习园林规划设计的方法

1. 广泛涉猎相关知识

园林规划设计课程是以园林规划设计原理为基础的一门综合性较强的学科，主要内容包括传统园林和现代园林、园林制图基础、园林规划设计的基本原理、园林绿地各组成要素的规则设计以及主要园林绿地类型的规划设计特点等。园林规划设计课程是一门要求知识面广、实践性强的课程，与园林植物、园林工程、测量学、土壤肥料学等课程有直接关系，与历史、文学、艺术有一定联系。因此，要学好园林规则设计的同时也必须对上述学科知识进行学习或了解，对引发思路、增强合理性有很大帮助。

2. 勤观察、勤实践

本课程是一门要求知识面广、实践性强的课程。学生要理论联系实际，要多接触园林绿化实践，以增强感性知识。

3. 多搜集园林作品

要广泛收集园林规划设计的有关资料，便于借鉴与提高。

4. 多动手

园林规划设计最终成果是园林规划设计图和说明书。掌握一定的手工绘图能力和电脑绘图能力是十分必要的。手工绘图可以帮助我们随时随地记录分析现场情况，随时随地收集优秀的图文资料；电脑绘图是当代设计者主要的设计手段。两者均应特别重视，必须掌握。

5. 古为今用，洋为中用

对于古今中外的园林设计的优秀传统和精华，我们应批判地继承，做到“古为今用，洋为中用”，继承和创新相结合，不断提高园林理论水平；多动脑、勤思考，提高设计构思能力。古人有训“书山有路勤为径，学海无涯苦作舟”。

第一章　园林及城市绿地规划设计基本知识

【学习目标】

掌握中外园林起源及发展阶段、中外园林发展趋势；
理解园林艺术的表现方法、掌握园林造景常用方法；
理解园林布局原则，布局形式；
熟悉城市园林绿地的类型及各类绿地的特点。

第一节　中外园林概述

园林是人类社会发展到一定阶段的产物。由于各民族、各地区人们对风景的不同理解和偏爱，也就出现了不同风格的园林。归结起来，世界上的园林可分为三个系统——欧洲园林、西亚园林和中国园林。中国园林已有数千年的发展历史，有优秀的造园艺术传统及造园文化传统，被誉为世界园林之母。西方古典园林以意大利台地园和法国园林为代表，把园林看作是建筑的附属和延伸，强调轴线、对称，发展出具有几何图案美的园林。到了近代，东西方文化交流增多，园林风格互相融合渗透。

一、中国园林发展经历的几个历史阶段及其历史文化背景

(一)萌芽期

园林最初的形式为“囿”。“囿”就是在一定的地域加以范围，让天然的草木和鸟兽滋生繁育，还挖池筑台，供帝王贵族们狩猎和游乐。中国园林的兴建是从商代开始的，当时商朝国势强大，经济发展也较快。在商代，帝王、奴隶主盛行狩猎游乐。《史记》中记载了银洲王“益广沙丘苑台，多取野兽蛮鸟置其中。……乐戏于沙丘”。在囿的娱乐活动中不只是狩猎，同时也是欣赏自然界动物活动的一种审美场所。

(二)形成期

秦始皇统一中国，建立了前所未有的庞大帝国。秦始皇将各国贵族带到了咸阳，顿时咸阳周围宫室林立，渭南上林苑中仅阿房宫便“规恢三百余里”。秦朝宫苑的兴建指导思想比东周又有发展，不单纯是骑射狩猎或筑台观景，而且加入了思维意向的补充。对人生死的神秘感，使秦始皇在秦苑中按照齐、燕方士的描述，“作长池，引渭水……筑土为蓬莱山”，即仿照传说中

的东海三仙山，对自然环境加以人工塑造。他将很大的建园精力放在人工整治山水上，这在我国历史上尚属首次。

汉朝继承了秦朝营园恢宏壮丽的特点，其最著名的上林苑即是利用秦之旧址翻建而成的。和商周的囿一样，汉朝的苑力图创造一个包罗万象、生机勃勃的世界。它比囿的内容更为丰富，其主题已经由射猎场所转移到宫室。其中以建章宫最为著名。

（三）发展、转折期

魏晋南北朝时期，是中国古代园林史上的一个重要转折时期。魏晋南北朝相继建立的大小政权大都在各自的都城营造苑囿宫殿，以表示自己承袭帝统和受命于天，比较著名的苑囿有曹魏邺城的铜雀园、元武苑、芳林苑等。私家园林在魏晋南北朝时期遍地开花，出现了两类倾向明显的私家园林：一是以贵族官僚为代表的争逐豪奢、崇尚华丽的贵族园林；二是以文人、名士为代表的怡悦情性、傲啸泉石的文人园林。南北朝时期园林是山水、植物和建筑相互结合组成山水园。这时期的园林可称作自然（主义）山水园或写意山水园。

魏晋南北朝时期在中国造园史上突出的贡献是寺观园林的兴起，它为中国园林增添了一个新的类型。佛寺的修建始于东汉，起初是作为礼佛的场所，后来由于僧人、施主居住游乐的需要，逐步在寺旁、寺后开辟了园林。这些寺庙不仅是信徒朝拜进香的胜地，而且逐步成为风景游览的胜区。

（四）成熟期

隋唐时期，疆域辽阔，南北统一，经济发达，统治者实行开明、兼容的文化政策，儒、释、道三教并重，中外文化交流频繁，在继承前代文化和吸收外来文化的基础上，各族共同创造了多元包容而辉煌灿烂的文化，园林建设也进入了成熟期。唐代的寺观园林仅长安城内就有 195 座，其中大慈恩寺、兴教寺、唐昌观、玄都观等最为著名。唐代的私家园林有长足的发展，普及流行到整个社会，私家园林的艺术性较之前代又有所升华，更着意于刻画园林，尤其是文人山水园林开始形成诗、画互相渗透的自觉追求，园林文化开始追求诗画互渗的写意山水园的建园风格。

（五）高潮期

明、清是我国园林艺术的集成时期，此时期除建造了规模宏大的皇家园林之外，还在城市中大量建造了以山水为骨干、富有山林之趣的私家园林（宅园）。

皇家园林多与离宫相结合，建于郊外，少数设在城内。规模都很宏大，总体布局是在自然山水的基础上加工改造，有的则是靠人工开凿兴建，建筑宏伟浑厚、色彩丰富、豪华富丽。经典代表有北京的颐和园、圆明园和承德避暑山庄等。

明清私家园林在前代的基础上有很大发展，无论南北，均很兴盛。北京有米万钟的勺园，江南私家园林较多，西南、岭南也相继出现，其中尤以江南园林最为著称。苏州园林是江南园林最杰出的代表。如拙政园、留园、狮子林、沧浪园、网师园等。

从鸦片战争到中华人民共和国成立这个时期，中国园林发生的变化是空前的。园林为公众服务的思想，把园林作为一门科学的思想得到了发展。许多城市陆续兴建公园，如广州中央公园、重庆中央公园。

（六）新兴期

1949 年中华人民共和国成立，园林的发展也随着社会主义建设出现了光明的前景，并走上了为广大人民服务的道路。出现以绿化为主，辅以建筑，布置于城市或城郊，并为广大人民提供娱乐、游憩的公园。

"文化大革命"期间，由于"极左"路线的干扰，园林事业遭受摧残破坏，园林建设几乎处于停滞状态。党的十一届三中全会的召开，开创了我国社会主义现代化建设的新局面，园林建设事业得到迅速发展。

二、国外园林发展概况及其造园特点

(一)外国古代园林

外国古代园林就其历史的悠久程度、风格特点及对世界园林的影响，具有代表性的有东方的日本园林、西亚园林、欧洲园林。

1. 日本园林

(1)日本园林的环境和社会背景　日本与中国一衣带水，受中国文化和唐宋写意山水园的影响，又与日本民族生活方式、艺术趣味和宗教信仰相融合，逐渐形成了日本民族特有的园林形式。

(2)日本园林类型

①筑山庭　筑山庭是鉴赏型的山水园，是一类表现山峦、平野、谷地、溪流和瀑布等大自然山水风景的园林。

②平庭　这类园林布置在平坦园地上，布局与筑山庭相同，树木代表森林，岩石象征真山，白沙模拟水面。

③茶庭　茶庭只是一小块庭地，单设或布置在筑山庭、平庭之中，四周设有篱笆，小门入内，小径通主体建筑即茶汤仪式的屋。

2. 西亚园林

位于亚洲西端的叙利亚和伊拉克是人类文明发祥地之一。3 000 年前巴比伦王国宏大的城市中有五组宫殿，异常华丽壮观，尼布甲尼撒国王为解王妃思念家乡之情，在宫殿上建造了"空中花园"。它利用顶层错落的平台，加土植树种花草，将水管引向屋上浇灌花木。远看该园悬于空中，近赏如游仙境，被誉为世界七大奇观之一，被视为"屋顶花园"的始祖。

公元前 6 世纪时，波斯兴起于伊朗西部高原，建立波斯奴隶制帝国，都城波斯波利斯是当时世界上有名的大城市。波斯文化发达，影响深远。古波斯帝国的奴隶主们在祖先游历过的狩猎园基础上，为了增加观赏功能，把狩猎园发展成具有游乐性质的园。波斯地区在游乐园里除大量种树木，尽量种植花草。"天堂园"是其代表，园四面有围墙，内中开出纵横十字形的道路构成轴线，分割出四块绿地栽种花草树木。道路交叉点修筑中心水池，象征天堂，所以被称为"天堂园"。

阿拉伯帝国征服波斯之后，承袭了波斯的造园艺术。阿拉伯地区干燥少雨炎热，又多沙漠，因此水极为珍贵。阿拉伯是伊斯兰国家，领主都有自己的伊斯兰教园，而伊斯兰教园更是把水看成是造园的灵魂。

3. 欧洲园林

在公元前 3 000 多年，位于地中海东部沿岸的古埃及人把几何的概念应用于园林设计中，树木和水池等都按几何形状加以安排，产生了世界上最早的规则式园林。随后，随着欧洲文明的兴起，规则式园林兴盛并发展。较有代表性的有：

(1)意大利园林　文艺复兴时期的意大利园林代表——台地园。

意大利位于欧洲南部风景著称的阿尔卑斯山南麓，是个半岛国家。意大利台地园一般依山就势而筑，由低到高分成数层台地。下层植花草、灌木，几何对称，规则式图案，中、上层为庄园别墅主体建筑。园林风格为规则式，规划布局中轴对称，也很注意规则式园林与大自然风景的过渡，即从建筑附近至园外自然风景逐步减弱其规则式风格，如从整形修剪的绿篱到不修剪的树丛，然后是园外大片的天然树林。

(2)法国园林　法国地形平坦，造园家根据法国自然条件特点，吸收意大利等国园林艺术成就，创造出了具有法国民族特点的园林风格——精致而开朗的规则式园林。路易十四建造的宏伟的凡尔赛宫苑是这种形式的杰出代表作，它在西方造园史上留下了光辉灿烂的一页。

(3)英国园林　18世纪出现的英国风景园，崇尚自然，为世界园林艺术的发展做出了重大贡献。英国风景园的特点是发挥和表现自然美，追求田野情趣，植物自然式种植，种类繁多，色彩丰富，常以花卉为主题，小型建筑点缀装饰。英国风景园注重植物造景，发挥和表现自然美，同时运用了对自然地理和植物生态的研究成果，把园林建立在生物科学的基础上，创建了各种不同的优美环境。

(二)外国近、现代园林

1. 美国园林和国家公园

美国建国较晚，国史短，国民来自许多国家，其园林主要模仿欧洲及中国、日本等国，结合本国国情加以发展，没有形成自己的风格。

美国注重发展各类公园，国家公园是美国首创的园林形式。著名的黄石国家公园位于美国西部怀俄明州的北落基山，占地89万 hm^2，这里崇山峻岭，温泉广布，风光秀丽。

2. 前苏联园林

19世纪前，俄国古典园林受意大利、法国的影响，注重规则式，有明显的中轴线、宽阔的绿化广场和林荫道。"十月革命"后，前苏联的园林发生了巨大变化，把城市园林绿地系统规划作为城市规划建设的重要组成部分。对城市郊区的各类绿地进行合理布局，把园林绿地与文化科普教育、文体娱乐活动结合起来，创造了文化休息公园形式，大大丰富了公共园林绿地的功能和内容。

三、世界园林的发展趋势

21世纪，世界各国在继承保持各自传统园林艺术风格和特色的基础上，又互相交流、学习、借鉴、博采他国之长，熔冶一炉，不断创新。在园林绿化建设上，综合运用各种新材料、新技术、新艺术等物质手段，进行更科学的规则设计、工程施工和维护管理，将创造出丰富多样的新型园林。城市及更大范围园林绿地系统的地位和作用将进一步确立，城市绿地系统要素趋于多元化，结构趋向网络化，系统功能趋向生态合理化。向大地园林、生态园林和大环境绿化方向发展。

第二节　园林艺术

园林是一种综合大环境的概念，当园林创作升华到艺术境界时便称为园林艺术。园林艺术的基本单元是景与景点，能否设计出具有美感的园林，运用好各种园景创作手法是关键，要完成好一个项目的园林规划设计，必须遵循一定的设计程序和规律。

人们在长期的社会劳动实践中，按照美的规律塑造景物外形，逐步发现了一些形式美的基本规律。概括为：多样统一原则、比例与尺度、对比与调和、均衡与稳定、节奏与韵律五个方面。

一、多样统一原则

多样统一原则是指园林中的各组成部分，它们的体形、体量、色彩、线条、形式、风格等，要求有一定程度的相似性或一致性，给人以统一的感觉。但统一而无变化，则呆板单调；反之，多样而不统一，必然杂乱无章。所以园林中常要求统一中有变化，或是变化中有统一，才使人感到优美而自然。

1. 形式与内容的变化与统一

首先，应当明确园林的主题与格调，然后决定切合主题的形式，选择对这种表现主题最直接、最有效的素材。例如，在西方规则式园林中，常运用几何式花坛，修剪成整齐的树木来创造园林，局部与整体之间便表现为形式与内容的统一。而在自然式园林中，园林建筑必须围绕"自然"的性质，作为自然式布局，自然的池岸、曲折的小径、树木的自然式栽植和自然式整形，即便在自然式花园中，处于某种特殊要求而建造的大楼，也在其墙基采取了"自然化"的补救措施，数块碎石、一环绿水，以求风格的协调统一。

2. 局部与整体的变化与统一

在同一园林中，景区景点各具特色，但就全园总体而言，其风格造型、色彩变化均应保持与全园整体的基本协调，在变化中求完整，求形式与内容的统一，使局部与整体在变化中求协调，这是现代艺术对立统一规律在人类审美活动中的具体表现。

3. 材料与质地的变化与统一

一座假山，一堵墙面，一组建筑，无论是单个或是群体，它们在选材方面既要有变化，又要保持整体的一致性，这样才能显示景物的本质特征。如湖石与黄石假山用材就不可混杂，片石墙面和水泥墙面必须有主次比例。

4. 线型纹理的变化与统一

岸边假山的竖向石壁与邻水的横向步道，虽然线型方面有变化，但与环境规律却是统一的。长廊砖砌柱墩的横向纹理与竖向柱墩方向不一，但与横向长廊是统一协调的。

5. 风格与流派的变化与统一

风景建筑历来因地域、民族、文化的变化而变化。以营造法则为准的北派建筑和以营造法源为准则的南式建筑，就各自显示其地域性的变化和统一。

二、比例与尺度

和谐的比例关系可以引起人们视觉上的美感。园林中的比例，一方面是园林中各个景物自身的长、宽、高之间的比例关系；另一方面则是景物与景物、景物与整体之间的比例关系。计成认为"村庄地"建园，3/10 的面积开挖池塘，4/10 的面积累土为山，其余则布置园林建筑等。

与比例相关联的是尺度，比例是相对的，而尺度涉及具体尺寸。尺度是指景物与人的身高，使用活动空间的度量关系。这是因为人们习惯用人的身高和使用活动所需要的空间为视觉感知的度量标准，如台阶的宽度不小于 30 cm(人脚长度)，高度以 12～19 cm 为宜，栏杆、窗台高 1 m 左右。又如人的肩宽决定路宽，一般园路能容二人并行，宽度以 1.2～1.5 m 较合适。在园林里如果人工造景尺度超越人们习惯的尺度，可使人感到雄伟壮观，如颐和园佛香阁至智慧海的假山蹬道，处理成一级高差 30～40 cm，走不了几步，使人感到很吃力，产生比实际高的感受。如果尺度符合一般习惯要求或者较小，则会使人感到小巧紧凑，自然亲切。苏州网师园面积较小，故园内无大桥、大山，建筑物尺度略小，数量适度，显得小巧精致；反之，狮子林的石舫与水面不成比例，很不"得体"。

三、对比与调和

差异程度显著的表现称对比，差异程度较小的表现称为调和。园林景色要在对比中求调和，在调和中求对比，使景色既丰富多彩，又要突出主题，风格协调。对比手法主要应用于形象对比、体量对比、方向对比、空间对比、明暗对比、虚实对比、色彩对比、质感对比等。

1. 形象的对比

园林布局中构成园林景物的线、面、体和空间常具有各种不同的形状，如长宽、高低、大小等的不同形象的对比。以短衬长，长者更长；以低衬高，高者更高；以小衬大，大者更大，造成人们视觉上的幻变。如在广场中立旗杆，草坪中种高树，水面上置灯塔，即可取得高与低、水平与垂直的对比效果，又可显出旗杆、高树、灯塔的挺拔。在布局中只采用一种或类似的形状时易取得协调统一的效果。如在圆形的广场中央布置圆形的花坛，因形状一致显得协调。在园林景物中应用形状的对比与调和常常是多方面的，如建筑与植物之间的布置，建筑是人工形象，植物是自然形象，将建筑与植物配合在一起，以树木的自然曲线与建筑的直线形成对比，来丰富立面景观。对比存在了，还应考虑二者的协调关系，所以在对称严谨的建筑周围，常种植些整形的树木，并做规则式布置以求协调。

2. 体量的对比

体量相同的东西，在不同的环境中，给人的感觉是不同的，如放在空旷广场中，会感觉其小，如放在小室内，会感觉其大，这是大中见小、小中见大的道理。在园林绿地中，常用小中见大的手法，在小面积用地内创造出自然山水之胜。以突出主体，强调重点，在园林布局中常常用若干较小体量的物体来衬托一个较大体量的物体，如颐和园的佛香阁与周围的廊，廊的体量都较小，显得佛香阁更高大，更突出。

3. 方向的对比

在园林的形体、空间和立面的处理中，常常运用垂直和水平方向的对比，以丰富园林景物的形象，如园林中常把山水互相配合在一起，使垂直方向高耸的山体与横向平阔的水面互相衬托，避免了只有山或只有水的单调；还常采用挺拔高直的乔木形成竖直线条，低矮丛生的灌木绿篱形成水平线条，两者组合形成对比。在空间布置上，忽而横向，忽而深远，忽而开阔，造成方向上的对比，增加空间在方向上变化的效果。

4. 空间的对比

在空间处理上，开敞的空间与闭锁的空间也可形成对比。在园林绿地中利用空间的收放开合，形成敞景与聚景的对比，开敞风景与闭锁风景两者共存于同一园林中，相互对比，彼此烘托，视线忽远忽近，忽放忽收。可增加空间的对比感，达到引人入胜。

5. 明暗的对比

由于光线的强弱，造成景物、环境的明暗，环境的明暗对人有不同的感受。明，给人以开朗活泼的感觉；暗，给人以幽静柔和的感觉；在园林绿地中，布置明朗的广场空地供游人活动，布置幽暗的疏林、密林供游人散步休息。明暗对比强的景物令人有轻快振奋的感觉，明暗对比弱的景物令人有柔和沉郁的感觉。在密林中留块空地，叫林间隙地，是典型的明暗对比。

6. 虚实的对比

园林绿地中的虚实常常是指园林中的实墙与空间，密林与疏林草地，山与水的对比等。在园林布局中要做到虚中有实，实中有虚是很重要的。虚给人轻松，实给人厚重。水面中有个小岛，水体是虚，小岛是实，因而形成了虚实对比，能产生统一中有变化的艺术效果。园林中的围墙，常做成透花墙或铁栅栏，就打破了实墙的沉重闭塞感觉，产生虚实对比效果，隔而不断，求变化于统一，与园林气氛协调。

7. 色彩的对比

色彩的对比与调和包括色相和色度的对比与调和。色相的对比是指相对的两个补色，产生对比效果，如红与绿，黄与紫；色相的调和是指相邻的色，如红与橙，橙与黄等。颜色的深浅叫色度，黑是深，白是浅，深浅变化即是黑到白之间变化。一种色相中色度的变化是调和的效果。园林中色彩的对比与调和是指在色相与色度上，只要差异明显就可产生对比的效果，差异近似就产生调和的效果。利用色彩的对比关系可引人注目，以便更加突出主景。如"万绿丛中一点红"，这一点红就是主景。建筑的背景如为深绿色的树木，则建筑可用明亮的浅色调，加强对比，突出建筑。植物的色彩，一般是比较调和的，因此在种植上，多用对比，产生层次。秋季在艳红的枫林、黄色的银杏树之后，应有深绿色的背景树林来衬托。湖堤上种桃植柳，宜桃树在前，柳树在后。阳春三月，柳绿桃红，以绿衬红，水上水下，兼有虚实之趣。"牡丹虽好，还需绿叶扶持"，这是红绿互为补色对比，以绿衬红，红就更醒目。

8. 质感的对比

在园林绿地中，可利用植物、建筑、道路、广场、山石水体等不同的材料质感，造成对比，增强效果。即使是植物之间，也因树种不同，有粗糙与光洁，厚实与透明的不同。建筑上仅以墙面而论，也有砖墙、石墙、大理石墙面以及加工打磨情况的不同，而使材料质感上有差异。不同材料质地给人不同的感觉，如粗面的石材、混凝土、粗木、建筑等给人感觉稳重，而细致光滑的石材、细木等给人感觉轻松。

四、均衡与稳定

人们从自然现象中意识到一切物体要想保持均衡与稳定，就必须具备一定的条件：例如像山那样，下部大，上部小；像树那样下部粗，上部细，并沿四周对应地分枝出杈；像人那样具有左右对称的体形等。除自然的启示外，也通过自己的生产实践证实了均衡与稳定的原则。并认为凡是符合于这样的原则，不仅在实际上是安全的，而且在感觉上也是舒服的。这里所说的稳定，是指园林布局在整体上轻重的关系而言。而均衡是指园林布局中的左与右，前与后的轻重关系等。当构图在平面上取得了平衡，我们称之为均衡；在立面上取得了平衡，我们称之为稳定。

（一）均衡

自然界静止的物体要遵循力学原则，以平衡的状态存在，不平衡的物体或造景使人产生不稳定和运动的感觉。在园林布局中要求园林景物的体量关系符合人们在日常生活中形成的平衡稳定的概念，所以除少数动势造景外，一般艺术构图都力求均衡。均衡可分为对称均衡与非对称均衡。

1. 对称均衡

对称是从希腊时代以来就作为美的原则，应用于建筑、造园、工艺品等许多方面。在西方造园，尤其是古典造园中，遵循着这个原则。因而，西方古典园林讲究明确的中轴、对称的构图，形成了图案式的园林格局。中国传统的审美趣味虽然不像西方那样一味地追求几何美，但在对待在处理宫殿、寺院等建筑的布局方面，却也十分喜爱用轴线引导和左右对称的方法而求得整体的统一性。例如明清北京故宫，它的主体部分不仅采取严格对称的方法来排列建筑，而且中轴线异常突出。这种轴线除贯穿于紫禁城内，还一直延伸到城市的南北两端，总长约 7.8 km，气势之雄伟实为古今所罕见。图 1-1 为对称均衡。

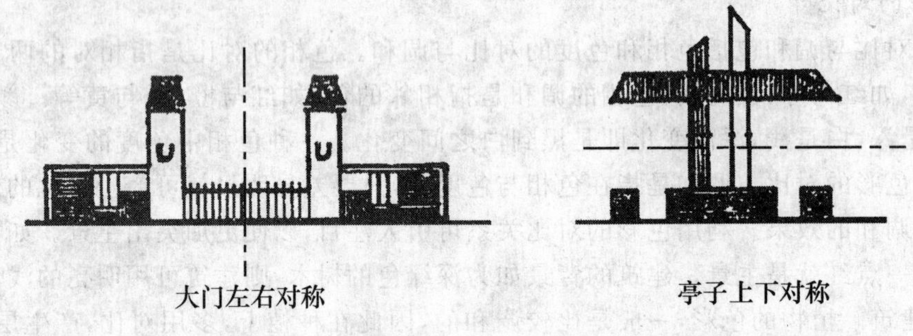

图 1-1 对称均衡

但对称均衡布置时，景物常常过于呆板而不亲切，如没有条件硬凑对称，往往适得其反增加投资，故应避免单纯追求所谓“宏伟气魄”的平立面图案的对称处理。

2. 不对称均衡

在园林绿地的布局中，由于受功能、组成部分、地形等各种复杂条件制约，往往很难也没有必要做到绝对对称形式，在这种情况下常采用不对称均衡的手法。不对称均衡的构图是以动态观赏时“步移景异”，景色变幻多姿为目的的。它是通过游人在空间景物中不停地欣赏，连贯前后成均衡的构图。以颐和园的谐趣园为例，整体布局是不对称的，各个局部又充满动势，但整体十分均衡。分析其导游线，在入口处至洗秋轩形成的轴线上，左边比重大，右边比重轻，是不均衡的。游人依逆时针方向向主体建筑涵远堂前进至饮绿亭时，在轴线的右侧建筑增多，左侧建筑减少，又形成右重左轻。游人继续依逆时针方向前进，并根据建筑体量大小，距轴线远近的变化，造成的综合感觉，整个景观仍然是均衡的。图 1-2 为不对称均衡。

不对称均衡的布置要综合衡量园林绿地构成要素的虚实、色彩、质感、疏密、线条、体形、数量等给人产生的体量感觉，切忌单纯考虑平面的构图。不对称的均衡布置小至树丛、散置山石、自然水池，大至整个园林绿地、风景区的布局。它给人以轻松、自由、活泼、变化的感觉。所以广泛应用于一般游憩性的自然式园林绿地中。

取得均衡的方法：通过调整位置、大小、色彩对比等方式取得。

(二)稳定

自然界的物体，由于受地心引力的作用，为了维持自身的稳定，靠近地面的部分往往大而重，而在上面的部分则小而轻，如山、土坡等。从这些物理现象中，人们就产生了重心靠下，底面积大可以获得稳定感的认知。

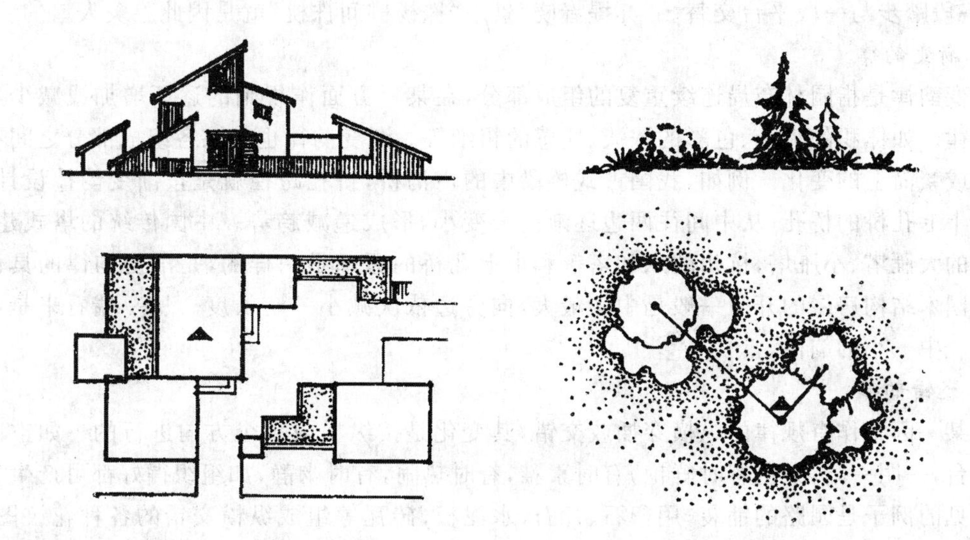

图 1-2 不对称均衡

在园林布局上,往往在体量上采用下面大,向上逐渐缩小的方法来取得稳定坚固感。我国古典园林中的高层建筑物如颐和园的佛香阁,西安的大雁塔等,都是通过建筑体量上由底部较大而向上逐渐递减缩小,使重心尽可能低,以取得结实稳定的感觉。另外,在园林建筑和山石处理上也常利用材料、质地所给人的不同的重量感来获得稳定感。如园林建筑的基部墙面多用粗石和深色的表面处理,而上层部分采用较光滑或色彩较浅的材料,在土山带石的土丘上,也往往把山石设置在山麓部分给人以稳定感。

五、节奏与韵律

节奏为音乐上的术语,指音乐运动的轻重缓急形成节奏,其中节拍的强弱或长短交替出现,合乎一定规律。韵律为诗歌中的声韵和节律。诗歌中语音的高低、轻重、长短组合,均匀地间歇或停顿,一定位置上相同音色的反复出现,以及句末或行末利用同韵同调的音相和时,构成了韵律。

人们很熟悉韵律,自然界中有许多现象,常是有规律重复出现的,例如海潮,一浪一浪向前,颇有节奏感。在园林绿地中,也常有这种现象,如道旁种树,种一种树好,还是两种树间种好,带状花坛是设计一个长花坛好,还是设计成几个同形短花坛好,这都牵涉构图中的韵律节奏问题。所谓韵律节奏即是某一因素作有规律的重复,有组织的变化。重复是获得韵律的必要条件,只有简单的重复而缺乏有规律的变化,就令人感到单调、枯燥。所以韵律节奏是园林艺术构图多样统一的重要手法之一。园林绿地构图的韵律节奏方式很多。常见的有以下几种。

1. 简单韵律

即由同种因素等距反复出现的连续构图。如等距的行道树,等高等距的长廊,等高等宽的登山道、爬山墙。

2. 交替韵律

即由两种以上因素交替等距反复出现的连续构图。如桃柳间种,两种不同花坛交替等距排列，一段踏步与一段平台交替。“苏堤春晓”景中“株杨柳间株桃”就是因此脍炙人口的。

3. 渐变韵律

渐变韵律是指园林布局连续重复的组成部分，在某一方面作规则的逐渐增加或减少所产生的韵律。如体积的大小、色彩的浓淡、质感的粗细等。渐变韵律也常在各组成部分之间有不同程度或繁简上的变化。例如，我国古式桥梁中的卢沟桥，桥孔跨径就是按渐变韵律设计的。颐和园十七孔桥的桥孔，从中间往两边逐渐由大变小，形成递减趋势。中国传统的塔式建筑，如西安的大雁塔、小雁塔，杭州的六和塔等和十七孔桥的原理是一样的，是渐变韵律的具体应用。中国木结构房屋的开间一般是中间最大，向旁边依次减小一定长度。从一端看来是小—中—大—中—小的韵律。

4. 交错韵律

即某一因素作有规律的纵横穿插或交错，其变化是按纵横或多个方向进行的。如空间的一开一台，一明一暗，景色有时鲜艳，有时素雅，有时热闹，有时幽静，如组织得好都可产生节奏感。常见的例子是园路的铺装，用卵石、片石、水泥板、砖瓦等组成纵横交错的各种花纹图案，连续交替出现，设计得宜，能引人入胜。例如中国传统的铺装道路，常用几种材料铺成四方连续的图案，形成交错韵律。

在园林布局中，有时一个景物，往往有多种韵律节奏方式可以运用，在满足功能要求前提下，可采用合理的组合形式。能创作出理想的园林艺术形象。所以说韵律是园林布局中统一与变化的一个重要方面。

第三节　空间处理

一、空间

空间的本质在于其可用性，即空间的功能作用。一片空地，无参照尺度，就不成为空间，但是，一旦添加了空间实物进行结合便形成了空间，容纳是空间的基本属性。“地”、“顶”、“墙”是构成空间的三大要素，地是空间的起点、基础；墙因地而立，或划分空间，或围合空间；顶是为了遮挡而设。与建筑室内空间相比，外部空间中顶的作用要小些，墙和地的作用要大些，因为墙是垂直的，并且常常是视线容易到达的地方。空间的存在及其特性来自形成空间的构成形式和组成因素，空间在某种程度上会带有组成因素的某些特征。顶与墙的空透程度，存在与否决定构成，地、顶、墙诸要素各自的线、形、色彩、质感、气味和声响等特征综合地决定了空间的质量。因此，首先要撇开地、顶、墙诸要素的自身特征，只从它们构成空间的方面去考虑，然后再考虑诸要素的特征，并使这些特征能准确地表达所希望形成的空间的特点。

园林空间处理应从单个空间本身和不同空间之间的关系两方面去考虑。单个空间的处理应注意空间的大小和尺度、封闭性、构成方式、构成要素的特征（形、色彩、质感等）以及空间所表达的意义或所具有的性格等内容。多个空间的处理则应以空间的对比，渗透、层次、序列等关系为主。

要了解空间与色彩的关系，园林空间的色彩特点，首先应该掌握构成空间要素特征的色彩的基本原理。

二、色彩的基本原理

色彩是物体本身对光线的反射和吸收能力再加上环境光线共同作用的结果。

1. 色彩的三要素

色相、明度、纯度是人们认识和区别色彩的重要依据，也是色彩最基本的性质，被称作色彩三要素。

(1)色相　指色彩的倾向。把三原色以及由它们混合出来的颜色有规律地放在一个圆圈内，就组成一个色相环。一般将色相环上相距30°左右的色称为同类色，如绿和蓝绿；相距50°左右的色称类似色，如蓝和紫；相距90°～180°的色称为互补色。

(2)明度　指色彩的明暗程度。不同色相的色之间存在的明度不同。如在色相环中，黄色明度最高，而蓝色明度最低。色彩是可以在不改变色相的前提下改变明度的。如黄比蓝明度高，但深黄和浅蓝相比就不一定是深黄色明度高了。所以相同色相的色也可以有不同的明度。

(3)纯度　指色彩的鲜艳程度。我们把自然界的色彩分为两类：一类是有彩色，红、黄、蓝、绿等；另一类是无彩色，即黑、白、灰。纯度高的彩色给人的感觉非常鲜艳，而黑、白、灰则不带任何色彩倾向，纯度为零。事实上，自然界的大部分色彩都是介于纯色和无彩色之间的、有不同灰度的有彩色。

2. 空气透视和色消视

王勃的名句“落霞与孤鹜齐飞，秋水共长天一色”，真实地反映出色彩的空气透视和色消视现象。这两种现象是由下列两个原因造成的：一是由空气分子的散射，当阳光通过空气层时，其中大部分青、蓝、紫等短波长的色光被散射，使空气呈现蓝色，一切远景都被透明的蓝色空气所笼罩；二是景物愈远，其色相的亮度和纯度愈低，景物的色彩随距离的增加，其亮度和纯度递减，最后与天空同色，所以在晴天时远山呈现蓝色，在阴雨天时都呈现灰色。

3. 色彩的视错

人对色彩的生理反应和由此产生的直接联想主要表现在人们对色彩的错觉和幻觉。不同明度、纯度、色相的色并置在一起，感觉邻接边缘的色彩与原色发生明显差异，这就是色彩的视错性的反应。有膨胀与收缩错觉、冷暖错觉、进退错觉、轻重错觉、兴奋与沉静错觉。

三、园林空间色彩

(一)园林空间色彩的种类

园林空间色彩，是指在一定的地域范围内各种视觉事物所具有的色彩，它是一个广泛、综合的概念。按照园林的构成要素分析，园林中的色彩包括建筑、铺装、小品等人工构筑物的装饰色彩和山石、植物、天空、水体等自然物体的自然色彩所组成。据此，可把园林色彩分为人工色彩和自然色彩两大类，所以园林是多姿多彩的。

1. 人工色彩

人工色彩主要来自人工建造的景物，如园林建筑、道路铺装、各种园林小品等，在这些人工景物上我们可以直接在其上进行涂色或保留其固有色，但因为这些人工景物不是独立存在的，不论其体量的大小，其色彩的应用均会对环境气氛造成较大的影响。

2. 自然色彩

自然色彩又分为以植物色相为主的生物色彩和以天空、水体、山石等色相为主的非生物色彩。

生物色彩,园林中的生物色彩主要来自园林中的植物,园林植物是构成园林的主要因素,绿色是它的基调。植物是具有生命的活体,而且种类繁多。它具有季相性,即大多数园林植物会随着其生长阶段和季节的交替不断地改变其形态和色彩而呈现出丰富多彩的变化。正因为植物这种季相景观,如今彩色花木成为装点现代园林景观的一道必不可少的风景线。

非生物色彩,大自然中天空、水体、山石的色彩,就像是舞台的天幕一样,在景观构图中充当背景,通常以远观为主,有时还产生犹如流动的画面,如天空的色彩变化不断,有时晴空万里、一片蔚蓝,有时则蓝天白云,有时又可呈现出蓝、紫、黄、绿、橙、灰等色彩丰富的朝霞、晚霞、彩云和雾霭等;有时候非生物色彩起点缀作用,如一块黄蜡石放在庭院的草地上,除本身作为景点外,它所具有的“土黄色”还可打破草地的单调感,增加层次,活跃了整个庭院景观空间。

(二)园林空间色彩的作用

1. 强调景观

可通过颜色之间的色相、色度、明度、纯度的对比,营造强烈的视觉冲击。通常在广场或者主要出入口和重大的节日场地,运用材料的颜色来设计醒目的图案或花坛、花柱等,以营造引人注目的景观效果。如绿色的灌木群和火红的勒杜鹃组合,充分衬托出勒杜鹃的鲜艳,给人一种热情和跳跃感。

2. 调节和弥补缺陷作用

大多数景观作品都是运用点、线、面来引导,但由于色彩具有较大的视觉冲击力,不同的色彩有很大的对比作用,所以可通过色彩来牵引人们的视觉,让他们通过色彩去欣赏和观看景观。正因为对不同的色彩人们的视觉感受不同,可以利用色彩重新“塑造”有缺陷的园林景观要素。如不同景观要素之间的比例有些失调,可通过色彩的冷暖关系去调节而取得均衡。

3. 强化园林空间

为了打破单调的纯绿色空间,常采用不同颜色的多种植物或园林小品进行合理搭配和调和,它可以不依地面的界面区分和限定,自由地、任意地突出其抽象的空间,模糊或破坏原有的空间构图形式。如广州的兰圃公园,整个色调以绿色为主,碧绿的水面上点缀着几朵鲜艳的荷花,旁边植物色彩深浅有致,整个画面结合起来显得格外宁静和高雅,与周围喧闹的环境形成对比,给人休闲感和美的享受。

4. 感染作用

任何一个物体都有色彩,所以在设计或应用上要充分应用各种材料包括日常用品,如陶瓷罐、瓦片、石头等经过涂色或直接应用,采用色彩对比进行强调,可使园林景色为之增色不少,丰富了景观,对活跃整体气氛有十分重要的“点睛”作用。当然,必须做到色彩丰富而不花哨,否则会产生凌乱感。

(三)园林空间色彩的特点

1. 自然色彩与传统景观的空间色彩

自然色彩丰富,变化莫测,是人类认识色彩、获得色彩美感的源泉。中国文化中历来注重自然色彩的审美,赞美自然之色。如“接天莲叶无穷碧,映日荷花别样红。”

中国传统景观的空间色彩主要通过植物、建筑、山石来表现，以自然本色为主，建筑物雕塑多呈现材料的固有色。

中国古典园林建筑色彩清新淡雅，粉墙黛瓦，棕色的门窗、木柱，以及本色的石质台阶栏杆，与自然的山水形成和谐的色调，使园林景色自然而质朴，为深刻表现自然生机奠定了基调。

在西方古建筑和环境之间的色彩，是以古希腊和古罗马为代表，如古希腊陶立克式柱头上涂有蓝与红色，爱奥尼式建筑除蓝色与红外，还用金色。帕特农神庙(陶立克式)在纯白的柱石群雕上配有红、蓝原色的连续图案，还雕有金色银色花圈图样，色彩十分鲜艳。古罗马继承希腊文化，色彩运用十分亮丽，装饰风格影响整个欧洲。

2. 现代园林景观空间色彩

随着现代科学和艺术对色彩研究的深入，现代园林色彩突破了古典园林多用的固有色传统，大胆采用表现性色彩，呈现出鲜明的时代特征。

自然光影的变化也是营造园林意境的有效手段。西方园林十分注重空间的光与影的对比，形成强烈的空间感。现代园林应用的光学材料和现代科技手段，产生特殊的光影效果。

四、园林空间色彩配置的要点

步入园林空间，最先进入游人视线的是色彩，色彩对感官的刺激最为直接。园林空间色彩协调，景色宜人，能使游人赏心悦目，心旷神怡，游兴倍增；倘若色彩对比强烈，则令人产生厌恶感；若色彩复杂而纷繁，则使人眼花缭乱，心烦意乱；若色彩过于单调，则令人兴味索然。

1. 色彩要与文化和谐

如狮子林的园林主色彩，就应是佛门的清净素雅。

2. 色彩要与服务主体人群心态和谐

在儿童公园或者公园的儿童活动区的色彩就要和儿童的心态和谐，园林色彩应以明度高、色相饱满的暖色为主色调；在喜庆节日和文化活动场所也宜选用使人感到热烈与兴奋的暖色调；在炎热地区和炎热季节，宜采用使人感到凉爽与宁静的冷色调。

3. 园林色彩应在视错上取得平衡

色彩的视错性常反映在人们的视觉生理平衡与心理平衡上。人眼在长时间感觉一种色彩后，会感觉疲劳甚至感到厌恶，就会渴望看到互补色，以消除视觉疲劳，达到视觉生理平衡与心理平衡。人们在过于热烈的环境中渴望宁静，在过于宁静的环境中又希望得到某种程度的热烈与兴奋。因此，在安排风景序列时，园林色彩要在视错上取得平衡。

4. 利用气象变化的自然色彩组成来丰富园林空间色彩

园林中有些色彩完全不受人们意志左右，如日出、佛光、云海、赤壁等，当我们了解到这些物质色彩变化的特点和风景价值后，便能有意识地把它们组织到风景区或园林中去，如峨眉金鼎佛光、泰山日出、黄山云海、武夷丹霞赤壁等成为著名的景观和景点。天空色彩有瞬息万变的特点，但有一定的规律。一般来说，由日出与日落带来的朝晖与晚霞，使天空与大地色彩绚丽灿烂，蓝天白云把大地的山水衬托得格外明晰；晨雾似一层轻纱，使景物色彩更显调和，具有朦胧美。景物的银装素裹则更显妖娆；月夜、银光洒地，竹影摇曳，色彩更显柔和与皎洁。

5. 利用植物的季相变化，创造丰富的色彩景观，并给人时令的启示

植物在一年四季的生长过程中，叶、花、果的形状和色彩随季节而变化。例如，柳树初发叶时为黄绿色后逐渐变为淡绿色，夏秋雨季时又变为浓绿色，冬季则变为淡黄色并逐渐落叶，最

后仅剩柳枝，翌年又重复这种季相变化。红枫的叶片为红色，乌桕的叶片入秋后也变为红色。这些叶片色彩丰富多变的树种一般多配置在草坪的主要位置，或者作为局部地方的主景，也可配置于草坪的边缘，形成丰富的色彩变化。

园林植物配置利用有较高观赏价值和鲜明特色的植物的季相，能给人以时令的启示，增强季节感，表现出园林景观中植物特有的艺术效果。如春季山花烂漫，夏季荷花映日，秋季硕果满园，冬季腊梅飘香等。就一个地区或一个公园总的景观来说，在局部景区往往突出一季或两季特色，以采用单一种类或几种植物成片群植的方式为多。如杭州苏堤的桃、柳是春景，曲院风荷是夏景，满陇桂花是秋景，孤山踏雪赏梅是冬景。为了避免季相不明显时期的偏枯现象，可用不同花期的树木混合配置、增加常绿树和草本花卉等方法来延长观赏期。如无锡梅园在梅花丛中混栽桂花，春季观梅，秋季赏桂，冬天还可看到桂叶常青。不同色彩的植物进行配置时，色差大的植物配置在一起效果最好，如银杏、松柏类与嫩绿色的草坪相配。再如草坪上种植柳树、银杏，从树形到色调均有较好的对比效果。在植物层次的运用上，以不同高度、不同花色、不同叶色逐层配置为好，可形成色彩丰富的层次。

6. 园林建筑色彩要与环境和谐

传统园林中，北方园林富丽堂皇，园林建筑多采用暖色，尽显帝王气派；南方园林朴素淡雅，园林建筑色彩多用冷色，黛瓦粉墙，栗色柱子等十分素雅，显示文人高雅淡泊的情操。现代园林建筑已突破传统色彩的束缚，在色相上已化繁为简，在饱和程度上已变深为浅，在亮度上以明代暗。建筑用色考虑了建筑本身的性质、环境和景观三者的要求。

第四节　行为心理与人体工程应用

人作为人体工程系统的重要因素，对其心理、行为状态的研究和把握不可忽视，因为行为心理因素组成了人的不可分割部分，处处影响着人的各方面机能及其外在表现。

一、行为心理

人的内心世界是其行为的本原，即人的行为是包括人的动机、感觉、知觉、认知再反映等一系列心理活动的外显行为。人的心理动机是产生行为的内部驱动力，而驱动力的产生是基于人的需要。

只要细心观察，就会发现一些有趣的现象：广场里休息的人群，喜欢选择广场周边建筑物的墙根、立面的凹处停留，或是靠在柱子、街灯、树木之类等依托物而驻足，只有当边界区域人满为患时，人们才不得已在中间区域停留；公园里美丽的草坪被抄近路的行人开辟新径，而有些道路少有人走……这些都是人在空间使用时的行为心理。研究人的行为心理对园林设计工作具有指导性的作用。

（一）行为习性

人类在长期生活和社会发展中，由于人和环境的交互作用，逐步形成了许多适应环境的本能，这就是人的行为习性。研究人的行为习性对园林设计具有指导性的作用。

1. 抄近路

当人们清楚地知道目的地的位置时，或是有目的地移动时，总是有选择最短路程的倾向。我们经常看到，有一片草地，即使在周围设置了简单路障，由于其位置阻挡了人们的近路，结果仍旧被穿越，久而久之，就形成了一条人行便道。如若公众的这种行为习性遭到设计者破坏，在本该设计路的地段却因为所谓的设计需要，改设成一些草地等，这样，公众为了满足自身的需求，势必会破坏绿地，与设计者的初衷是相违背的。

2. 左侧通行与左转弯

在没有汽车干扰的道路和步行道、中心广场以及室内，当人群密度达到 0.3 人/m^2 以上时会发现人会自然而然地左侧通行。这可能同人类使用右手机会多，形成右侧防卫感强而照顾左侧的缘故。在公园、游乐场、展览会场，会发现观众的行动轨迹有左转弯的习性。这种行为习性对景观场所的路线安排、景点布置等均有指导意义。

3. 从众性

从众性是动物的追随本能。就像人们常说的“领头羊”一样，当遇到异常情况时，一些动物向某一方向跑，其他动物会紧跟而上。人类也有这种“随大流”的习性。在公园入口，人们会本能地跟随人流前行；本是经过游戏场的儿童会强烈要求再玩一会儿；看到用餐的人群路过的人流会产生食欲，甚至感到饥饿等。这种习性对景观设计有很大的参考价值。景观环境中既要创造聚集场所，又要考虑疏散的要求。

除了从众性以外，猎奇性也是人的本能，这就要求设计者要有创新意识，有特色的景观才能吸引人。

4. 聚集效应

许多学者研究了人群步行速度与人群密度之间的关系。当人群密度超过 1.2 人/m^2 时，发现步行速度有明显下降的趋势。当空间的人群密度分布不均匀时，则会出现滞留现象。如果滞留时间过长，这种集结人群会越来越多。

把握使用者行为的发展变化规律，以提高对使用者行为的预测、引导、控制能力，满足人的行为需求。同时，行为作为人的心理活动的外显方式，在城市公共空间中与环境相互作用，人们在空间中的感受、行为表达了人们对空间的认同感，也能促进优秀设计的良性发展。

(二)人的心理需要

心理是人的感觉、知觉、注意、记忆、思维、情感、意志、性格、意识倾向等心理现象的总称。人的心理活动的内容源于客观现实和我们周围的环境，又受到人体自身特点的影响。心理活动常由于人的年龄、性别、职业、道德、伦理、文化、修养、气质、爱好不同而具有非常复杂的特点。

园林设计不仅要满足人们行为上的各种需求，也要提供心理上的各种需求，为人们提供安全感、归属感及被尊重的满足和提供自我实现的机会。

二、人体工程心理与行为及园林中的应用

人体工程学是以人的生理、心理特性为依据，应用系统工程的观点，分析研究人与机械、人与环境以及机械与环境之间的相互作用，为设计操作简便、省力、安全、舒适和人—机—环境的配合达到最佳状态的系统提供理论和方法的科学工程。

(一)人的心理与行为

1. 领域性与人际距离

领域性原是动物在环境中为取得食物、繁衍生息等的一种适应生存的行为方式。人与动物毕竟在语言表达、理性思考、意志决策与社会性等方面有本质的区别,但人在室内环境中的生活、生产活动,也总是力求其活动不被外界干扰或妨碍。不同的活动有其必需的生理和心理范围与领域,人们不希望轻易地被外来的人与物所打破。

2. 私密性

如果说领域性主要在于空间范围,则私密性更涉及在相应空间范围内包括视线、声音等方面的隔绝要求。私密性在居住类室内空间中要求更为突出。

3. 依托的安全感

生活活动在室内空间的人们,从心理感受来说,并不是越开阔、越宽广越好,人们通常在大型室内空间中更愿意有所"依托"物体。

4. 从众与趋光心理

从一些公共场所内发生的非常事故中观察到,紧急情况时人们往往会盲目跟从人群中领头的几个急速跑动的人的去向,不管其去向是否是安全疏散口。当火警或烟雾开始弥漫时,人们无心注视标志及文字的内容,甚至对此缺乏信赖,往往是更为直觉地跟着领头的几个人跑动,以致成为整个人群的流向。上述情况即属从众心理。同时,人们在室内空间中流动时,具有从暗处往较明亮处流动的趋向,紧急情况时语言的引导会优于文字的引导。

5. 空间形状的心理感受

由各个界面围合而成的室内空间,其形状特征常会使活动于其中的人们产生不同的心理感受。著名建筑师贝聿铭曾对他的作品——具有三角形斜向空间的华盛顿艺术馆新馆——有很好的论述,贝聿铭认为三角形、多灭点的斜向空间常给人以动态和富有变化的心理感受。

(二)园林中人体工程应用

1. 为设计中考虑"人的因素"提供人体尺度参数

应用人体测量学、人体力学、生理学、心理学等学科的研究方法,对人体结构特征、机能特征进行研究,提供人体各部分的尺寸、体重、体表面积、比重、重心以及人体各部分在活动时相互关系和可及范围、动作速度、频率、重心变化以及动作时惯性等动态参数,分析人的视觉、听觉、触觉、嗅觉以及对肢体感觉器官的机能特征,分析人在劳动时的生理变化、能量消耗、疲劳程度以及对各种劳动负荷的适应能力,探讨人在工作中影响心理状态的因素。人体工程学的研究,为各类设计全面考虑"人的因素"提供了人体结构尺度、人体生理尺度和人的心理尺度等数据,这些数据可有效地运用到各种园林设计中去。

2. 为设计的功能合理性提供科学依据

在现代各物质设计中,如搞纯物质功能的创作活动,不考虑人的需求,那将是创作活动的失败。因此,如何解决"物"与人相关的各种功能的最优化,创造出与人的生理和心理机能相协调的"产品",这将是当今设计中在功能问题上的新课题。

以步行街上的树木为例,树木能提供遮阴的效果并产生人性尺度的感觉,可加强行人的舒适感而又不至于减低沿街店面的可见度。但国内的步行街在设计中似乎很容易忽视这方面的问题,像北京的王府井步行街、天津的和平路步行街,这种尺度比较大的步行街,就应该有比较适合人体尺度而且密度大的行道树林立在街道两旁或集中布置于道路中央，这样能够在心理感受上不会觉得街道过宽，给人们更好的视觉和心理感受；另外，北方冬天风沙大，夏天太阳灼热，密度大且高度低的树木能创造更宜人的室外环境。

三、人性化设计理念

行为心理、人机工程学原理为设计学科开拓了人性化设计的新理念。

所谓人性化设计，就是包含人机工程学特点的设计，只要是"人"所使用的，都应在人机工程学上加以考虑。我们可以将它们描述为：以心理为圆心，生理为半径，用以建立人与物及环境之间和谐关系的方式（"人—机—环境"的系统理论），最大限度地挖掘人的潜能，综合平衡地使用人的机能，保护人体的健康，从而提高效率。仅从园林设计这一范畴来看，大至城市规划、建筑设施，小至园椅园凳、园灯，在设计和制造时都必须把"人的因素"作为一个重要的条件来考虑。

人在追求理想中生存，但基于生理性的需求得到满足后，总是向社会、心理、审美、自我实现的更高台阶迈进，从谋生到乐生，这是社会文明和历史发展的必然。现在，人们对于生活空间的要求更具人性化，"以人为本"的建筑设计就是要使建筑产品在实际使用中尽量适合人类活动的自然形态，从而使环境适合人类的行为和需求。

(1)材料上，尽量采用耐腐蚀、抗风化的材料，以便于长期使用，如果采用木材作为主体材料，必须要先对木材进行防腐处理；

(2)造型上，在符合人体工程的同时必须符合家具所处的环境协调的原则；

(3)采用的尺寸应以人均尺寸为设计依据，通常牵涉到能否通过的尺寸一般采用大尺寸，在牵涉到能否可及的尺寸，一般采用小尺寸。

人性化设计的应用，使得一些家具，特别是公交站的家具，在设计上为了更接近实际，一方面材料上使用一些便于清洗的材料；另一方面在造型方面设计出能满足人们短暂休憩而不能长期休憩的特点，"能坐而不能久坐"。

第五节 园林造景艺术

园林设计者常以高度的思想性、科学性、艺术性，将山林、水体、建筑、地面、声响、天象等因素为素材，巧运匠心，反复推敲，组织成优美的园林。此种美景的设计过程，特称"造景"。

通过塑造而成的美好园林环境，可以启发人们对锦绣河山的热爱，激发人们奋发向上和为人类做贡献的精神。因此，"景"能给人以美的享受，可以引起人们的遐思和联想，陶冶人们的情操。园林无"景"，就没有生气，就无法引人入胜，造园的实质在于"造景"。

关于园景的创造，有许多不同的手法与技巧。这里将造景的技巧和手法分主景、配景、对景、夹景、分景、障景、隔景、框景、漏景、添景、借景和题景等几个方面，简要介绍如下。

一、主景与配景

主景，在园林空间里，能使人们集中视线，成为画面中心的重点景物，此景即为主景。例如北京颐和园的佛香阁、北京北海公园琼华岛的白塔。配景，包括前景和背景。前景起着丰富主题的作用;背景在主景背后,较简洁、朴素,起着烘托、陪衬主题的作用。在造景时,主景必须要突出,配景则必不可少,但配景不能喧宾夺主,能够对主景起到烘云托月的作用。常用的突出主景的方法有以下几种。

1. 主景升高

在空间高程上对主体进行升高处理,可产生仰视观赏效果,以蓝天、远山为背景,使主体的造型轮廓突出鲜明,减少其他环境因素的影响。

2. 轴线处理(中轴对称与运用轴线和风景视线的焦点)

(1)中轴线的终点(端点)安排主景　在园林布局中,确定某方向一轴线,于轴线的上方通常安排主要景物,轴线两侧安排一对或一对以上配体,以陪衬主景。如南京雨花台烈士陵园、美国首都华盛顿纪念性园林、法国凡尔赛宫苑等,均采用了这种手法。

(2)几条轴线相交安排主景　几条轴线相交安排主景,使各方视线全集中于主体景物上,加强感染力。

(3)动势集中的焦点安排主景　园林中,动势集中的焦点空间主要表现在宽阔的水面景观或四周为许多景物环抱的盆地类型构图空间,如杭州西湖的三潭印月。

3. 对比与调和

园林中,以配景之粗衬主景之精,以暗衬明,以深衬浅,以绿衬红等,应用艺术处理中的对比方法可以突出主景。而对比的双方又统一于完整的构图之中,达到调和的艺术效果。

4. 重心处理

重心处理、山水画和山水园林师出一脉。

三角形、圆形图案等中心为几何构图中心,也是突出主景的最佳位置。规则式园林,主景放在几何中心,也即重心位置。在自然式园林中,视觉中心是突出主景的非几何中心。自然山水园的视觉中心切忌正中,如园林中主景假山的位置,不规则树丛主景树的培植位置,水景中主岛的布局,自然式构图中主建筑的安置,都考虑在自然中心上。

5. 抑景

中国传统园林主张“山重水复疑无路,柳暗花明又一村”的先藏后露的造园方法。这种方法与欧洲园林的“一览无余”形式形成鲜明的对比。

当然,上述几种主景突出方法往往不是单独处理,而是若干方法的综合。只有主景突出,配景烘托才能成为完整的园林构图。

二、借景

根据园林周围环境特点和造景需要,把园外的风景组织到园内,成为园内风景的一部分。《园冶》中提到借景是这样描写的:“园虽别内外,得景则无拘远近,晴峦耸秀,钳隅凌空,极目所至,俗则屏之,嘉则收之”;“园林巧于因借,精在体宜”。所以在借景时必须使借到的景是美景,对于不好的景观应“屏之”,使园内、外相互呼应。借景的主要方式有远借(见彩图 1-1)、近借(图 1-3)、仰借、俯借、因

图 1-3　近借

时而借。为了把园外的美景组织到园内，达到借的效果，可以通过提高视点位置，“欲穷千里目，更上一层楼”；借助门、窗或围墙上的漏窗；开辟透景线（美好的景物被高于游人视线的地上物挡住，要开辟一条观景视线）等方式达到。

三、对景

位于园林轴线及风景线端点的景物叫对景。对景可以使两个景观相互观望，丰富园林景色，一般选择园内透视画面最精彩的位置，用作供游人逗留的场所。例如，休息亭、榭等。这些建筑在朝向上应与远景相向对应，能相互观望、相互烘托。对景可以分为正对和互对。正对只要求两景点的主轴方向一致，位于同一条直线上。互对比较自由，只要两景点能正面相向，主轴虽方向一致，但不在一条直线上即可。

四、分景

分隔园林空间、隔断视线的景物称为分景。分景可创造园中园、岛中岛、水中水、景中景的境界，使园景虚实变换，层次丰富。其手法有障景、隔景两种。障景也称抑景。在园林中起着抑制游人视线的作用，是引导游人转变方向的屏障景物。它能欲扬先抑，增强空间景物感染力。有山石障、曲障、树（树丛或树群）障等形式。以虚隔、实隔等形式将园林绿地分隔为若干空间的景物，称为隔景。它可用花廊、花架、花墙、疏林进行虚隔，也可用实墙、山石、建筑等进行实隔，避免各景区游人相互干扰，丰富园景，使景区富有特色，具有深远莫测的效果。

五、前景

1. 框景

框景就是把真实的自然风景用类似画框的门、窗、树干、枝条、山洞等来框取另一个空间的优美景色，形成类似于“画”的风景图画，这种造景方法称之为框景。主要目的是把人的视线引到景框之内。框景有入口框景、端头框景、流动框景、镜游框景等多种形式。

2. 漏景

漏景是框景的进一步发展，框景景色全观，而漏景若隐若现。漏景利用漏窗、花墙窗、漏屏风、疏林树干等作前景与远景并行排列形成景观。它起着含而不露、柔和景色、若隐若现的作用。

3. 夹景

当远景的水平方向视界很宽时，将两侧并非动人的景物用树木、土山或建筑物屏障起来，只留合乎画意的远景，游人从左右配景的夹道中观赏风景，从而形成左右较封闭的狭长空间，称为夹景。夹景一般用在河流及道路的组景上，夹景可以增加远景的深度感，突出空间端部景观。

4. 添景

当风景点与远方的对景之间没有中景时，容易缺乏层次感，常用添景的方法处理，在主景前面加植花草、树木或铺山石等，使主景具有丰富的层次感。添景可以为建筑一角，也可以为树木花丛（图 1-4）。例如，在湖边看远景时可以用几丝垂柳的枝条作为添景（图 1-5）。

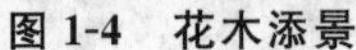

图 1-4 花木添景

图 1-5 柳丝添景

六、点景

我国园林善于抓住每一个景观特点，根据它的性质、用途，结合环境进行概括。常作出形象化、诗意浓、意境深的园林题咏，其形式有匾额、对联、石碑、石刻等。它不但可借景抒情、画龙点睛，给人艺术的联想；还有宣传、装饰、导游的作用。如“爱晚亭”、“迎客松”、“知春亭”等。

第六节 园林布局形式

一、园林布局的含义

即在选址、构思立意的基础之上，设计者在孕育园林作品的过程之中所进行的思维活动，主要包括选取和提炼题材，酝酿和确定主景、配景、功能分区、景点游览路线的分布，探索所采用的园林形式。

二、园林形式的确定

1. 根据园林的性质

不同性质的园林，必然有相对应的园林形式，力求园林的形式反映园林的特性。如纪念性公园，其形式一般多中轴对称、规则严整，逐步升高的地形处理，特别是把主景的体量和地势抬高，以示强调，体现其雄伟、崇高、庄严肃穆的场景和氛围。如南京中山陵的整体布局。

由于园林各自的性质不同，决定了各自与其性质相对应的园林形式。形式服从于园林的内容，体现园林的特性，表达园林的主题。

2. 根据不同的文化传统

各民族、国家之间的文化、艺术传统的差异，决定了园林的形式的差别。我国由于传统文化的沿袭，形成了以自然山水园为风格和布局的特色，而同样是多山的国家如意大利，由于意大利的传统文化和本民族固有的艺术水准和造园风格，即使是自然山地条件，其造园结合不同标高的台地，采用规则式的台地造园模式和布局形式。

3. 意识形态不同决定园林的形式

西方希腊神话人物雕塑多数放置在室外轴线和轴线的交点之上，则要求园林布局应有控制轴线和交点，中国的神像雕塑则要求置于庙堂之中。

三、园林布局的类型

园林布局共分三种类型：规则式、自然式、混合式。

1. 规则式（几何式、整形式、对称式）

整个平面布局、立体造型以及建筑、广场、道路、水面、花草树木等要求严格对称。西方园林主要以规则式为主，其中以文艺复兴时期意大利的台地园和19世纪法国勒诺特平面几何图案式园林为代表。我国的北京天坛、南京中山陵等都采用规则式布局。规则式园林给人以庄严、雄伟、整齐、肃穆之感，一般用于气氛较严肃的纪念性园林或有对称轴的建筑庭园中。其主要特征是：

（1）中轴线　全园布局上具有明显的控制中轴线，并大体以中轴线的前后左右对称或拟对称。

（2）地形　在开阔较平坦地段，由不同高程的水平面及缓倾斜的平面组成，在山地和丘陵地段，则由阶梯形的大小不同的水平台地、倾斜平面及石级组成，其剖面均以直线组成。

（3）水体　外形轮廓为几何形，主要是圆形和长方形，水体的驳岸多整形、垂直，有时加以雕塑，水景的类型有整形水池、整形瀑布、喷泉、壁泉及水渠运河的形式，古代神话雕塑和喷泉构成其主要内容。

（4）广场和道路　广场多呈规则对称的几何形，主轴和副轴线上的广场形成主次分明的系统，道路均为直线形、折线形和几何曲线形，广场和道路构成方格形式、环状放射形、中轴对称和不对称的几何布局。

（5）建筑　主体建筑和单体建筑多采用主轴对称均衡布局设计，多以主体建筑群和次要建筑群形成和广场、道路相结合的主轴、副轴系统，形成控制全园的总格局。

（6）种植规划　等距离行列式、对称式为主，树木修剪整形多模拟建筑形体和动物造型、绿篱、绿墙、绿门、绿柱等，为规则式园林较突出的特点。

常利用大量的绿篱、绿墙、丛林划分空间；花卉常以图案为主要内容的花坛和花带，有时布置成较大型的花坛群。

（7）园林小品　雕塑、花架、园灯、栏杆、多配置在轴线的起点、交点和终点，雕塑常和喷泉水池构成水体的主景。

例如法国凡尔赛宫苑（见彩图1-2）。

2. 自然式

中国园林从周朝开始，经历代的发展，不论是皇家宫苑还是私家宅园，都是以自然山水园林规划设计为源流，一直发展至清代。保留至今的皇家园林，如颐和园、避暑山庄；私家宅园，如苏州的拙政园、网师园等都是自然山水园林的代表作品。自然式园林从6世纪传入日本，18世纪后传入英国。自然式园林以模仿再现自然为主，不追求对称的平面布局，立体造型及园林要素布置均较自然和自由，相互关系较隐蔽含蓄。这种形式较能适合于有山、有水、有地形起伏的环境，以含蓄、幽雅的意境而见长。

(1)地形 “相地合宜”、构园得体”、“随形得体”、“自成天然之趣”、“高方欲就亭台、低凹可开池沼”,再现大自然中的峰、崖、岗、岭、峡、谷、坞、坪、洞穴等地形地貌景观,平原地段有起伏的微地形,地形的剖面为自然曲线。

(2)水体 “疏源之去由、察水之来历”,水景的类型主要有池、潭、沼、汀、溪、涧、洲、港、湾、瀑布、叠水等,水体的轮廓多为自然曲折式、驳岸为自然山石驳岸、石矶等形式。

(3)广场和道路 除建筑前广场是规则式以外,园林之中的空旷地和广场的外形轮廓是自然式的。道路的走向、布局多随地形而设计,道路的平面和剖面多是自然起伏曲折的平曲线和竖曲线组成。

(4)建筑 古典园林中多采用古代建筑。中国古代建筑飞檐翘角,具有庄严雄伟、舒展大方的特色。它不只以形体美为游人所欣赏,还与山水林木环境相配合,共同形成古典园林风格。单体建筑多采用对称和不对称均衡布局,建筑群或大规模建筑组群多采用不对称均衡之布局,单体建筑有亭、廊、榭、舫、楼、阁、轩、馆、台、塔、厅、堂、桥、墙等多种形式,全园虽不以轴线控制,但局部亦有轴线处理。

(5)种植规划 古典园林的植物一律采取自然式种植,与园林风格保持一致。所谓种植的自然式,就是它们的种植不用行列式。自然式配置,孤、群、丛、密林为主要配置形式,花卉以花丛、花境和花群为主要形式,反映自然群落之美。

3. 混合式

主要是指规则式和自然式交错组合而成,没有或形不成控制全园的主轴线,只有局部景区、建筑以中轴对称布局,或全园没有明显的自然山水骨架,形不成自然的格局。一般情况多随地形而定,在原地形平坦处,根据总体规划需要安排规则式的布局;在原地形较复杂,具备起伏不平的丘陵、山谷、洼地等部分,结合地形规划成自然式。类似上述两种不同形式规划的组合即为混合式园林。

第七节 城市园林绿地规划的基础知识

城市园林绿地是城市用地的一个重要组成部分,在改善城市居民的生活环境、维持城市生态平衡和美化城市市容方面发挥着重要作用。城市园林绿地系统是城市总体规划的一个重要组成部分,合理安排园林绿地是城市总体规划中不可缺少的内容之一,是指导城市园林绿地详细规划和建设管理的依据。其目的是在城市用地范围内,通过对不同性质、功能、用途的园林绿地合理布局,使园林绿地能够更好地发挥其功能,并与城市各组成部分组成完美有机的整体。

一、城市园林绿地的有关概念

1. 园林

园林有着悠久的历史和传统,园林的概念是随着社会历史和人类认识的发展而变化的。不同历史发展阶段有不同的内容和适用范围,不同国家和地区对园林的界定也不完全一样,不少园林专家、学者从不同的角度对园林一词提出了自己的见解。在我国古籍里,园林根据不同的性质也称作园、囿、园亭、庭园、园池、山池、池馆、别业、山庄等，国外有的则称 garden、park、landscape garden。现代园林的涵盖范围是非常广阔的，包括庭院、宅园、小游园、花园、公园、植物园和动物园等，还包括森林公园、风景名胜区、自然保护区或国家公园的游览区以及休养胜地。

2. 城市园林绿地

城市范围内的绿地统称为城市园林绿地（或城市绿地、城市绿化用地）。它是以植物为主要存在形态，用于改善城市生态、保护环境、为居民提供游憩场地和美化环境的一种城市用地。

3. 城市绿地系统

城市绿地系统是由城市中各种类型和规模的绿化用地组成的整体。它是由一定质与量的各类绿地相互联系、相互作用形成的绿色有机整体，即城市中不同类型、性质和规模的各种绿地共同构建而成的一个稳定持久的城市绿色环境体系，是城市规划的一个重要组成部分。它包括城市中所有园林植物种植地块和园林绿化用地。城市绿地系统组成应该全面和完整，包括对改善城市生态环境和生活具有直接影响的所有绿地。我国城市绿地系统多指园林绿地系统，一般由城市公园、花园、道路交通绿地、单位附属绿地、居住区绿地、园林苗圃、经济林、防护林、生态林及城郊风景名胜区绿地等组成。

二、城市园林绿地的效益

随着城市规模的迅速扩大和经济的快速发展，绿色植物逐渐减少，污染增加，进而生态系统失调，环境质量下降，严重影响到人们的生活质量和身心健康。因此，城市园林绿化是全社会的一项环境建设工程，是人们生存的需要。所以，它的效益价值不是单一的，而是综合的，具有多层次、多功能和多效益等特点。城市园林绿化具有相应的生态效益、社会效益和经济效益。

1. 生态效益

人们生活在城市当中，来自厂矿企业、日常生活以及交通运输等方面的污染源影响人们的生活质量。从城市生态学角度看，城市园林绿化中一定量的绿色植物，既能维持和改善城市区域范围内的大气碳循环和氧平衡，又能调节城市的温度、湿度，净化空气、水体和土壤，还能促进城市通风、减少风害、降低噪声等。由此可见，城市绿化的生态效益既是多方位的又是极其主要的。

2. 社会效益

城市园林绿地作为一种人工生态系统，凝结着现时的、历史的各种自然、科学和精神价值。城市园林绿化不仅可以改善整个城市的生态环境，还可以创造城市景观，提供游憩、休闲、娱乐场所，提高市民文化素质，促进社会主义精神文明建设，具有明显的社会效益。

3. 经济效益

城市园林绿地属第三产业，有直接经济效益和间接经济效益。直接经济效益是指园林绿化产品、门票、服务的直接经济收入；间接经济效益是指园林绿化所形成的良性生态环境效益和社会效益。间接经济效益往往比直接经济效益深远和重大得多。据统计，在制造氧气方面，面积 5 000 hm^2 的园林绿地，每公顷每年吸收二氧化碳 50 t，放出氧气 36 t，呼吸作用吸收氧气 26 t，纯生产氧气 10 t，如果氧气按照 2.5 元/kg 计算，这片绿地每年创造的价值为 12 500 万元；在吸收氮氧化物方面，每公顷绿地每年可以吸收氮氧化物 380 kg，这是比较好的脱氮方式，而治理每吨氮氧化物需 16 000 元，如果每公顷绿地可以脱氮 380 kg，那么这个效益是很可观的，根据美国资料记载，绿化间接的社会经济价值是它本身直接经济价值的 18～20 倍。

综上所述，城市园林绿地的综合效益最显著的是由其公益特性所产生的环境效益和社会效益。随着时代的进步，园林绿地已经成为人类文化生活不可缺少的重要组成部分，它是现代文明、和谐社会的重要标志。

三、城市园林绿地的类型及主要特征

根据建设部 2002 年 9 月 1 日颁布实施的《城市绿地分类标准》，将城市绿地分为公园绿地、生产绿地、防护绿地、附属绿地和其他绿地五大类。

1. 公园绿地

公园绿地是指向公众开放，以游憩为主要功能，兼具生态、美化、防灾等作用的绿地。它是城市建设用地、城市绿化系统和城市市政公用设施的重要组成部分，是表示城市整体环境水平和居民生活质量的重要指标。主要包括综合公园、社区公园、专类公园、带状公园、街旁绿地。

(1)综合公园　是指供城市居民休息、游览、文化娱乐、科普教育，以综合性功能为主的内容丰富、有相应设施、适合于公众开展各类户外活动的规模较大的绿地，包括全市性公园和区域性公园。

(2)社区公园　是指为一定居住用地范围内的居民服务，具有一定活动内容和设施的集中绿地。

(3)专类公园　是指具有特定内容或形式，有一定游憩设施的绿地，包括儿童公园、动物园、植物园、历史名园、风景名胜公园、游乐公园、其他专类公园。

(4)带状公园　是指沿城市道路、城墙、水滨等，有一定游憩设施的狭长形绿地，是绿地系统中颇具特色的构成要素，承担着城市生态廊道的职能。带状公园的宽度受用地条件的限制，一般呈狭长形，以绿化为主，辅以简单的设施。带状公园的最窄处必须满足游人的通行、绿化种植带的延续以及小型休息设施布置的要求。

(5)街旁绿地　是指位于城市道路用地之外，相对独立成片的绿地，包括街道广场绿地、小型沿街绿化用地等，绿化占地比例应大于或等于 65%。为保证居民和行人休息，采用开放式的布置，有供游人通行的道路、休息锻炼的小广场，配置小型的亭、花架、水池、山石和园椅、园灯、报廊等。

2. 生产绿地

是指为城市绿化提供苗木、花草、种子的苗圃、花圃、草圃等地。生产绿地一般占地面积较大，应布置在郊区，并与城市市区有方便的交通联系，以便于苗木运输。生产绿地必须为城市服务，并具有生产的特点。

3. 防护绿地

是指城市中具有卫生、隔离和安全防护功能的绿地。包括卫生隔离带、道路防护绿地、城市高压走廊绿带、防风林、城市组团隔离带、水土保持林、水源涵养林等。其功能是对自然灾害和城市公害起到一定的防护或减弱作用，因此不宜兼作公园绿地使用。

4. 附属绿地

是指城市建设用地中绿地之外各类用地中的附属绿化用地，包括居住用地、公共设施用地、工业用地、仓储用地、对外交通用地、道路广场用地、市政设施用地、特殊用地中的绿地。

5. 其他绿地

是指对城市生态环境质量、居民休闲生活、城市景观和生物多样性保护有直接影响的绿地,包括风景名胜区、水源保护区、郊野公园、森林公园、自然保护区、风景林地、城市绿化隔离带、野生动植物园、湿地、垃圾填埋场恢复绿地等。用地选择应尽可能利用现有自然山水、森林地貌、规划风景旅游区、森林公园、自然保护区等地段。

四、城市园林绿地定额指标

城市绿地定额指标主要指城市园林绿地总面积、城市居民的人均公共绿地面积、城市绿化覆盖率和城市绿地率。它反映一个城市的绿化数量和质量,以及一个时期城市经济发展、城市环境质量以及城市居民生活保健水平,也是评价一个城市环境质量的标准和城市居民精神文明的标志之一。

园林绿地指标的增长,能够更好地发挥园林绿地保护环境、调节气候等方面的功能,但无限制地增长,会造成城市用地及建设投资的浪费,给居民的正常生活和工业生产带来不便。因此,城市中的园林绿地在一定时期内应有合理的定额指标。

1. 城市园林绿地总面积

城市园林绿地总面积是指城市园林绿地面积的总和。

计算公式:城市园林绿地总面积(hm^2)=公园绿地面积+生产绿地面积+防护绿地面积+附属绿地面积+其他绿地面积

2. 人均公共绿地面积

人均公共绿地面积是指城市中每个居民平均占有公共绿地的面积。

计算公式:人均公共绿地面积(m^2)=城市公共绿地总面积(m^2)/城市非农业人口

人均公共绿地面积指标根据城市人均建设用地指标而定。人均建设用地指标不足75 m^2的城市,到2010年人均公共绿地面积应不少于6 m^2;人均建设用地指标为75～105 m^2的城市,到2010年人均公共绿地面积应不少于7 m^2;人均建设用地指标超过105 m^2的城市,到2010年人均公共绿地面积应不少于8 m^2。

3. 城市绿化覆盖率

城市绿化覆盖率是指城市绿化覆盖面积占城市用地面积的百分比。

计算公式:城市绿化覆盖率=城市内全部绿化种植垂直投影面积/城市用地面积×100%

城市绿化覆盖率是衡量一个城市绿化现状和生态环境效益的重要指标。城市绿化覆盖率到2010年应不少于35%。

4. 城市绿地率

城市绿地率是指城市各类绿地(含公园绿地、生产绿地、防护绿地、附属绿地和其他绿地五类)总面积占城市用地面积的比率。城市绿地率表示了全市绿地总面积的大小,是衡量城市规划的重要指标。

计算公式:城市绿地率=城市园林绿地面积之和/城市用地总面积×100%

为保证城市绿地率指标的实现,各类绿地单项指标应符合下列要求:

(1)新建居住区绿地占居住区总用地比率不低于30%。

(2)城市主干道绿带面积占道路总用地比率不低于20%,次干道绿带面积所占比率不低于15%。

(3)内河、海、湖等水体及铁路旁的防护林带宽度应不少于30 m。

(4)单位附属绿地面积占单位总用地面积比率不低于30%，其中，工业企业、交通枢纽、仓储、商业中心等绿地率不低于20%；产生有害气体及污染的工厂的绿地率不低于30%，并根据国家标准设立不少于50 m的防护林带；学校、医院、休(疗)养院所、机关团体、公共文化设施、部队等单位的绿地率不低于35%。

(5)旧城区改造的园林绿地指标，可在第(1)、(2)、(4)项规定指标的基础上降低5个百分点。

5. 城市苗圃拥有量

城市苗圃拥有量是指城市苗圃总面积占城市建成区总面积的百分比。

计算公式：城市苗圃拥有量＝城市苗圃总面积/城市建成区总面积×100%

五、城市园林绿地系统的布局

(一)城市园林绿地系统布局的原则

1. 结合城市其他各项用地的规划，综合考虑，全面安排

一个城市的园林绿地规划要服从城市的总体规划，一方面要合理选择绿化用地，使园林绿地更好地发挥改善气候、净化空气、战备抗灾、美化环境等作用；另一方面要注意少占良田，在满足植物生长条件的基础上，尽量利用荒地、山冈、低洼地和不宜建筑的破碎地形等布置绿化。绿地在城市中的布局要与工业布局、居住区详细规划、公共建筑分布、道路系统规划密切配合、协作，不可孤立进行，要统筹兼顾、全面统一、合理安排。

2. 结合当地特点，因地制宜，从实际出发

我国地域辽阔、幅员广大、地区性强，各城市的自然条件差异很大。同时，城市的现状条件、绿化基础、性质特点、规模范围也各不相同，即使在同一城市，各区的条件也不相同。因此，城市绿地规划必须结合当地自然条件，从实际出发，紧密结合现有地形、地貌等自然条件，以现有树林、绿地为基础，充分利用山丘、坡地、河谷等，节省人力、物力。充分利用原有的名胜古迹、山川河湖，创造美好风景。

3. 均衡分布，比例合理，满足市民休息游览的要求

城市绿地规划时要考虑到点(公园、游园、花园)、线(街道绿化、游憩林荫带、滨水绿地)、面(单位附属绿地)结合，大中小结合，集中与分散结合，重点与一般结合，构成一个有机整体，使各种功能不同的绿地相连成系统，起到改善城市环境、满足市民休息游览的作用。

4. 远景目标与近期安排相结合，创造特色

规划中要充分考虑城市远期发展的规模，根据城市发展前景和人民生活水平逐渐提高的要求，制定出远景的发展目标，同时还要照顾到由远及近的过渡措施，根据现有的经济能力和施工条件作出近期安排。对于建筑密集、绿地少的老城区，应结合旧城改造规划出适当的园林绿地。远期规划为公园的地段内，近期规划可用于苗圃或建临时建筑。各类城市的绿化应各具特色，每个城市由于历史、地域、经济的原因，形成了自己的历史文化特色。我国许多城市具有相当数量的名胜古迹和近代革命历史遗址，在绿地规划中，就需使风景名胜、文物古迹的保护工作与园林绿地规划结合起来，形成自己独特的风格。

5. 发挥其综合功能的前提下，结合生产，创造财富

城市园林绿地规划在满足休息游览、保护环境、美化市容、备战防灾功能的同时，应因地制宜地种植一些果树以及芳香、药材、油料等有经济价值的植物，利用水体养鱼种藕，增加经济效益。在经营管理上要分清主次，合理安排。

(二)城市园林绿地系统布局的形式

从世界各国绿地布局发展的历史情况和我国各地的具体条件分析，我国城市绿地的布局形式主要有块状、带状、环状、楔形、片状、混合式等，见图 1-6。

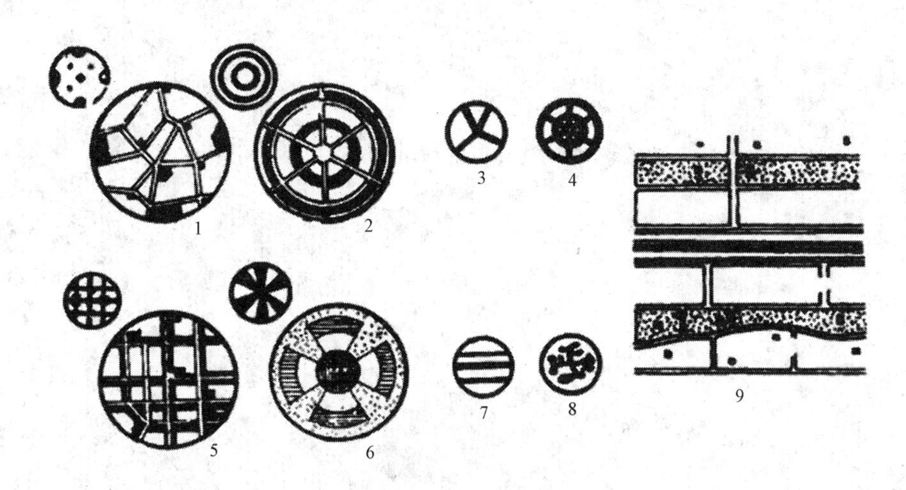

图 1-6　城市园林绿地系统布局形式

1. 点状　2. 环状　3. 放射状　4. 放射环状　5. 网状　6. 楔形　7. 带状　8. 分枝状　9. 片状

1. 块状绿地布局

在城市总体规划图上，公园、花园、广场绿地呈块状、方形、多边形均匀分布。此类绿地布局可以做到均匀分布，能方便居民使用，但因其分散，不成一体，对构成城市整体艺术面貌作用不大，对综合改善城市小气候条件的作用也不显著。这种情况多出现在旧城区改造中，如上海、天津、武汉、大连、青岛等。

2. 带状绿地布局

由于河湖水系、城市道路、城墙等因素，形成纵横向绿带、放射状绿带。带状绿地布局将城市中各块状绿地有机地联系起来，能更好地表现城市的艺术面貌。如西安、南京、哈尔滨、苏州等。

3. 环状绿地布局

围绕城市形成内外几个绿色环，使公园、林荫道等统一布置在环中，但由于环与环之间联系不够，市民使用不方便。

4. 楔形绿地布局

由郊区伸入市中心的由宽到狭的绿地，称为楔形绿地。通常是利用河流、起伏地形、放射干道等结合林荫道、公园绿地等布置，将市区与郊区联系起来。改善城市气候显著，也有利于城市艺术面貌的表现，但不利于横向联系。

5. 片状绿地布局

在大城市中，结合城市规划和地形，将市区内各区域的绿地相对集中，形成片状。

6. 混合式绿地布局

是前几种形式的综合应用，形成一个完整的绿地体系，与居住区接触面积最大，方便居民游憩，有利于丰富城市总体和各部分的艺术面貌。

以上布局中，以混合式最好。但由于各城市具有不同的特点和条件，因此，在规划时应结合各城市的具体情况，探讨各自的最合理的布局形式。

第二章　园林构成要素及设计

【学习目标】

1. 掌握园林构成要素的基本理论、处理方法；
2. 了解园林建筑及小品的类型及布局原则；
3. 掌握园林植物配置原则及配置方式。

构成园林设计要素有地形、水体、植物、园林建筑及小品、园路及其他构筑物、还有中国园林所特有的假山置石等。其中地形是其他诸要素的基底和依托，是构成整个园林景观的骨架，地形布置和设计的恰当与否直接影响到其他诸要素的设计，是组景及构景的主要要素；水是园林中最活跃的要素，极富有变化和表现力，常赋予园林以生机和活力，被形象地誉为园林中的“血脉和灵魂”；植物材料是有生命的活体，有其生长发育规律，植物本身种类繁多、造型丰富、富有季相变化，形成四季色彩斑斓的园林景观，为园林造景提供了用之不竭的素材；园林建筑及小品是园林中以人工美取胜的硬质景观，是景观功能和实用功能的结合体，造型丰富、形式多样，并且往往是园林景观的焦点和亮点；园路是具有动态游览的观景路线，园路的精美铺装可使其自成一景；假山置石是我国园林之中所特有的，掇山叠石技艺在我国源远流长。上述诸要素之间相辅相成，共同组成丰富多样的园林景观，构成灵活多变的园林空间。

下面从风景园林设计的角度就园林中的构景要素及其设计要点加以简要介绍。

第一节　地形设计

一、地形与地形图

“地形”是“地貌”的近义词，意思是地球表面三维空间的起伏变化。地形图是按照一定的测绘方法，用比例投影和专用符号，把地面上的地貌、地物测绘在纸平面上的图形称地形图。

1. 地形图的比例尺

(1)比例尺的大小　两幅比例尺不同的地形图来比较大小，只需将其比例的分子除以分母，其商即可比较比例尺的大小，如 1/10 000＝0.000 1，1/500＝0.002，前者则小于后者。换言之，比例尺的分母越大则比例尺越小；反之，比例尺的分母越小，则比例尺越大。

(2)不同比例尺地形图允许的误差　见表 2-1。

表 2-1 不同比例尺地形图允许的误差

比例尺	1/500	1/1 000	1/2 000	1/5 000	1/10 000	1/50 000	1/100 000
误差/m	0.05	0.1	0.2	0.5	1	5	10

(3)地形设计对地形图的比例要求　地形设计对地形图的比例要求和规划阶段、规划内容、深度、景区范围大小、地形复杂程度以及当地具体条件等有关。一般情况如下，总体规划多用1：(2 000～10 000)，详细设计多用1：(1 000～2 000)，详细阶段在设计景点、景观建筑、广场、园路各交叉点时，则多用1：(100～500)的地形图是相宜的。如条件不足，可结合实地踏查或补测修正，以便进行相应的规划工作。

二、地形的类型及作用

在建园过程中，原地形通常不能完全满足造园的要求，所以在充分利用原地形的情况下必须进行适当的改造。地形设计就是根据造园的目的和要求并与平面规划相协调，对造园用地范围内的山、水等进行综合组织设计，使园林内部山、水之间、园林用地与四周环境之间，在景观和高程上有合理的关系。

(一)地形的类型

地形可通过各种途径来加以归类和评估，这些途径包括它的规模、特征、坡度、地质构造以及形态。在环境中，地形类型常有平地、凸地、凹地、坡地、山地以及水体等，下面分述之。

1. 平地

平地指的是任何土地的基面应在视觉上与水平面相平行。平地是指园林中坡度比较平缓的用地。为了便于接纳和疏散游客，公园必须设置一定比例的平地，平地过少就难于满足游客的活动要求。

2. 凸地

凸地指地面的制高点，该地形较周围环境的地形高，视线开阔，视野具有延伸性，空间具有发散性，此类地形称凸地形(如土丘、山峰等)。凸地形既可得景(因其地势高，突出、明显)又可观景(地势高有良好的视线条件)。另外，当高处的景物达到一定的高度和体量时会产生一种控制感。例如北京颐和园的佛香阁，在广阔的昆明湖的衬托之下，形成了控制感，象征了至高无上的封建皇权。

3. 凹地

若地形较周围环境的地形低，则视线封闭，且封闭制约程度决定于凹地形的绝对标高、脊线范围、坡面角、树木和建筑高度等，空间呈积聚性，此类地形称凹地形，又被形象地称为"碗状洼地"。凹地形通常给人一种孤立感、封闭感和私密感，在某种程度上也可起到不受外界侵犯的作用。

4. 坡地

坡地一般与山地、丘陵或水体并存。坡地根据坡度的大小可分为缓坡地、中坡地、陡坡地、急坡地和悬崖坡坎等。缓坡地可作为活动场地和种植用地。

5. 山地

山地是地貌设计的核心，它直接影响到空间的组织、景物的安排、天际线的变化和土方工程量等。园林山地多为土山,此处山地主要指土山。

山地的设计要点:

(1)主客分明,遥相呼应,山不宜居中,忌讳笔架山对称形象。在自然山水园中,主景山宜高耸、盘厚,体量较大变化较多;客山则奔趋、拱伏,呈余脉延伸之势。先立主位,后布辅从,比例应协调,关系要呼应,注意整体组合,忌孤山一座。

(2)未山先麓,脉络贯通,堆山视山高及土质而定其基盘。首先,在形态上,山脚应缓慢升高,坡度要陡缓相间,山体表面呈凹凸不平、自然起伏状;其次,在园林组景上,也应把山麓地带作为核心,通过树、石自然配置而呈现出"若似乎处于大山之麓"的自然山林景象。

(3)位置经营,山讲三远:高远、深远、平远。

(4)山观四面而异,山形步移景异。山臃必虚其腹,谷壑最宜幽深,虚实相生,丰富空间。

(5)山水相依,山抱水转,山水相连,山岛相延,山穿水谷,水绕山间。

6. 水体

水体是地形设计的主要内容。水体设计主要是确定水际的轮廓线,创造良好的景观效果,确定岸顶、湖(池)底的高程及水的等深线型,解决水的来源与排放问题。

水体设计应选择地势低洼或靠近水源的地方,因地制宜,因势利导。在自然山水园中,应呈山环水抱之势,动静交呈,相得益彰。配合运用园桥、汀步、堤、岛、半岛、石矶等工程措施,使水体有聚散、开合、曲直、断续等变化。水体的进水口、排水口、溢水口及闸门的标高,应满足功能的需要并与市政工程相协调。人工水体近岸 2 m 范围内水深不大于 0.7 m;汀步、无护栏的园桥附近 2 m 范围内的水深不大于 0.5 m,护岸顶与常水位的高差要兼顾景观、安全、游人近水心理以及防止岸体冲刷等要求合理确定。

(二)地形的作用

中国园林崇尚"虽由人作,宛自天成",而园林多建在城区或郊区,园址的园地形外貌往往达不到景观设计的要求,为此,必须通过合理的地形设计来创造新的地形景观。地形设计的主要作用有:

1. 地形的骨架作用

地形是构成园林景观的基本骨架,构景要素(建筑、植物、水体等)常以地形为基底和依托,如北海公园的濠濮间一组建筑,依托疏浚北海太液池的土山体而建;意大利台地园的兰特庄园的水台级充分利用了自然起伏的地形。

2. 控制视线

地形可用来阻挡视线、人的行为、冬季寒风和噪声等,但必须达到一定的体量。地形的遮挡和导引应尽量利用现状地形,若现状地形不具备这样的条件则应权衡经济和造景的重要性后采取措施。

3. 地形的分隔功能

利用地形可以有效地、自然地划分空间,使之形成不同功能或景色特点的区域。划分空间的效果和空间的底面范围、封闭斜坡的坡度、地平轮廓线有关系,在此基础上若再借助于植物则能增加划分的效果和气势。利用地形划分空间应从功能、现状地形条件和造景几个方面考虑,它不仅是分割空间的手段,而且还能获得空间大小对比的艺术效果。如北京颐和园仁寿殿前院呈长方形,气氛严肃。连接仁寿殿与玉澜堂的"夹巷"既曲折狭长,又十分幽闭,两侧为高约 3 m 的人造土山地形,其高度仅能遮挡住人的视线,过玉澜堂前院至西配房,透过隔扇可窥见昆明湖及玉泉山塔影，而出西配房至昆明湖岸，视野豁然开朗，昆明湖及西山的景色尽收眼底，起到了一个很明显的空间对比的效果。

4. 改善小气候

从采光的角度看，有一定凸地形的朝南坡向，冬季阳光直接照射，有很强的采光聚热的效果，从风的角度看，可遮挡冬季西北寒风和夏季主导西南凉风，夏季风可以被引导穿过两高地之间形成的谷地或洼地，如果该地段的中心轴是西南—东北向则可以形成漏斗效应，增强其冷却效应。

5. 地形的背景作用

凸地形的坡面均可作为景物的背景，但应处理好地形和景物和视距的关系，尽量通过视距的控制保证景物和作为背景的地形之间有较好的构图关系。

6. 地形成景作用

虽然地形在造景中始终处于骨架的作用，但是地形本身的造景作用并不突出，常常处于基地和配景的位置上，为了充分发挥地形本身的造景作用，可将构成地形的地面作为一种造型设计要素。地形造景强调的是地形本身的景观作用。在利用地形本身造景方面，国外一些设计师提出的一些设想颇有新意，他们用点状地形加强场所感、用线状地形形成连绵起伏的空间，用地形的柔软、自然、坚硬、人造状态，创造不同规模、不同特点的“大地环境雕塑作品”。

三、地形的利用和改造

地形利用和改造的原则：地形设计应本着“利用为主、改造为辅、少动土方、降低造价”的原则。地形改造是园林设计和施工中工程量、耗费资金最大的工程。设计时应对原地形、地貌加以充分保护和利用，做到因地、因绿、因景制宜，尽量采用易于与环境相协调的地方材料。做到“顺应自然、返璞归真、就地取材、追求天趣。”

四、地形设计的原则和要求

地形设计是园林总体设计的一个组成部分，是在总体设计的指导下进行的。因此，地形设计必须满足总体设计的要求。

地形设计的原则是：第一，从使用功能出发，兼顾实用与造景，发挥造景功能。用地的功能性质决定了用地的类型，不同类型、不同使用功能的园林绿地对地形的要求各异。如传统的自然山水园和安静休息区均需地形较复杂，有一定的地貌变化，而现在开放的规则式园林对地形的要求会简单些。第二，要因地制宜，利用与改造相结合。原地形的状况直接影响园林景观的塑造，尤其是园址现状地形复杂多变时，更宜利用保护为主，改造修整为辅。第三，必须遵守城市总体规划时对公园的各种要求。第四，注意节约原则，降低工程费用，就地就近，维持土方平衡。

五、地形设计的内容与表示方法

地形是地貌与地物的总称，地形设计指地貌设计及地物景观的高程设计。

1. 地貌设计

对原地形景观较平淡的园址，这是地形设计的主要内容。以总体设计为依据，合理确定地表起伏变化形态，如峰、峦、坡、谷、河、湖、泉、瀑等地貌小品的设置，以及它们之间的相对位置，形状、大小高程关系等都要通过地貌设计来解决。

一般山体的坡度不宜超过土壤的自然安息角，以便充分利用土壤本身提供的自然稳定坡度，以节省投资，有利于水土保持和植被保护。水体设计主要是确定水际的轮廓线，创造良好的景观效果，确定岸顶、湖(池)底的高程及水位线，解决水的来源与排放问题，为水生动植物提供良好的生存环境。同时根据景观和功能的需求很好地设计水的等深线，满足其需求。

2. 排水设计

在地形设计的同时，要充分考虑地面水的排除问题。合理划分汇水区域，正确确定径流走向。通常不准出现积留雨水的洼地。一般规定，无铺装地面的最小排水坡度0.5%，铺装地面为0.3%。但这只是参考限值，具体排水坡度要根据土壤性质、汇水区大小、植被情况等因素而定。

3. 道路设计

主要确定道路(包括广场、台阶、坡道)的纵横向坡度及变坡点的高程。在寒冷地区，冬季冰冻、多积雪，为安全起见，广场的纵坡应小于3%，停车场最大坡度不大于2.5%；一般园路的主路纵坡坡度不宜超过8%，横坡一般不超过3%，一般取1%～2%。

4. 建筑设计

地形设计中，对于建筑及其小品应标明其室内地坪与周围环境的高程关系，并保证排水通畅。

5. 植物种植在高程上的要求

在地形的利用和改造过程中，对原址上有保留价值的古树名木，其周围地面的标高及保护范围，应在图纸上加以标明。

地形设计的表示方法有多种，如等高线法、断面法、模型法、计算机绘图表示法、明暗度和色彩表示法、蓑状线法、数字表示法等。等高线法在园林地形设计中使用的最多，一般园林基址地形测绘图都是用等高线和点高程来表示的。平面地形设计图可以绘有原地形、设计地形及公园的平面布置、各部分的高程关系，并能准确地勾画出地形景观的整个空间轮廓，将等高线、标高数值、平面图三者紧密的设计绘图及土方计算。

第二节 水体设计

水体是重要的园林置景要素之一。淡绿透明的水色，简洁平静的水面是各种园林景物的底色。古今中外的园林，对于水体的运用非常重视。在我国古代称之为园林中的“血脉”、“灵魂”。可借以构成多种形式的园林景观，艺术地再现自然。园林中水景按动静状态可分为：动水，如河流、溪涧、瀑布、喷泉、壁泉等；静水，如水池、湖沼等。

此外还包括岛、水景附近的道路。岛可分山岛、平岛、池岛；水景附近的道路可分为沿水道路、越水道路(桥、堤)。以水造景，应综合利用以上各要素，结合具体的环境，因地制宜地进行艺术创作。

一、水在园林中的用途

1. 园林水体景观

如喷泉、瀑布、池塘等，都以水体为题材，水便成了园林的重要构景要素，也引发无穷尽的诗情画意。

2. 改善环境，调节气候，控制噪声

矿泉水具有医疗作用，负离子具有清洁作用，都不可忽视；水可用来调节室外环境的空气和地面温度，大面积的水域能影响其周围环境的空气温度和湿度。在夏季，从水面吹来的微风具有凉爽作用，而在冬季，水面的热风能保持附近地区温暖。

用于室外的水景可以减少噪声，特别是利用瀑布和喷泉的声音减低噪声，如纽约市的帕里公园，用水来隔离噪声；曼哈顿市的小公园利用挂落的水墙，来阻隔大街上的交通噪声。

3. 提供生产、生活用水

园林中生产用水范围很广泛，其中最主要是植物灌溉用水，其次是水产养殖用水，如养鱼、蚌等，以及生活用水。

4. 提供体育娱乐活动场所

如游泳、划船、溜冰、船模比赛、垂钓、潜水等活动，注意不要破坏景观和保护水体免被污染，同时巧妙布置和保护水源。

5. 交通运输

较大型水面，可作为陆上运输的补充，如以水景为主的大型风景区中，组织水上游览路线，起到联系各景区和各景点的交通作用。

6. 汇集、排泄天然雨水

此项功能，在认真设计的园林中，会节省不少地下管线的投资，为植物生长创造良好的立地条件。相反，污水倒灌、淹苗，又会造成意想不到的损失。

7. 防护、隔离

如护城河、隔离河，以水面作为空间隔离，是最自然、最节约的办法。引申来说，水面创造了园林迂回曲折的线路。隔岸相视，可望而不可即也。

8. 防灾用水

救火、抗旱都离不开水。城市园林水体，可作为救火备用水。

二、水体设计要点

(1)设计水体的岸线应该以平滑流畅的曲线为主，体现水的流畅柔美。驳岸及池底尽可能以天然素土为主，而且与地下水沟通，可以大大降低水体的更新及清洁的费用，但也要做好水池的防水工程。

(2)在设计一条溪流时，随高差摆放石块，让水跳落。进入较宽阔地带，通过修筑流水自然式石坝，可以形成相对宽阔的水面，将欢快跳动的水体表情转为宁静秀美。如果进入更大的水面，则可以安排游泳、划船、垂钓等水上活动。

(3)通过设计防护栏杆、防滑铺装及路面、指示牌、路灯等方式，保证在水边活动的人群的安全，使用的材料要耐腐蚀。

(4)在水边设计建筑时，利用水岸之间的温差形成的对流、微风，提高室内的舒适度，并尽可能使建筑的室内地坪或临水平台亲水。

(5)水体的声响。“泉水叮咚”、“溪流淙淙”、“汩汩清泉”、“涛声如雷”等词语都是形容流水发出的响声。人们在观景的同时,耳畔回荡着水流的声音,加之清风扑面、水雾袭人,更使人真切地融入大自然的怀抱之中。

(6)水边植物配置。湖岸讲究桃红柳绿,水中更谈荷莲争艳。大量的水生植物及低等植物成为水景的绝好配置材料,通常选择有菖蒲、莲、慈姑、荸荠、香蒲、芦苇以及大量的苔藓植物和蕨类植物等,营造一个较自然、田园的景观效果。

第三节　园林建筑与小品设计

园林建筑与小品形式多样,内容繁多,在园林中具有特定的使用功能和较高的艺术价值,是园林中的点睛之笔。

一、园林建筑与小品的特点

(1)艺术性高。由于园林建筑特有功能的要求,为人们休憩和文化娱乐活动提供场所,要求既可观景又可成景,艺术造型及观赏价值要求较高,所抒发的情趣和其他的建筑有很大的不同,具有较高的艺术价值和诗情画意。所谓“寓情于景、情景交融、触景生情、诗情画意”等意境的描绘都说明园林建筑是凝固了的诗和画,具有极高的艺术感染力(图 2-1)。

(2)功能性强、灵活性大,具备可游、可居、可玩、可赏等多种使用功能。

(3)四维动态空间建筑空间组织灵活,动中观景,要求景物富于变化,呈线状布置的园林建筑物能够起到组织空间游览序列和组织观景路线的作用。如北京颐和园的长廊(图 2-2)、北海公园濠濮间景点的爬山廊,观赏过程加入了时空的因素,呈现出四维动态空间的观赏效果。

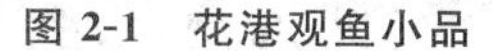

图 2-1　花港观鱼小品

图 2-2　颐和园长廊

(4)和整体环境协调。园林建筑是风景和建筑有机结合的产物,为园林增添景色,是园林中的一个亮点。园林建筑本身可以成景，如和各种环境协调、造型优美的亭、台、楼、阁、榭、舫等建筑物，考虑和整体环境协调，应处理好建筑物和环境的关系。只有把建筑美和自然美相融揉，从而达到“虽由人作，宛自天开”的艺术境界。

(5)以人为本、景为人造。以人为中心，本着“适用、经济、美观”的原则进行建设。

二、园林建筑及小品意境的创设

(一)影响园林建筑及小品意境的因素

园林建筑设计立意应注意建筑功能和自然环境条件这两个基本影响因素，二者不是孤立的，在组景时应综合进行考虑。

1. 建筑功能的影响

在封建社会中王权和神权是统一的，从某种意义上讲，颐和园和北海具有中轴线控制的建筑布局可以说是对古代帝王神权的一种体现。颐和园具有怡情养性、礼佛烧香兼具理朝的功能，同时突出皇家宫苑的特点，总体上分成两大部分：以东宫门、仁寿殿为中心的宫殿政治区，包括玉澜堂、宜芸馆和建有三层大戏楼的德和园的生活区，这个区域主要以皇家古代建筑为主；另外就是以有主轴线控制的万寿山佛香阁建筑群为主的游览区，由前山、后山、开阔的昆明湖区组成，设计者改变地形环境，挖湖堆山成昆明湖和万寿山，以佛香阁为主体的全园控制主轴线，佛香阁、排云殿系列可以体现庄严、宏伟、壮丽的皇家园林的景观效果(图 2-3)。

承德避暑山庄原为清代皇帝从政和避暑的场所，俗称承德离宫，建于 1703—1792 年间，是清朝营建时间最长、规模最大的皇家园林。山庄为宫苑一体制，总体上可以分为宫殿区、湖州区、平原区和山峦区，总面积 564 万亩。宫殿区占地面积较少，由正宫、松鹤斋和东宫三个主要宫殿区组成，其建筑环境朴素淡雅、清静宜人、颇具离宫别院的生活气息。布局对称和不对称兼有，宫殿区轴线对称严整，湖区微波荡漾，平原区芳草萋萋，模拟自然草原的旷阔空间，采用自由布局，对称和自由不对称等灵活的空间处理方法。建筑采用红柱、灰瓦、灰墙，具有民间建筑的气息，建筑体量和造型既具有北方古代建筑那种雄浑、磅礴、凝重庄严、雄奇浑厚的韵味，又具有南方园林建筑玲珑剔透的风姿，和整个避暑山庄的氛围相协调，总体布局既有统一而又富于变化(图 2-4)。

图 2-3 颐和园

图 2-4 承德避暑山庄

2. 环境条件的影响

《园冶》中云“景到随机、因境而成、得景随形”，改造利用自然环境并充分利用限制的环境条件。江南的私家园林中建筑和环境条件的结合之默契更加突出，如苏州拙政园湖山上植梅，其中建筑题名"雪香云蔚"亭，顿使人感到"踏雪寻梅"的诗意，并有唐诗句"蝉噪林愈静、鸟鸣山更幽"，开拓了山林野趣的画意，富有"香雪海"的场景和林和靖的诗句"暗香浮动月黄昏"的意境，这里突出了园林建筑、匾额、题咏、碑刻和植物共同组景的作用。再如岳庙"精忠报国"影壁下种杜鹃花，是借"杜鹃啼血猿哀鸣"之意，表达后人对忠魂的敬仰和哀思，突出了建筑的意境。

对于现代建筑，有现代建筑大师赖特设计的在世界上享有盛誉的"流水别墅"，建于美国宾夕法尼亚州匹茨堡市郊的一个风景秀丽的溪流瀑布之上。别墅共有三层，建筑面积 700 多 m^2，其中阳台和平台占了将近一半，各层阳台凌空悬挑、高低错落、纵横穿插，取得了与瀑布对比、同山石柔和、跟环境协调的极佳效果。别墅后部几片色深而粗犷竖向石墙，不仅将这一道道色淡而光洁的横向挑台和雨篷统一起来，而且使两者在色彩、质感和横竖方向上形成了强烈的对比，构成了一幅意境无穷的动人画面。流水别墅这种自然而舒展的体型，与周围环境犬牙交错的山石，潺潺流动的溪水和静雅幽清的树木交相辉映，浑然一体，以至从远处望去，它似乎从山石上生长出来一样，成了大自然中一个不可缺少的音符(图 2-5)。赖特本人曾说："我努力使住宅有一种协调的感觉，一种结合的感觉，使它成为环境的一部分……它给环境增添光彩，而不是损害它。"

图 2-5 流水别墅

(二)园林建筑意境的感悟

园林建筑意境的领悟，主要是以视觉来体现，但和味觉和听觉亦有关系，日本的建筑师芦原义信在《外部空间设计》中认为："空间基本上是由一个物体和感觉它的人之间的相互关系中产生的，这一相互关系主要是通过视觉来确定的，但作为建筑空间考虑时，则与嗅觉、听觉、触觉也有关系，即使是同一空间，因风、雨、日照情况，也有印象大为不同的时候。"上述说明园林建筑意境产生于园林建筑物对鉴赏者各种感官的综合作用。

视觉感受：园林建筑直接作用于人眼而产生的各种感觉；

听觉感受：雨打芭蕉、万壑松风、残荷听雨、风吹树叶等声音带来的感受；

嗅觉感受：三秋桂子、十里荷花、茉莉等香花植物对嗅觉的作用；

味觉感受：吃的艺术，精神世界，吃得满意也会提高游览者对园林和风景区综合美感的评价，如扬州冶春园的点心，杭州西湖的天外天、楼外楼的菜，达到了味觉的极高之境界；

文字信号的感受：例如苏州拙政园的"荷风四面"亭联"四壁荷花三面柳，半潭秋水一房山"。

上述各种感受并非意境，仅是引起意境的媒介，只有通过各种感受引起各种情感上受到触动，产生联想和想象，在意念中激起的物外之境、景外之情，才是意境。

三、园林建筑的空间组合形式

1. 由独立的建筑物和环境结合，形成开放性空间

特点是以自然景物来衬托建筑物，建筑物是空间的主体，对建筑物的造型要求较高，建筑

物可以是对称的布局,也可以是非对称的布局。

2. 由建筑组群自由组合的开放性空间

建筑组群自由组合开敞空间,多采用分散型布局,并用桥、廊、道路、铺面等使建筑物互相连接,但不围成封闭的院落,建筑物之间有一定的轴线关系,使能彼此顾盼、互为衬托、有主有从,但总体上是否按对称和不对称,视功能和环境条件定。如北海的五龙亭,承德避暑山庄的水心榭,杭州西泠印社、三潭印月,成都望江亭公园等的空间布局形式。

3. 由建筑物围合而形成的庭园空间

具有内聚倾向,借助建筑物和山、水、花木的配合突出整个院落空间的艺术意境。由建筑物围合成的建筑庭院,在传统设计中多以亭、阁、轩、榭、楼、廊、厅等建筑单体,用廊、墙等围合连接而成,一方面单体建筑配置得当,主从分明、重点突出,在体形、体量方向上要有区别和变化,位置上要彼此能够顾盼,距离避免均等;另一方面要善于运用空间的联系手段,如廊、墙、桥、汀步、院落、道路、铺面等。如北海公园的"静心斋"院落,颐和园的"谐趣园"院落等。

4. 天井式的空间组合

此类空间体量较小,属小品性的景栽,在建筑整体空间布局中多用于改善局部空间环境,作为点缀和装饰用,如留园中"古木交柯"和"华步小筑"。

5. 混合式的空间组合

将上述几种空间组合的形式结合使用,故称为混合式的空间布局。如避暑山庄的烟雨楼。总体布局、统一构图、分区组景。对于规模较大的园林需从总体上根据功能、地形条件,把统一的空间划分成若干个具有特色的景区和景点来处理,在构图布局上使它们能互为因借、巧妙联系,有主有次、有节奏和韵律、以取得和谐和统一。

四、园林建筑及小品单体设计

园林建筑单体形式繁多,样式不一,传统的形式有亭、台、阁、馆、轩、榭、舫、楼、廊、厅等。为了适应现代园林的需求,具有特定使用功能较现代的单体形式有公园大门、游船码头、茶室、公厕、餐饮业建筑及各式建筑小品等多种形式,现选择其部分单体进行简要介绍:

(一)亭设计

1. 亭的含义

《释名》上云:"亭者,停也,人所云集也,……造式无定,自三角、四角、五角、梅花、横圭、六角、八角至十字,随意合宜则制,惟地图可略式也。"意即亭是游人驻足休息观景的地方,形式多变,同时亦是园林一景,可以成景,对园林景观起到点景的作用。

2. 园林中亭的特点

(1)功能上　成景——点缀园之景色,构成园之景点;得景——驻足观景之所,遮阳避雨,休息览胜之场所。

(2)造型上　造型丰富,形式多变。

(3)体量上　灵活多样,可大可小,可是主景亦可是配景。

(4)布局上　独立安置,或依附于其他物体,如墙、巨石大树。

3. 亭的造型

亭的造型主要体现在平面的形状、平面的组合、立面屋顶形式等方面。平面的形状常见的有以下几类(图 2-6):

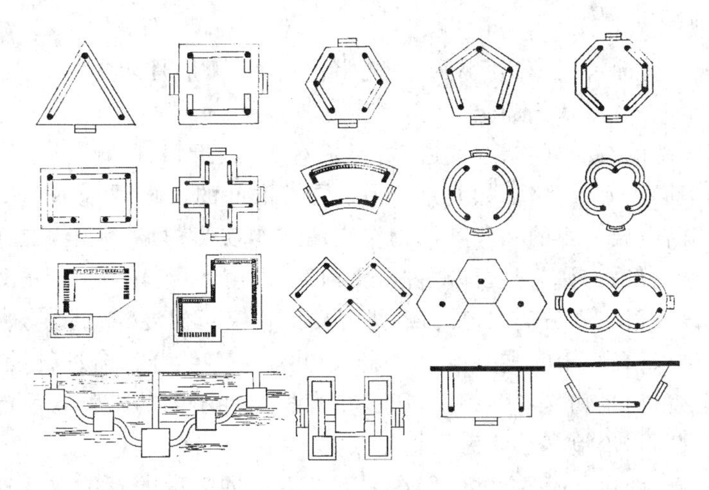

图 2-6　亭的平面类型

(1)正多边形亭　正三角形(如绍兴“鹅池”的三角亭)、正四角形(颐和园知春亭)、正五角形、正六角形、正八角形、正十字亭等。

(2)不等边形平面　长方形亭、扁八角形亭等。

(3)曲边形平面　圆形亭(古代圆亭、现代蘑菇亭、伞亭)、梅花形亭、扇面亭、四瓣形亭。

(4)半亭平面　依墙而建、从廊中外挑一跨,形成一个和廊结合的半亭,在墙的拐角处或廊的转折处做出 1/4 的圆亭,如狮子林中扇面亭和古五松园中的半亭等。此外,墙中的半亭可以作为建筑的入口,起到强调入口的作用。

(5)组合式亭　其一是两个或两个以上的图形组合在一起,有双三角形,如颐和园的“荟亭”;其二是若干个亭子按一定的建筑构图规律排列起来,形成一个丰富的群体,如北海公园的“五龙亭”、扬州瘦西湖的“五亭桥”(图 2-7)。

图 2-7　扬州瘦西湖五亭桥

4. 亭的设计要点

首先必须选择好位置,按照总的规划意图选点。要发挥亭的平面占地较少,受地形、方位和立基影响小的特点,充分发挥“对景”和“借景”的造景手法,使亭发挥“成景”和“观景”的作用。其次注意亭的体量和位置的选择,主要应看它所处的环境位置的大小、性质等,因地制宜而定。亭的材料及色彩,应力求采用地方性材料,就地取材,不但加工便利而且又近于自然。

(二)廊设计

1. 廊的含义

我国古建筑单体的造型一般比较单调和简单,廊是连接古建筑单体的一种建筑形式,用它划分和组合空间,形式多样,“随形而弯、依势而曲,……蜿蜒无尽”。形成空间层次丰富多变的建筑群体。

2. 廊的基本类型及其特点

廊可以从平面上分曲尺回廊、抄手回廊、之字曲折廊、弧形月牙廊等。亦可从立面上分为平廊、跌落廊、坡廊等。主要从剖面上分为：

(1)双面空廊　廊的双侧列柱、双侧通透，形式有直廊、折廊、回廊、抄手廊等，廊两侧的主题可相应的不同，但必须有景可观，如北京北海公园濠濮间的长廊(见彩图 2-1)。

(2)半壁廊、单面空廊　廊的一侧列柱砌有实墙或半实半虚墙，完全贴在建筑或墙边缘的廊子，多采用一面坡的形式，如苏州留园“古木交柯”、“绿荫”一组建筑空间的处理。

(3)暖廊　是设有可装卸玻璃门窗的廊，即可防风雨又可保温、隔热。

(4)复廊　又称双面廊，中间夹一条分隔墙，中间墙上多结合漏窗进行设计，这种廊，一般廊的两侧都有景可观，而景物又各不相同，通过复廊把两种不同的景物联系起来，使空间互相渗透，即隔又透。如苏州沧浪亭东北面临水复廊。

(5)双层廊(楼廊、阁道)　可提供人们在上下两层不同高度的廊中观赏景物，有时也便于联系不同标高的建筑物或风景点以组织人流，如北海琼华岛北岸的“延楼”，上海黄浦公园江边的双层廊。

3. 设计要点

(1)我国园林中用廊来分割空间、或障或漏的手法很多，廊平面的曲直变化可以划分不同的空间层次。

(2)出入口：多在廊的两端或者是中间，将其空间适当放大加以强调，在立面和空间处理上也可作重点强调，以突出其美观效果。

(3)内部空间的处理：多曲廊在内部空间层次上可以产生平面上开合的各种变化，廊内空间做适当隔断，可以增加廊曲折空间的层次及深度，廊内设月洞门、花格、隔断及漏花窗均可达到如此效果，另外将植物引入廊内，廊内地面做升降，可以使竖向设计上产生高低等丰富的变化。

(4)立面造型：亭廊组合，丰富立面造型扩大平面重点部位的使用面积，设计要注意建筑空间组合的完整性与主要观赏面的透视景观效果，使廊亭具有统一风格的整体性。

(5)廊的装饰：挂落、坐凳栏杆、透窗花格、灯窗、颜色(南方多深褐色，北方多红绿色)。

(6)材料及造型：新材料的应用，平面可任意曲线，立面可做薄壳、折板、悬索、钢网架等多种形式。

(三)榭和舫设计

1. 榭

“榭者籍也，籍景而成者也，或水边，或花边，制亦随态。”榭是一种临水的园林建筑。以在水边见长，着重于借取水边的景色，具有观景和点景的作用。其台基临水的形式一般有以下几种：实心土台，台下部以石梁柱进行支撑，有的完全挑在水上形成凌驾碧波之上的效果。

榭的设计要点：

(1)位置宜选择水面有景可借之处，并在湖岸线突出于水面的位置较佳，造成三面或四面临水的形势，如果建筑物不宜突出于池岸，也应以深入水中的平台为建筑和水的过渡，以便为游人提供身临水面之上的宽广视野。

(2)建筑朝向切忌朝西，避免西晒。

(3)建筑地平以尽量低临水面为佳，水榭底平和水面距离宜低不宜高，避免采用整齐划一的石砌驳岸，当建筑地面离水面较高时，可将地面或平台做上下层处理，以取得低临水面的效果。

(4)榭的建筑性格开朗、明快，要求视线开阔。

(5)在造型上，榭与水面、池岸的结合，以强调水平线条为宜。

2. 舫

舫指在水边建造起来的一种形似船形的建筑物，又名“不系舟”。其基础一般用石垒成，古代舫上部船舱多用木构建筑，现代舫一般多用钢筋混凝土结构，如苏州拙政园香洲(图 2-8)。

图 2-8　苏州拙政园香洲

舫的设计要点：

(1)两面、三面临水，最好呈四面临水，用平桥与湖岸相连，有仿跳板之意。

(2)舫一般由三部分组成，船头有跳台，似甲板，常做敞篷，用来观景，古建一般歇山式。中舱是主要休息宴客的场所，其地面比一般地面低1～2步，两侧面常做敞窗，其屋顶古建一般做成船篷和卷棚顶式样，船尾一般两层建筑，下层设楼梯，上层做休息和眺望空间，尾舱立面一般做上虚下实形成对比，其屋顶古建一般做成歇山式屋顶，轻盈舒展，现代建筑一般形式比较灵活，依据建筑和环境的要求灵活酌定。

(3)选址应选择开阔的水面，可得良好的视野，获得通透的视景线，同时应注意水面的清洁。

(四)园林景观小品设计

1. 含义

园林景观小品范围十分广泛，它大体上包含了传统意义上的园林建筑小品及园林装饰小品两大类景观内容。在实际运用中园林景观小品可以理解为园林营建中的主要组成部分，是园林环境中具有较高观赏价值和艺术个性的小型景观，具有体量小巧，造型多样，内容丰富等特点。在现代城市园林中，景观小品除去各类传统景观建筑、小品外，还包括城市空间中许多功能性及服务设施，如城市标志、街道家具等各类影响城市外在景观效果的元素。

2. 园林景观小品在园林中的用途

园林小品虽属园林中的小型艺术装饰品，但一个个设计精巧、造型优美的园林小品，犹如点缀在大地中的颗颗明珠，光彩照人，对提高游人的生活情趣和美化环境起着重要的作用，成为广大游人所喜闻乐见的点睛之笔。例如，上海东风公园门洞，隐现出后面姿态优美的吹笛女雕塑，为游览者提供了一幅动人的立体画，强烈地吸引着人们的视线，自然地把游人疏导至园内。总结起来，园林小品在园林中的作用大致包括以下三个方面：

(1)组景　园林小品在园林空间中，除具有自身的使用功能外，更重要的作用是把外界的景色组织起来，在园林空间中形成无形的纽带，引导人们由一个空间进入另一个空间，起着导向和组织空间画面的构图作用；能在各个不同角度都构成完美的景色，具有诗情画意。园林小品还起着分隔空间与联系空间的作用，使步移景异的空间增添了变化和明确的标志。例如上海烈士陵园正门入口组雕使游人视线受阻，从而分隔和组织空间，使游人入园达到“柳暗花明”的艺术境界。

(2)观赏　园林小品作为艺术品，它本身具有审美价值，由于其色彩、质感、肌理、尺度、造型的特点，加之成功的布置，本身就是园林环境中的一景。杭州西湖“三潭印月”就是以传统的水庭石灯的小品进行空间形式美的加工，是提高园林艺术价值的一个重要手段。北京大观园庭院中人工山水池中放置一组人物雕塑，使庭院艺术趣味焕然一新。

由此可见，运用小品的装饰性能够提高其他园林要素的观赏价值，满足人们的审美要求，给人以艺术的享受和美感。

(3)渲染气氛　园林小品除具有组景，观赏作用外，还把桌凳、地坪、踏步、标示牌、灯具等功能作用比较明显的小品予以艺术化、景致化。一组休息的坐凳或一块标示牌，如果设计新颖，处理得宜，做成富有一定艺术情趣的形式，会给人留下深刻的印象，使园林环境更具感染力。如水边的两组坐凳，一个采用石制天然坐凳，恬静、祥和可与环境构成一幅中国天然山水画；一个凳面上刻有艺术图案，独特新颖，别具情趣，迎水而坐令人视野开阔、心旷神怡。

因此，构思独特的园林小品与环境结合，会产生不同的艺术效果，使环境宜人而更具感染力。

3. 园林景观小品的分类

(1)按景观小品的功能性质分类

建筑小品：指园林环境中建筑性质的景观小品，如围墙(包括门洞、花窗)等。

设施小品：指园林中主要为满足人们赏景、休息、娱乐、健身活动、科普宣传、卫生管理及安全防护等使用需要而设置的构筑物性质的小品，如铺地、步石、园灯、护栏、曲桥、圆桌、庭院椅凳、儿童娱乐设施以及宣传牌、果皮箱等文化卫生设施小品。

雕塑小品：指园林环境中富有生活气息和装饰情趣的小型雕塑，如人物及动物具象雕塑，反映现代艺术特质的抽象雕塑等。

植物造景小品：指园林中使用植物材料进行人工造型所创作的景观小品，如盛花花坛、立体花坛、树木动物造型与建筑造型等。

山石小品：指园林人工堆叠放置的山石景观小品，如假山、置石等。

水景小品：指园林中人工创造的小型水体景观，如水池、瀑布、流水、喷泉等。

(2)按景观小品建造材料分类　分竹木小品、混凝土小品、砖石小品、金属小品、植物小品、陶瓷小品、其他小品(塑料、玻璃与玻璃钢、纤维以及其他混合材料)。

4. 重点园林景观小品设计介绍

(1)门窗洞口　园林墙垣上的门洞、漏窗，在造景上有着特殊的地位与作用，不仅装饰各种墙面使墙垣造型生动优美，更使园林空间通透，流动多姿，孤立的门洞和漏窗的欣赏效果是有限的，但如果能与园林环境配合，构成一定的意境则情趣倍增，可利用门洞、漏窗外的景物，构成“框景”、“对景”，则另有一番天地。因此，门洞、漏窗后的蕉叶、山石、修竹都是构成优美画幅的因素，“步移景异”正是这些园林门洞、漏窗所组成的一幅幅立体图画的概括，漏窗与盆景布置结合，更是锦上添花。

(2)雕塑小品　雕塑泛指带有塑造、雕琢的物体形象，并具有一定的三维空间和可观性。从类型上分为圆雕和浮雕两大类。园林雕塑小品主要是指带观赏性的户外小品雕塑。雕塑是一种具有强烈感染力的造型艺术，雕塑小品来源于生活，往往却予人以比生活本身更完美的欣赏和玩味，它美化人们的心灵，陶冶人们的情操，赋予园林鲜明生动的主题、独特的精神内涵和较强的艺术感染力。

历来在造园艺术中，不论国内外，凡成功的园林设计作品几乎都成功地融合了雕塑艺术的成就。在中国传统园林中，尽管那些石龙、石马、石鱼、石龟、铜牛、铜鹤等的雕塑配置有一些唯心主义的迷信色彩，但它们历经千年而不衰的艺术感染力，却一直保持了下来。而国外的古典园林更是几乎无一没有雕塑，尽管配置的比较庄重、严谨，但其园林艺术情调却十分浓郁。

在现代园林中利用雕塑艺术手段以充实造园意境日益成为园林设计者们所喜欢采用的方法。雕塑小品的题材不拘一格，形体可大可小，形象可具体可抽象，表达的主题可严肃可浪漫。

设计要点：应根据特定的环境和特定的观赏角度和方位来设计，作为园林雕塑，决不能孤立地研究雕塑本身，应从建筑的平面位置、体量大小、色彩、质感等各个方面加以考虑。雕塑的大小和高低应从建筑学的垂直视角和水平视野的舒适程度加以推敲，其造型处理甚至还要研究它的方位朝向以及一日内太阳光影的起落变化。基座的设计应注意尺度感，应根据雕塑的题材和所处的环境，可高可低、可有可无、甚至可以直接放在草地和水中。

(3)花池

设计原则：花池的大小、形式(如单个和组合、固定和移动、室内和室外)因特定的园林环境而定。

工艺和材料：天然石、规整石、混凝土预制块、砖砌筑、塑料预制块，表面材料有：干黏石、黏卵石、洗石子、瓷砖、马赛克等。

(4)栏杆与园凳　栏杆一般是指在某种场合，为突出管理和观瞻效果，用青钢扁铁分格串联成栅；或用铁丝、竹木、茅苇等编成篱笆式的遮挡，以虚或实围成具有一定垂直界面的空间。园凳为高出地面，供人休息、眺望的人工建筑物，它是园林中最普遍的设施之一。一般宜选择在游人需停留休息处以及有景可赏之处。如广场周边、林荫路旁、湖面沿岸、林荫之下、山腰休息台地等。园椅的外形设计要巧妙，把美与实用结合得完美，比如广西桂林的芦笛岩小鸭座椅，与环境巧妙结合，使人很自然地想到了野鸭戏水的情景，富有强烈的艺术感染力。园椅还往往与其他设施结合成一体，形成统一的格局。

第四节　植物的种植设计

一、园林植物配置的原则

园林植物的配置是指园林植物在园林中栽植时的组合和搭配方式。其中乔、灌木是骨干材料，起骨架支柱作用；因地点不同，目的要求不同，配置方式也多种多样，但有基本的原则可循。

1. 满足功能要求

城乡有各种各样的园林绿地，其设置目的各不相同，主要功能要求也不一样。如道路绿地，其中有的地段要求以提供绿荫为主，此时要选冠大荫浓、生长快的树种按列植方式配置在行道两侧形成林荫路；有的地段要求美化为主，这就要选树冠、叶、花或果实部分具有较高观赏价值的种类丛植或列植在行道两侧形成带状花坛，同时还要注意季相的变化，尽量四季常绿，三季有花，必要时需要点缀草花来补充。在公园的娱乐区，使各类游乐设施半掩半映在绿荫中，供游人在良好的环境下游玩。在公园的安静休息区，以配置有利于游人休息和野餐的自然式疏林草地、树丛和孤植树为主。

2. 同环境条件协调

要根据当地生态条件选择植物，做到因地制宜，适地适树，要选择适合小环境生态条件的植物栽植。

3. 满足艺术要求

观赏植物配置，无论当地生态条件如何，主要功能要求怎样，艺术要求是贯穿始终的。要通过协调统一的艺术手法使其更具美学效果。植物配置，必须与园林规划风格相一致。

4. 经济原则

要根据绿化投资的多少决定多用些大苗及珍贵树种还是用小苗及常见树种，适当地选用园林结合生产的材料，选用可粗放管理的树种。原则是力求用最经济的方式获得最大的绿化效果。以乡土树种为主，外来树种为辅，可以保证适应当地的生态条件，而且可以节约运输成本，避免由于不恰当地引入外来材料所造成的损失。

二、花卉种植设计

露地花卉，除供人们欣赏其单株的艳丽色彩、浓郁的香气和婀娜多姿的形态之外，还可以群体栽植，组成变幻无穷的图案和多种艺术造型。这种群体栽植形式，可分为花坛、花境、花丛、花池和花台等。

(一)花坛

花坛是在植床内对观赏花卉作规则式种植的植物配置方式及其花卉群体的总称。花坛大多布置在道路交叉点、广场、庭园、大门前的重点地区。

1. 花坛的类型

以其植床的形状可分为圆形、方形、多边形花坛等。以其种植花卉所要表现的主题来划分，可分为单色花坛、纹样花坛、标题式花坛等。以其观赏期长短来衡量，又可分为季节性、半永久性、永久性花坛三个类型。但通常按其在园林绿地中的地位来区分。

(1)独立花坛　一般都处于绿地的中心地位。其特点是它的平面形状是对称的几何图形，不是轴对称就是辐射对称。其平面图形可以是圆形、方形、多边形。但长方形的长宽比以不大于2.5∶1为宜。独立花坛的面积也不宜过大，单边长度在7 m以内，否则，远离视点处的色彩会模糊暗淡。花坛内不设道路，是封闭式的。独立花坛可以设置在平地上，也可以设置在斜坡上，在坡面上的花坛由于便于欣赏而备受青睐。

独立花坛可以有各种各样的表现主题。其中心点往往有特殊的处理方法，有时用形态规整或人工修剪的乔灌木，有时用立体花饰，有时也用雕塑为中心等。

(2)组群花坛　由多个花坛组成一个统一整体布局的花坛群，称为组群花坛(图2-9)。组群花坛的布局是规则对称的，其中心部分，可以是一个独立花坛，也可以是水池、喷泉、纪念碑、雕塑，但其基底平面形状总是对称的，而其余各个花坛本身就不一定是对称的。

各个花坛之间，不是草坪，就是铺装。总之，各个花坛之间可供游人观赏，有时还设立坐凳供人们休息和静观花坛美景。

组群花坛的各个花坛可以全部是单色花坛，也可以是纹样花坛或标题花坛，而每个花坛的色彩、纹样、主题可以不相同，但不要忘记其整体统一和对称性，否则，会显得杂乱无章，失去艺术性。

组群花坛适宜于大面积广场的中央、大型公共建筑前的场地之中或是规则式园林构图的中心部位。

(3)带状花坛　长度为宽度3倍以上的长形花坛称为带状花坛(图2-10)。常设置于人行道两侧、建筑墙垣、广场边界、草地边缘,既用来装饰,又用以限定边界与区域。

带状花坛可以是单色、纹样和标题的,但在一般情况下,总是连续布局,分段重复的。

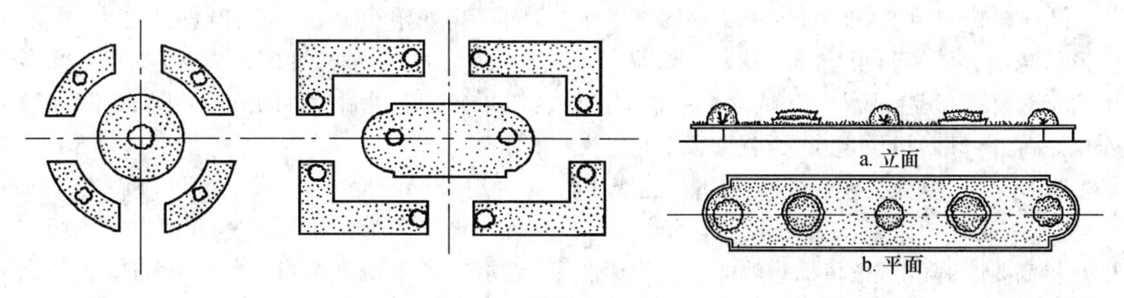

图2-9　组合花坛示意图　　图2-10　带状花坛示意图

(4)连续花坛　在带状地带设立花坛时,由于交通、地势、美观等缘故,不可能把带状花坛设计为过大的长宽比或无限长。因此,往往分段设立长短不一的花坛,可能有圆形、正方形、长方形、菱形、多边形。这许多个各自分设的花坛呈直线或规则弧线排列成一线,组成有规则的整体时,就称为连续花坛。同样,这些分设的单个花坛可以是单色、纹样、标题的。但务必有演变或推进规律可循。一般用形状或主题不一样的两三种单个花坛来交替推进或演变。在节奏上,有反复推进和交替推进两种方式(图2-11)。

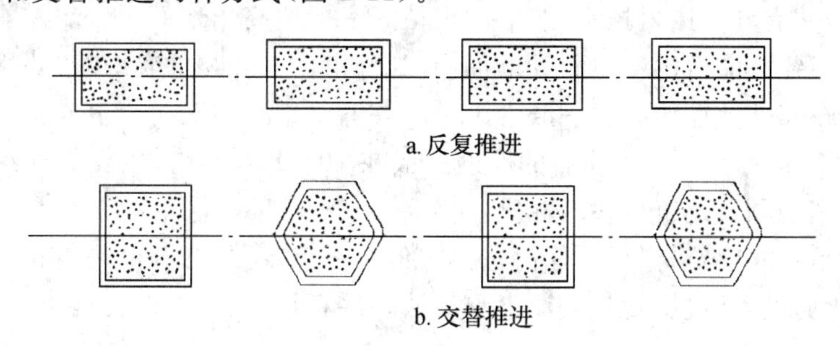

图2-11　连续花坛示意图

连续花坛除在林荫道和广场周边或草地边缘布置外,还设置在两侧有台阶的斜坡中央,其各个花坛可以是斜面的,也可以是各自标高不等的阶梯状。

2. 花坛设置原则和要点

(1)花坛布置要和环境统一　花坛是园林中的景物之一,其形状、大小、高低等应与环境有一定的统一性。花坛的平面形状要与所处地域的形状大致一样。一般情况下,所要装饰的地域是圆形的,花坛也宜圆形或正方形、多边形,地域是方形的,花坛也宜用方形或菱形的。

花坛的面积和所处地域面积的比例关系,一般不大于1/3,也不小于1/15。确切数字还要受环境的功能因素所影响,如地处交通要道,游人密度大,就小些,反之就大些。

(2)花坛要强调对比　在纹样花坛内部各色彩因素的选择时,在组群花坛中各单色花坛的配置时,更要注意对比,否则,就没有花坛的装饰性存在。

在植物色彩的配置中，色相的亮度最为重要。俗话说“红花还要绿叶扶”，就朴素地指明色相、亮度对比、陪衬的重要。在纹样花坛中，显然要把亮度差别大的配在一起，如绿—红、黄—紫、黄—红、绿—青、黄—紫类的搭配，而不能绿—黄、红—紫、橙—青或青—红之类的搭配。这样搭配，就不可能有对比效果，纹样也就似是而非，模糊不清了。

(3)要符合视觉原理　人的视线与身体垂直线所成夹角不同时，视线距离变化很大，从视物清晰到看不清色彩的情况有一个范围。

为了清晰见到真正不变形的平面图案或纹样，除了高处俯视上，斜面的倾斜角越大，图形变形就越小。如倾斜角呈 60°，花坛上缘高 1.20 m 以内时，对一般高度的人而言，就有不变形的清晰纹样。但是，种植土和植物都有重量，当倾斜时，会有下滑和坠落的危险，所以在实际操作中，一般将倾斜角设定为 30°就可以了。

以此出发，要充分利用城市中那些逐级下降的台地最低层地面，在那些过度倾斜有坡面上，要千方百计地设置花坛，这既可以俯视，也有斜面的效用。基于同一道理，常把独立花坛的中点抬高，四边降低，把植株修剪或摆设为馒头形，以取得各个观赏面有良好视角的效果。当然，也有把花坛处理为主观赏面一面倾斜的。

(4)要符合地理、季节条件和养护管理方面的要求　花坛要有优美的装饰效果，不能离开地理位置的条件。在温带、寒温带不可能做到花坛是四季美观的。在亚热带的华南地区还有可能谨慎选择出某些花卉，实现一年四季保持美观，成为永久性花坛。一般而言，如果要保持一个花坛四季不失其效用，就要做出一年内不同季节的配置轮替计划，这个计划必须包括每一期的施工图，以及花卉的育苗计划。

花坛要表现的一个主要方面是平面的图形美，因此不能太高，太高了就看不清楚了。但为了避免游人践踏，并有利于床内排水，花坛的种植床一般应高出地面 10 cm 左右。为使植床内高出地面的泥土不致流散而污染地面或草坪，也为种植床有明显的轮廓线，要用边缘石将植床加以定界。边缘石离外地坪的高度一般为 15 cm 左右，大型花坛，可以高达 30 cm。种植床内土面应低于边缘石顶面 3 cm。边缘石的厚度一般在 10～20 cm 内，主要依据花坛面积大小而定，比例要适度，也要顾及建筑材料的性质。

边缘石可以是不同建筑材料的，任由选择。但有一点却要注意，就是与花坛功能的表现要一致，花坛为美化而设，其边缘石就应该素雅清淡一些，否则就可能喧宾夺主。

3. 花坛花卉的选择

主要从以下两个方面来考虑：

(1)花坛类型和观赏特点　当是单色花坛时，一般表现某种花卉群体的艳丽色彩，因此，选植的花卉必须开花期一致，开花繁茂，花期较长，植株花枝高度一致，分枝较多。要求鲜花盛开时只见花朵不见枝叶。

如果花坛属纹样花坛或标题式花坛，为了维持纹样的不变，获取其应有的装饰美，就要求配置的花卉最好是生长缓慢的多年生植物，植株生长低矮，叶片细小，分枝要密，还要有较强的萌蘖性，以耐经常性的修剪。如果是观花花卉，要求花小而多。由于观叶植物观赏期长，可以随时修剪，因此，纹样花坛或标题式花坛，一般多用观叶植物布置。标题花坛其实是纹样花坛的形式，只是使纹样具有明确的文字、标志、肖像或时间而已。

(2)花卉观赏期与其长短　由于装饰性花坛有明显的目的性，比如，某庆祝日的环境装饰和气氛烘托，这就要严格选择花卉的观赏期。同一种花卉，在各地却有不同的开花期，各地都应该有准确的统计资料，在统计基础上作出可靠的分析，使其有准备、可靠的科学基础。当然，我们也可以用催花的办法，在一定限度内调节其开花期的先后，以满足特定日期、特定目的的需要。

花坛在种植材料和技术要求上都比较严格，开支也就比较大，从经济角度考虑，永久性花坛要比季节性、短时性花坛经济。这样，在一般情景中，观赏期长的花卉，既能投入较少的人力、物力，而又能体现花坛功能的那些品种就在必选之列。那些观赏期短，但繁殖容易、管理简便，或者具有特殊色彩效果的，也依然在必选之中。

(二)花境

花境是园林绿地中又一种较特殊的种植形式。它有固定的植床，其长向边线是平行的直线或曲线。但是，其植床内种植的花卉(包括花灌木)以多年生为主，其布置是自然式的，花卉品种可以是单一的，也可以是混交的。

花境所表现的是花卉本身的自然美，这种美，包括它破土出芽，嫩叶薄绿，花梢初露，鲜花绽开，结果枯萎等各期景观和季相变换；同时也表现观赏花卉自然组合的群体美。花境是介于规则式布置和自然式布置之间的种植形式。适宜于园林绿地中相应的范围内布置。其基本功能是美化，是点缀装饰。

花境的范围是固定的，有明显的边界线，而且往往用终年常绿的植物镶边加以限界和强调。花境植床的宽度，一般在 3～8 m 内选定。单面观赏的窄些，双面观赏的宽些。与花坛不同，花境的种植床一般不高出地面，为了排水，只要求其中间高出边界，求得 2%～4%的排水坡度即可，土壤要求不严。另外，在一般情况下，花境需要有背景来衬托，可以是白色或其他素色的墙，可以是绿色树林或草地，最理想的是常绿灌木修剪而成的绿篱和树墙。花境和背景之间，可以有一定的距离。

花境花卉的选择，由于和花坛功能不一样，主要是体现花卉立体美，因此，在花坛中很合适的，如半支莲、三色堇、红绿苋等花卉就不宜在花境中种植。那些花朵硕大，花序垂直分布的高大花卉，如玫瑰、蜀葵、美人蕉、百合、唐菖蒲等，在花境内种植，就非常理想。

由于花境内的花卉，一般为多年生的，种植量也较大，为了节省养护管理费用，一方面，要求适地适生；另一方面，还要求一年四季可以观赏，不要使得某段时间土地裸露或枯枝落叶满地。最好能选择花叶兼赏、花期较长的花卉种在花境之中。

(三)花丛

这是园林绿地中花卉的自然式种植形式，是园林绿地中花卉种植的最小单元或组合。每丛花卉由 3 株至十几株组成，按自然式分布组合。每丛花卉可以是一个品种，也可以为不同品种的混交。

花丛可以布置在一切自然式园林绿地或混合式园林布置的适宜地点，也起点缀装饰的作用。由于花丛一般种植在自然式园林之中，不能多加修饰和精心管理。因此常选用多年生花卉或能自行繁衍的花卉。那些小庭园里的花丛由于不可能多种，所以更要精选，尤其要选那些适生粗长、又有寓意、和环境配衬的品种。

(四)花池、花台

这是两种中国式庭园中常见的栽植形式或种植床的称谓。古典园林中运用较多，现代建筑和园林绿地中，更是普遍采用，其实用性很强，艺术效果也很好。

在边缘用砖石围护起来的种植床内，灵活自然地种上花卉或灌木、乔木，往往还配置有山石配景以供观赏，这一花木配置方式与其植床，通称为花池，是中国式庭园、宅园内一种传统手法。花池土面的高度一般与地面标高相差甚少，最高在 40 cm 左右。当花池的高度达到40 cm以上，甚至花池脱离地面，为其他物体所支承，就称之为花台。

由于花台距地面较高，缩短了人在观赏时的视线距离，因而能获取清晰明朗的观赏效果，便于人们仔细观赏其中的花木或山石的形态、色彩，品味其花香。一般设立在门旁、窗前、墙角。其花台本身也能成为欣赏的景物。这也可以认为是一种盆栽形式。因此，最适宜在花台内种植的植物应当是小巧低矮、枝密叶微、树干古拙、形态特殊，或被赋予某种寓意和形象的花木，比如岁寒三友——松、竹、梅，富贵花——牡丹等。

三、乔灌木的种植设计

(一)乔灌木的使用特性

乔木和灌木都是直立的木本植物，在园林中的综合作用很大：不仅可改善环境小气候而且可供游人纳凉，具有分隔园林空间，与建筑、山体、水体组景等作用。在园内所占的平面与立体比重较大。

多数乔木树冠下可供游人活动、乘凉纳荫，构成伞形空间。可孤植，也可群植，是竖向的主要绿色景观，既可作主景，也可作配景和背景，可与灌木组合形成封闭空间。因乔木有高大的树冠和庞大的根系，故一般要求种植地点有较大的空间和较深厚的土壤。

灌木由于枝条密集，树叶满布，又多花、果，故是很好的分隔空间和观赏的植物材料。在防风、固沙、消减噪声和防尘等方面都优于乔木。耐阴的灌木可以和大乔木、小乔木、地被植物组合成为主体绿化景观。灌木可独立栽植在草地中，也可成排成行种植呈绿墙状，灌木由于树冠小，根系有限，因此对种植地点的空间要求不大，土层也不必很厚。

(二)乔灌木种植的类型

1. 孤植

是指乔木的孤立种植的表现，又叫孤立树，有时也可以用二株乔木或三株乔木紧密栽植，具有统一的单体形态，也称为孤植树。但必须是同一树种，相距不超过 1.5 m，孤植树下不能配置灌木，可设石块和座椅，孤植树所表现的主要是树木的个体美。

(1)选择孤植树的条件

①具有突出的个体美。体形巨大，树冠伸展，给人以雄伟、深厚的艺术感染，如柳树、榆树等。姿态优美、奇特，如油松、雪松等。开花繁茂、果实累累，前者如山杏、榆叶梅、毛樱桃、连翘、丁香等，开花时给以华丽浓艳、绚烂缤纷的艺术感染；后者如接骨木、忍冬、火棘等，硕果累累，引人遐思。具有彩色叶，指秋天变色或常年红叶的树种，如茶条槭、紫叶李、白桦、黄栌、枫香等，给人以霜叶照眼、秋光明净的艺术感受。

②生长健壮、寿命长，能经受住大自然灾害的树种。不同地区应以本地区的乡土树种中经过考验的大乔木为宜。

③因孤植树是独立存在于开敞空间中，得不到其他树种的保护，故须选用抗逆性强、喜阳的树种。另外，所选树木应是不含毒素和不易落污染性花果的树种，以免妨碍游人在树下休息。

(2)孤植树的主要功能　孤植树在园林中的主要功能有两方面：

①庇荫与艺术构图相结合的孤植树　树种选择要求有巨大开展的树冠，生长要迅速，庇荫效果要良好，体形要雄伟，呈尖塔形或圆柱形。树冠不开展或自然干基部分枝的树木，如钻天杨、云杉、杜松等不宜选用。这类孤植树多布置在草地中、水边、建筑广场上以及高地、山冈上等。

②纯艺术构图作用的孤植树　体形及树冠大小要求不严格，枝叶分布疏密均可，如水杉、雪松、杜松等窄形树冠者也可应用，其设置依画面构图而定，多居于陡坡、悬崖上或广场中心、建筑旁侧。

(3)孤植树的布置场所　孤植树在园林中的比例不能过大，但在景观效果上作用很大，往往是园林植物中主景，在园林中规划位置要突出，一般多布置在以下场所：

①开朗的大草坪或林中空地的构图重心上，与周围景物取得均衡和呼应。要求四周空旷，不仅要保证树冠有足够的生长空间，而且要有一定的观赏视距，一般适宜的观赏树距为树木高度的 4 倍左右。

②孤植树可以设置在开朗的河边、湖畔，用明朗的水色作背景，游人可以在树冠的庇荫下欣赏远景和水上活动，下斜的枝干还可以构成自然形状的框景，悬垂的枝叶又是添景的效果。孤植树还可设在山坡、高冈和陡崖上与山体配合。山坡、高冈的孤植树下可以纳凉眺望；陡崖上的孤植树具有明显的观赏效果。

③桥头、自然园路或河溪转弯处。种植在上述地点的孤植树具有吸引游人视线、标志景观位置的诱导作用，故称作园林导游线上的诱导树。这种诱导树要求有明显的个体美的特色。

④建筑院落或广场中心。设在由园林建筑组成的小庭院中时，孤植树的选择要考虑空间大小，如庭院较小时，可设小乔木，如苹果、山杏、山楂等。在铺装场地设孤植树时要留有树池，树池上架座椅；保证土壤的松软结构。在规则式广场中的孤植树可与草坪、花坛、树坛结合，但面积要较大，设在中心的孤植树，冠幅可小些，但必须是中央领导干明显，树形匀称，一般采用尖塔形或卵圆形的针叶树。

在新建园林时，为尽快达到孤植树的景观效果，最好选用胸径 8 cm 以上的大树，如建的面积内有上百年的古老大树，在做公园的构图设计时，应尽可能地考虑对原来大树的利用，可提早数十年达到园林艺术效果，是因地制宜，巧于因借的设计方法；只有小树可用时，要选用速生快长树，同时设计出两套孤植树，如近期选杨、柳为孤植树时，同时安排油松、红皮云杉为远期孤植树栽入合适的位置。

2. 对植

对植是用两株树按照一定的轴线关系作相互对称式均衡的栽植方式。目的是强调园林建筑、广场的人口。孤植树可以作为主景，对植则永远是以配景的地位出现。

在规则式种植中，利用同一树种、同一规格的树木依主体景物的中轴线作对称的布置，两株树的连线与轴线垂直并被轴线等分，这在园林的入口、建筑入口和道路两旁是经常运用的。规则式的对植，一般采用树冠整齐的树种，种植位置要考虑不能妨碍出入的交通和其他活动，又要保证树木有足够的生长空间，一般乔木距建筑物墙面为 5 m 以上，灌木可少些，但至少要在 2 m 以上。

自然式种植中，对植是不对称的均衡栽植。在桥头、道口、山体蹬道石阶两旁，也以中轴线为中心，两侧树木在大小、姿态上各不相同，动势均向中轴线。但必须是同一树种，才能取得统一，大树可近些、小树可距轴线远些，小株亦可用两株树合并，力争在横向和体量上取得均衡，轴线两侧对植的树木连线不宜与轴线垂直，当然也不等分；小株一边的如果两株合并，树种形态、色彩近似，也可取得与大株一边的均衡效果。

对植为三株以上树木配合时，可以用两种以上树种，两个树群的对植，可以构成夹景。

3. 行列式栽植

行列式栽植是指乔灌木按一定的株行距成行成排的种植。行列式栽植形式的景观整齐，气势雄壮，是规则式园林中的道路、广场、河边与建筑周围应用最多的栽培形式。行列式栽植具有施工、管理方便的优点，又有难以补栽整齐的缺点。

行列式栽植应选用树冠形体整齐的树种，如圆形、卵圆形、塔形、圆柱形等。行列式栽植的株行距，应依据树种冠形大小而定，也与树种的配置，远近期结合打算有关。一般乔木的距离在 3～8 m，如果为了取得近期景观效果，栽植的苗木又不大，可以按 3～5 m 株距栽植，待长大后，树冠开始拥挤时，再每隔一株去一株，成为 6～10 m 的最后株距。也可采取乔木与灌木间隔栽植的方法，具有简单的交替节奏变化，灌木之间的株距，依灌木成长后的冠幅大小而定，因灌木各种类间冠幅大小差别较大，所以，一般定为 1～5 m。

行列式栽植的整体要求较强，延长距离又大，多伴随道路、建筑和地下管线两侧，故须考虑与这些设施的关系，防止彼此干扰。

4. 丛植

丛植是由两株到十几株的乔木或乔灌木组合种植而成的种植类型。这种丛植的方式，主要运用在自然式园林中。配置树丛的地点，可以是自然植被或草地，路旁、水边、山地和建筑四周。树丛既表现树木组合的群体美，同时又表现其组成单株的个体美，所以，选择树丛的单株树木条件与孤植树相似，要求在庇荫、树形姿态、色彩、开花或芳香等方面有特殊价值的树木。

树丛可分为单纯树丛和混交树丛两类。树丛在功能上除作为组成园林空间构图的形态外，还有如下作用：庇荫作用、作为主景的作用、诱导树作用和配景作用。庇荫的树丛最好采用单纯树丛形式，常用树冠开展的高大乔木；作为构图艺术上的主景、诱导、配景用的树丛，则多采用乔灌木混交树丛，同时还可配以山石及多年生花卉。

树丛作为主景时，宜用针阔叶混交的树丛，观赏效果较好，可配置在大草坪中央、水边、河弯、岛上或土丘山冈上，作为主景或焦点。在中国古典的山水园林中，树丛与岩石组合，可以设置在白粉墙前方，走廊或房屋的角隅，组成一定的画题。作为诱导用的树丛，多布置在道路交叉口，诱导游人按设计安排的路线欣赏丰富多彩的空间景色，也可遮挡小路的前景，达到峰回路转的空间变换效果。

树丛的设计必须以当地的自然条件和总体设计意图为依据。充分掌握植株个体的生物学特性与个体之间的相互影响，使植株在生长空间、光照、通风、湿度和根系生长发育等方面，都得到适合的条件。这样才能保持树丛稳定，达到理想的效果。

(1)二株树丛的配合　在构图上，须符合多样统一的原理，二株树必须既有调和又有对比，使二者成为对立的统一体，因此二株树的组合，必须有其通相，才能使二者统一起来；同时又必须有其殊相，才能使二者有变化和对比。

差别过大的两种不同的树木配置在一起，容易造成对比强烈、协调不足。因此首先要求同，然后再求异。二株的树丛最好采用同一树种，同一树种的两棵树栽植在一起，在调和上是没有问题的，但是如果二株相同的树木，大小、体形完全相同，配置在一起又过分平淡，缺少变化，所以，同一种树种的两棵树最好在姿态上、动势上、大小上有显著的差异，才能使树丛生动活泼起来。

明朝画家龚贤指出："二株一丛，必一俯一仰，一猗一直，一向左一向右，一有根一无根，一平头一锐头，二根一高一下"，又说"二株一丛，分枝不宜相似"。"二株一丛，则两面俱宜向外，然中间小枝联络，亦不得相背无情也。"以上说明，二株相同树木配置在一起，在动势、姿态与体量上，均须有差异、对比，才能生动；二树丛的栽植距离不能过远，其间距离应小于两树冠的半径之和，这样才能成为一体，如果二株距离大于大树的树冠时，那就变成二株独立树了，不能有树丛的感觉。不同树木，如果在外观上十分类似，可考虑配置在一起。如桂花与女贞为同科不同属的树木，又同为常绿阔叶乔木，配置在一起感到很协调；由于桂花的观赏价值较高，故在配置上要将桂花放在重要位置，女贞作为陪衬。又如红皮云杉与鱼鳞云杉相配，也可取得调和的效果。但是，即便是同一种的树种，如果外观差异过大，也不适合配在一起。如龙爪柳与馒头柳同为旱柳变种，配在一起就不会调和。

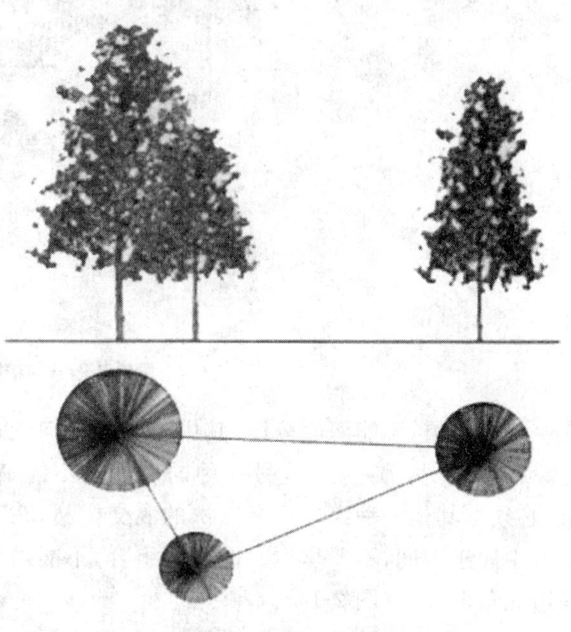

图 2-12　三株植物配置

(2)三株树丛的配合(图 2-12)　三株树组合的树丛最好采用在姿态、大小有差异的同一树种。如果有两个不同树种，也应同为常绿树或同为落叶树、同为乔木或同为灌木。三株树的组合最多用两个不同树种。而且占二株数量的树种应该是树丛的主体，占一株的树种则为陪衬。忌用三个不同树种(如果外观不易分辨不在此限)。

三株配置，树木的大小，姿态都要有对比和差异。栽植时，三株忌在一直线上，也忌等边三角形和等腰三角形栽植，三株的距离都要不相等。其中最大一株与最小一株靠近一些，中等的一株要远离一些，成为另一种，才不致分割。三株树的平面连成任意三角形，两株相距不能太远，否则难以形成统一体。

三株树丛中，也可以最大一株与中间一株靠近，最小稍远离，但是如果由两个树种组成时，最小一株必须与最大一株的树种相同，忌最大一株为单独树种。

根据以上一些原则，在具体配合三株的树丛，最好为同一树种，而有大小姿态的不同，如果采用两个树种，最好为类似的树种，例如西府海棠与垂丝海棠、毛白杨与青杨、榆叶梅与毛樱桃、红梅与绿萼梅等等。

(3)四株树丛的配合　树种相同时，在体形上、姿态上、大小上、距离上、高矮上求不同。树种相同时，分为二组，成 3∶1 的组合，按树木的大小，第 1 号、第 3 号、第 4 号组成一组，第 2 号独立，稍稍远离；或是 1、2、4 成组，3 号独立，但是主体，最大的一株必须在三株一小组中，在三株的一小组中仍然要有疏密变化，其中第 1 号与第 3 号靠近，第 4 号稍远离。四株可以组成一个外形为不等边的三角形，或不等角不等边的四边形，这是两种基本类型，栽植点的标高最好亦有变化(图 2-13)。

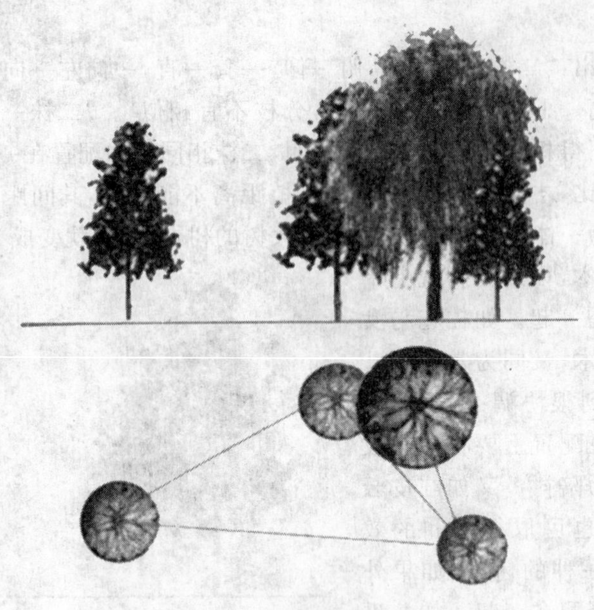

图 2-13 四株植物配置

四株栽植,不能两两分组,其中不要有任何三株呈一直线。当树种不同的时候,其中三株为一种,一株为另一种,这另一种的一株又不能最大,也不能最小,这一株不能单独成为一小组,必须与其他一种组成一个三株的混交树丛,在三株的小组中,这一株应与另一株靠拢,在两小组中居于中间,不要靠边。四株的组合,不能两两分组,其基本平面应为不等边四边形和不等边三角形 2 种(图 2-14)。

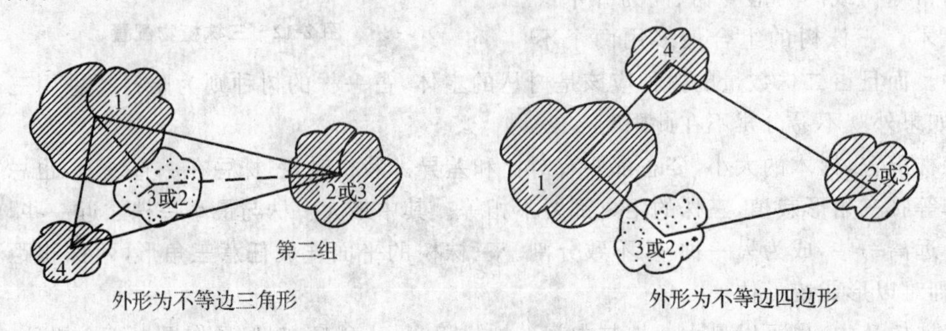

图 2-14 两个树种组合的基本类型

(4)五株树丛的配合　五株同为一个树种的组合方式,每株树的体形、姿态、动势、大小、栽植距离都应力求有差异。一般的分组方式为 3∶2,就是有三株一小组,二株一小组,共同构成五株树丛(图 2-15)。如果按树丛大小分为五个排号。三株一组的应该由 1、2、4 成组;或 1、3、4 成组;或 1、3、5 成组。总之,最大的一株必须在三株的一组中,并且是主体,二株一组的则应为从属体。这时的三株一组的组合形式又相同于三株树丛的配置形式;二株一组的组合形式与二株树丛配置相同,只是这两组必须各有动势,彼此取得均衡,构成一体(图 2-16)。

另一种分组方式为 4∶1,其中一株的树木不要是最大的,也不能是最小的,最好是中等大的 2 号或 3 号树木,这种组合方式的主次悬殊较大,所以两组距离不能过远,并且在动势上要

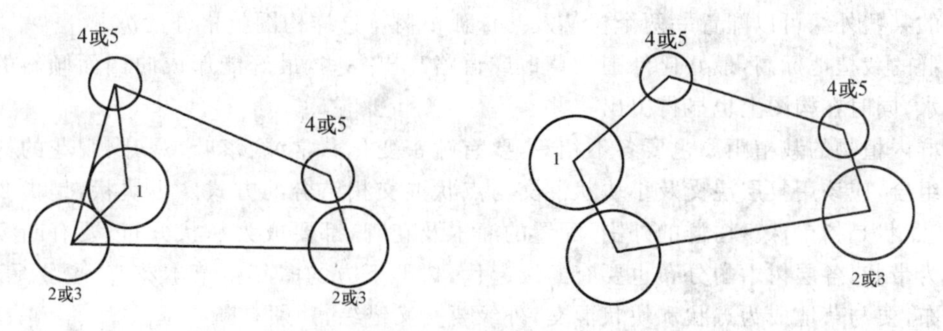

图 2-15　同一树种五株树丛分组(3∶2)

有呼应。其中四株一组的树木配置基本与四株树丛的配置相同。另外单独一株成组的树木又可与四株一组中的二株或三株组成三株树丛与四株树丛相似的组合(图 2-17)。

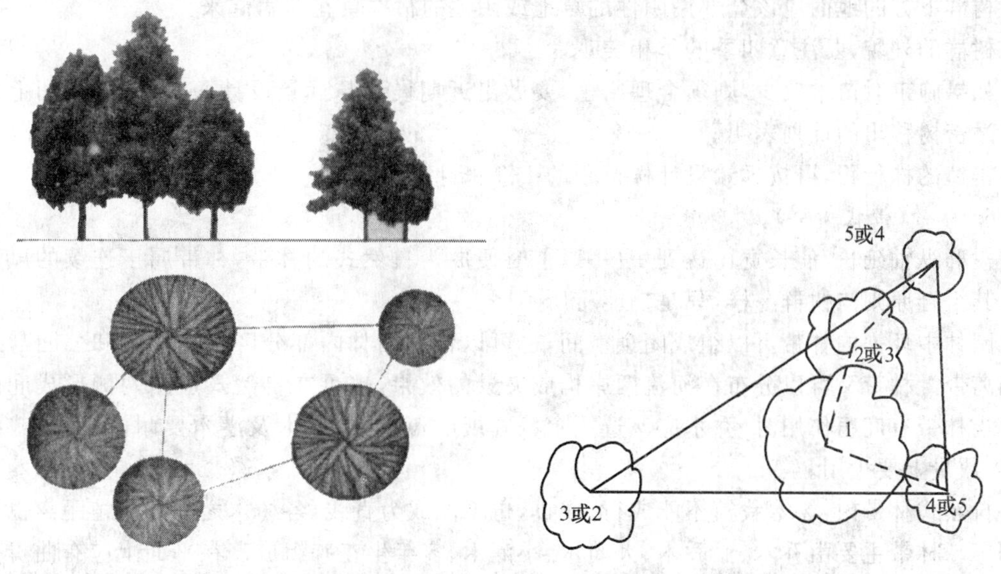

图 2-16　五株植物配置示意图　　　　图 2-17　同一树种五株树

五株树丛若由两个树种组成,应该一个树种为三株,另一个树种为二株。如果一个树种为一株时,另一树种为四株就不合适,因为比例近似时易于达到均衡。

5. 群植

组成树群的单株树木数量一般在 20～30 株以上。树群所表现的,主要为群体美,因此树群应该布置在有足够距离的场地上,例如大草坪、水中的小岛屿上、有宽广水面的水滨、小山坡上。在树群的主要立面的前方,至少在树群高度的 4 倍,树群宽度的 1.5 倍距离以上,要留出空地,以便游人欣赏。

树群是由许多树木组合而成的,在树木的组合上,应考虑群体生态、生理等多方面的要求,树群的规模不宜太大,树群在构图上的要求是四面空旷,树群组成内的每株树木,在群体的外貌上都要起到一定作用。树群的组合方式,最好采用郁闭式和成层的结合。由于树群内游人无法进入,所以不具有庇荫休息的功能。

树群组合的基本原则:从高度来讲,乔木层应该分布在中央,亚乔木层在外缘,大灌木、小灌木在更外缘,这样可以不致互相遮掩,但是其任何方向的断面,不能像金字塔那样机械,同时在树群的某些外缘可以配置一两个树丛及几株孤植树。这样构图就格外活泼。

树群的栽植地标高，最好比外围的草地或道路高出一些，最好能形成向四面倾斜的土丘，以利排水，同时在构图上也显得突出一些。

树群内植物的栽植距离也要各不相等，要有疏密变化。常绿、落叶、观叶、观花的树木，其混交的组合，应该用复层混交及小块状混交与点状混交相结合的方式。小块状，是指2～5株的结合，点状是指单株。树群的外围，配置的灌木及花卉，都要成为丛状分布，要有断续，不能排列成为带状，各层树木的分布也要有断续起伏，树群下方的多年生草本花卉，也要呈丛状或群状分布，要与草地成为点状和块状混交，外缘要交叉错综，并须有断有续。

树群内，树木的组合必须很好地结合生态条件。作为第一层的乔木应该是阳性树，第二层亚乔木可以是半阴性的，分布在东、南、西三面外缘的灌木，可以是阳性或强阳性的，分布在乔木庇荫下及北面的灌木可以是半阴性的，喜暖的植物应该配置在南和东南方。

树群下方的地面应该全部用阴性的草地或阴性的宿根草花覆盖起来。

树群的外貌，要注意四季的季相美观。

如果施工时苗木较少，则须合理密植，要做出近期设计与远景设计两个方案，在图上要把逐年过密树移出的计划表明。

密植的株行距，可按远景设计株行距的1/3来计算。

6. 林带（带状树群）

树群纵轴延长，使长宽比达到4∶1以上时便成为自然式的林带，林带属于连续的风景构图。其组合原则与树群一样，只是功能有所不同。

园林中环抱的林带可以组成闭锁空间，也可以作为园林内部分区的隔离带和公园与外界的隔离带。林带又可以分布在河流两岸构成夹景的效果，也可在自然式道路两侧形成庇荫园路。当林带有庇荫作用时，乔木应该选用伞状开展的树冠，亚乔木及灌木要耐阴，而且栽植要退后，数量上要少用。

自然式林带内，树木栽植不能成行、成排，也不能成为直线，各树木之间的栽植距离也要各不相等。林带主要由乔木、亚乔木、大灌木、小灌木、多年生花卉组成。在平面上应有曲折变化的林缘线，立面上要有高低起伏的天际线（林冠线）。林带构图的鉴赏是随着游人前进而演进的，所以林带构图中要有主调、基调、配调之分，要有变化和统一的节奏，同时又要有断有续，不能连绵不断。但这还要由功能决定，不能绝对。需要设通道缺口时，则宜"断"，需要露出某一景观或显示空间层次与深度时也可采用"断"的方式。当某一主调演进到一定程度时就要转调；转调时，在构图急变的场合下用急转调；需要和缓变化时，可用逐步过渡的缓转调方式，这种主、配调的演进变化又随着季相交替进行。

林带可以是单纯的，也可以是混交的，可以是单侧的演进，也可以是双侧演进；双侧演进时，左右林带不能对称。

林带在形式上，又可分为紧密结构和疏松结构两种。紧密结构的林带，其垂直郁闭度达1.0，视线不能透过。凡防尘、隔音、作背景用、分隔不透视空间用的林带，均采用紧密结构；作为防风和分隔透视空间用的林带，可用透光的疏松结构的林带。

在大型园林的外围，尤其是主要季风方向往往采用成行成排的规则式林带与风向垂直地设置；也可以与城市的防护林带相结合。此外，风景名胜区的外围防护区也运用规则式林带。

四、攀缘植物的种植设计

我国城市人口集中，建筑密集，可供绿化的面积有限，因此，利用攀缘植物进行垂直绿化和覆盖地面，是提高城市绿化覆盖率的重要途径之一。

1. 攀缘植物选择的依据

(1)功能要求　用于降低建筑墙面及室内温度，应选择枝叶茂密的攀缘植物，如五叶地锦、常春藤等。用于防尘的尽量选用叶片粗糙且密度大的攀缘植物，如中华猕猴桃等。

(2)生态要求　不同攀缘植物对环境条件要求不同，因此要注意立地条件。墙面绿化要考虑方向问题，西向墙面应选择喜光、耐旱的攀缘植物；北向墙面应选择耐阴的攀缘植物，如中国地锦是极耐阴植物，用于北墙垂直绿化比用于西墙垂直绿化生长速度快，生长势强，开花结果繁茂。

(3)观赏要求　注意与攀附建筑设施的色彩、风韵、高低相配合，如红砖墙面不宜选用秋叶变红的攀缘植物，而灰色、白色墙面，则可选用秋叶红艳的攀缘植物。

2. 攀缘植物的配置

(1)附壁式　常用攀缘植物有五叶地锦、常春藤、凌霄等。

(2)凉廊式、棚架式　以攀缘植物覆盖顶，形成绿廊和花廊。常用植物有紫藤、凌霄、葡萄、木香、丝瓜、葫芦、瓜蒌等。

(3)篱垣式　包围篱架、矮墙、铁丝网的垂直绿化。常用攀缘植物有金银花、牵牛花、茑萝、五叶地锦等。

(4)立柱式　攀缘植物靠吸盘或卷须沿牵拉于立柱之上的铁丝生长，常用攀缘植物有金银花、凌霄、五叶地锦等。

(5)垂挂式　如以凌霄、五叶地锦等垂挂于入口遮雨板处。

五、草坪及地被植物的种植设计

(一)园林草地及草坪设计

1. 园林中各种草地的类型

(1)根据草地和草坪的用途分类

①游憩草坪　供散步、休息、游戏及户外活动用的草坪，称为游憩草坪。一般均加以修剪，在公园内应用最多。

②体育场草坪　供体育活动用的草坪，如足球场草坪、网球场草坪等。

③观赏草地或草坪　这种草地或草坪，不允许游人入内游憩或践踏，专供观赏用。

④森林草地　森林公园及风景区在森林环境中任其自然生长的草地称为森林草地，一般不加修剪，允许游人活动。

⑤林下草地　在疏林下或郁闭度不太大的密林下及树群乔木下的草地，称为林下草地，一般不加修剪。

⑥护坡护岸草地　凡是在坡地、水岸为保护水土流失而铺的草地，称为护坡护岸草地。

(2)根据草地与树木的组合情况分类

①空旷草地　草地上不栽植任何乔灌木。这种草地，主要是供体育游戏、群众活动用的草坪。一片空旷，在艺术效果上单纯而壮阔。

②稀树草地　草地上稀疏地分布一些单株乔木，株行距很大，当这些树木的覆盖面积(郁闭度)为草地总面积的20%～30%时，称为稀树草地。

③疏林草地　即在草地上布置乔木，其株距在8～10 m以上，郁闭度30%～60%。由于林木的庇荫性不大，阳性禾本科草本植物仍可生长，所以可供游人在树荫下游憩、阅读、野餐、进行空气浴等活动。

④林下草地　在郁闭度大于70%以上的密林地或树群内部林下，只能栽植一些含水量较多的阴性草本植物。这种林地和树群，由于树木的株行距很密，不适于游人在林下活动，同时林下的阴性草本植物，组织内含水量很高，不耐踩踏，因而这种林下草地，以观赏和保持水土流失为主，游人不允许进入。

2. 园林草地及草坪设计要点

(1)草种的选择　园林草地要满足游人游憩、体育活动及审美需要，所选草种必须植株低矮、耐践踏、抗性强、绿色期长、管理方便。

(2)草地踩踏和人流量问题　在游人量较大或体育场草地，以选用狗牙根、结缕草、蓟股颖、牧场早熟禾等草种为主。同时在设计草地时，在单位面积上的游人踩踏次数，最多每天不要超过10次。

(3)草地的坡度及排水问题

①从水土保持方面考虑　为了避免水土流失，任何类型的草地，其地面坡度均不能超过该土壤的"自然安息角"。

②从游园活动来考虑　体育场草地，除了排水所必须保有的最低坡度以外，越平整越好。一般观赏草地、牧草地、森林草地、护坡护岸草地等，只要在土壤的自然安息角以下，必需的排水坡度以上，在活动上没有其他特殊要求。

③从排水来考虑　草坪最小允许坡度应从地面排水要求考虑。体育场草坪，由场中心向四周跑道倾斜的坡度为1%，网球场草坪，由中央向四周的坡度为0.2%～0.5%。普通游憩草坪，最小排水坡度，最好也不低于0.2%～0.5%，且不宜设计成不利于排水的起伏交替的地形。

(4)草地的艺术构图要求　在有限的园林空间范围内，要形成不同的感觉空间，或开朗或闭合，或咫尺山林，以增加游人的游览情趣，草坪植物的构图也十分重要。

(二)其他地被植物的配置

1. 树坛、树池中的地被植物配置

树坛、树池中由于乔灌木的遮蔽，形成半阳性环境，所用地被植物应是耐半阴的，可以是单一地被植物，也可以是两种地被植物混交，其色形与姿态应和上木相呼应，如色叶木树坛以麦冬、沿阶草、吉祥草等常绿地被为宜。

2. 林缘地被植物的配置

林缘地被植物的配置，可使乔木与草地道路之间形成自然的过渡，如河南鸡公山风景区大茶沟林缘的水竹，使林地与溪涧结合得十分自然。

3. 地被植物的零星配置方式

地被植物除上述配置方式外，还常见配置于台阶石隙、池港或塘溪的山石驳岸及园林置石。

第五节　园路设计

园路，是指绿地中的道路、广场等各种铺装地坪。它是园林不可缺少的构成要素，是园林的骨架、网络。园路的规划布置，往往反映不同的园林面貌和风格。例如我国苏州古典园林，讲究峰回路转，曲折迂回。而西欧古典园林凡尔赛宫，讲究平面几何形状。

一、园路的类型和尺度

一般绿地的园路分为以下几种：

(1)主要道路。联系全园，必须考虑通行、生产、救护、消防、游览车辆。宽 7～8 m。

(2)次要道路。沟通各景点、建筑，通轻型车辆及人力车。宽 3～4 m。

(3)林荫道、滨江道和各种广场。

(4)休闲小径、健康步道。双人行走 1.2～1.5 m，单人 0.6～1 m。健康步道是近年来最为流行的足底按摩健身方式。通过行走卵石路上按摩足底穴位达到健身目的，又不失为园林一景。

二、园路的设计要点

园路设计包括线形设计和路面设计，后者又分为结构设计和铺装设计。

1. 线形设计

在园路的总体布局的基础上进行，可分为平曲线设计和竖曲线设计。平曲线设计包括确定道路的宽度、平曲线半径和曲线加宽等；竖曲线设计包括道路的纵横坡度、弯道、超高等。园路的线形设计应充分考虑造景的需要，以达到蜿蜒起伏、曲折有致。应尽可能利用原有地形，以保证路基稳定和减少土方工程量。

2. 结构设计

典型的园路结构分为：面层、结合层、基层、路基。此外，要根据需要，进行道牙、雨水井、明沟、台阶、礓嚓、种植地等附属工程的设计。

3. 园路的铺装设计

中国园林在园路铺装设计上形成了特有的风格，有下述要求：

(1)寓意性　中国园林强调"寓情于景"，在铺装设计时，有意识地根据不同主题的环境，采用不同的纹样、材料来加强意境。北京故宫的雕砖卵石嵌花甬路，是用精雕的砖、细磨的瓦和经过严格挑选的各色卵石拼成的。路面上铺有以寓言故事、民间剪纸、文房四宝、吉祥用语、花鸟虫鱼等为题材的图案，以及《古城会》、《战长沙》、《三顾茅庐》、《凤仪亭》等戏剧场面的图案。

(2)装饰性　园路既是园景的一部分，应根据景的需要作出设计，路面或朴素、粗犷；或舒展、自然、古拙、端庄；或明快、活泼、生动。园路以不同的纹样、质感、尺度、色彩，以不同的风格和时代要求来装饰园林。如杭州三潭印月的一段路面，以棕色卵石为底色，以橘黄、黑两色卵石镶边，中间用彩色卵石组成花纹，显得色调古朴，光线柔和。

4. 园路设计中注意的问题

(1)规划中的园路,有自由、曲线的方式,也有规则、直线的方式,形成两种不同的园林风格。当然采用一种方式为主的同时,也可以用另一种方式补充。不管采取什么式样,园路忌讳断头路、回头路,除非有一个明显的终点景观和建筑。

(2)园路并不是对着中轴,两边平行一成不变的,园路可以是不对称的。如世纪大道:100 m 的路幅,中心线向南移了 10 m,北侧人行道宽 44 m,种了 6 排行道树。南侧人行道宽 24 m,种了两排行道树。

(3)园路也可以根据功能需要采用变断面的形式,如转折处不同宽狭,坐椅外延边界,路旁的过路亭,小广场相结合等。这样宽狭不一,曲直相济,反倒使园路多变,生动起来,做到一条路上休闲、停留和人行、运动相结合,各得其所。

(4)园路避免多路交叉,导向不明。尽量靠近正交,锐角过小,车辆不易转弯,人行要穿绿地。

(5)园路在山坡时,坡度≥6%,要顺着等高线作盘山路状,考虑自行车时坡度≤8%,汽车≤15%;人行坡度≥10%时,要考虑设计台阶。

(6)安排好残废人所到范围和用路。

园路的设计还要注意以下方面的问题:

(1)园路的铺装宽度和园路的空间尺度,是有联系但又不同的两个概念。园路是绿地中的一部分,它的空间尺寸既包含有路面的铺装宽度,也有四周地形地貌的影响。不能以铺装宽度代替空间尺度要求。

(2)园路和广场的尺度、分布密度应该是人流密度客观、合理的反映。上述的路宽,是一般情况下的参考值。“路是走出来的”,从另一方面说明,人多的地方,如游乐场、入口大门等,尺度和密度应该是大一些,达不到要求,绿地就极易损坏。

(3)在大型新建绿地,如郊区人工森林公园,因为规模宏大,几千亩至万亩,要分清轻重缓急,逐步建设园路。

复习思考题

1. 园林中改造地形要考虑哪些因素?地形设计和改造的方法有哪些?
2. 园林道路有哪些类型?各起什么作用?
3. 花坛有哪些形式?它们在设计上都有哪些要求?
4. 园林植物的配置有几种形式?

第三章　园林规划设计程序

【学习目标】

1. 了解园林规划设计的一般程序；

2. 能够运用园林规划设计的程序进行设计。

园林设计程序随着园林类型的不同而繁简不一。如庭院就比一个独立的综合性公园的设计简单。但园林设计的程序一般都包括调查研究、总体规划、技术(局部详细)设计、施工等几个阶段。

前面的章节,已经论述园林的基本设计要素的作用和特点,而这些章节的内容只是单独地讨论某一要素,要处理好各设计要素之间的关系,以及满足用户的要求。多数风景园林师都必须经历一系列分析和创造性的思考过程。这个过程叫"设计程序",设计程序有助于设计者进行收集和利用全部与设计有关的因素,从而完成风景园林的设计,并使设计尽可能达到预期的效果,即美学与功能上的和谐。

优秀的设计,不会魔术般地产生出来。是要经过反复思考与修改。没有不通过努力就能产生好的设计的奥妙共识,或神秘的灵感。而设计程序也并非是一输入资料就能得到圆满设计的方程式。它只是设计的步骤,设计程序的意义是在于组织设计者的作品,并避免在设计过程中忽略和忘记某些因素。

第一节　调查研究阶段

园林设计是一种创造性工作,兼有艺术性和科学性。设计人员在进行各种类型的园林设计时,要从基地现状调查与分析入手,熟悉委托方的建设意图和基地的物质环境、社会文化环境、视觉环境等,综合分析相关资料,寻找构思主线,最后才能拿出合理的设计方案。因此,调查研究阶段是整个设计的基础,只有经过详细的调查研究、合理分析,才能够在以后的阶段中不会出现不必要的失误和遗漏。

一、承担任务、明确目标

作为一个建设项目的业主(俗称"甲方")会邀请一家或几家设计单位进行方案设计,作为设计方(俗称"乙方")在与业主初步接触时,要了解整个项目的概况,包括建设规模、投资规模、可持续发展等方面，特别要了解业主对这个项目的总体框架方向和基本实施内容。明确业主需要做什么，设计方何时该做什么，以及造价问题等。与业主进行讨论后，从总体确定这个项目是一个什么性质的绿地，然后根据业主的意图，起草一份详细的协议书，如果业主无意见，双方便在协议书上签字，以免以后产生误解，甚至法律上诉讼等问题。

二、收集资料、基地踏查

一旦签订合同后，设计方便需要取得基地的相关资料，对基地进行实地勘查。这一阶段就像写作一样，要在深入地了解其背景后才能更好地进行创作。

1. 掌握自然条件、环境状况及历史沿革

(1)甲方对涉及任务的要求及历史沿革。

(2)城市绿地总体规划与公园的关系，以及对公园设计上的要求。

(3)公园周围的环境关系，环境的特点，未来发展情况。如周围有无名胜古迹、人文资源等。

(4)公园周围城市景观。建筑形式、体量、色彩等与周围市政的交通关系。人流集散方向，周围居民的类型。

(5)该地段的电源、水源以及排污、排水，周围是否有污染源。

(6)规划用地的水文、地质、地形、气象等方面的资料。了解地下水位、年与月降水量。年最高最低气温的分布时间，年最高最低湿度及其分布时间，季风风向、最大风力、风速以及冰冻线深度等。重要或大型园林建筑规划位置尤其需要地质勘察资料。

(7)植物状况。了解和掌握地区内原有的植物种类、生态、群落组成，还有树木的年龄、观赏特点等。

(8)建园所需主要材料的来源与施工情况，如苗木、山石、建材等情况。

(9)甲方要求的园林设计标准及投资额度。

2. 图纸资料(由甲方提供)

(1)地形图　根据面积大小提供比例尺为1∶2 000、1∶1 000、1∶500等园址范围内总平面地形图。图纸应明确一下内容：设计范围(红线范围、坐标数字)；园址范围内的地形、标高及现状物(现有建筑物、构筑物、山体、水溪、植物、道路、水井，还有水系的进出口位置、电源等)的位置，现状物要求保留利用、改造和拆迁等情况要分别说明；道路、排水方向；周围机关、单位、居住区的名称、范围以及今后发展状况。

(2)局部放大图　1∶200图纸主要为提供局部详细设计用。该图纸要满足建筑单位设计，及其周围山体、水溪、植被、园林小品及园路的详细布局。

(3)要保留使用的主要建筑的平、立面图　平面图位置注明室内、外标高；立面图要标明建筑物的尺寸、颜色等内容。

(4)现状树木分布位置图(1∶200,1∶500)　要标明要保留树木的位置，并注明品种、胸径、生长状况和观赏价值等。

(5)地下管线图(1∶500,1∶200)　一般要求与施工图比例相同。图内应标明要表明的上水、下水、污水、化粪池、电信、电力、暖气沟、煤气、热力等管线的位置及井位等。除了平面图外，还要有剖面图，并需要注明管径的大小、管底或管顶标高、压力、坡度等。

3. 基地踏查

无论面积大小,设计项目的难易,设计者都必须认真到现场进行踏查。一方面,核对、补充所收集的图纸资料。如现状的建筑、树木等情况,水文、地质、地形等自然条件。另一方面,设计者到现场,可以根据周围环境条件,进入艺术构思阶段。“佳者收之,俗者屏之。”发现可利用、可借景的景物和不利或影响景观的物体,在规划过程中分别加以适当处理。根据情况,如面积较大、情况较复杂、有必要的时候,踏查工作要进行多次。

三、研究分析、准备设计

一旦设计者取得基地的资料后,设计者就要对基地进行研究分析,这样做的目的是使设计者尽可能地熟悉基地,以便于确定和评价基地的特征、存在问题以及发展潜力。换句话说,就是要尽快了解该基地的优缺点是什么,应该保留和强化什么,什么应该被改造或修正,如何发挥基地的功能,限制条件是什么。因此基地资料的研究和分析,是协助设计者解决基地问题最有效的途径。

在基地的研究和分析中,必须记载和评估下列内容:

(1)分类、定义和现状记录,例如资料的收集分类,记录它们是什么,什么地方。

(2)分析,对重要的情况作评估研究,得出判断,它是好还是坏,会如何影响设计,是否被代替,是否会限制基地某些特点的发挥等。

四、编制总体设计任务文件

将所收集到的资料,经过分析、研究定出总体设计原则和目标,以公园设计为例来说就要编制出进行公园设计的要求和说明。主要包括以下内容:

(1)公园在城市绿地系统中的关系;

(2)公园所处地段的特征及四周环境;

(3)公园的面积和游人容量;

(4)公园总体设计的艺术特色和风格要求;

(5)公园的地形设计,包括山体水系等要求;

(6)公园的分期建设实施的程序;

(7)公园建设的投资匡算。

第二节　总体规划阶段

在充分了解规划地区调查资料,确定了基地的原则与目标以后,就可根据规划设计任务书的要求进行总体规划。总体规划设计主要包括以下组成部分:

一、图纸部分

(一)主要设计图纸内容

1. 位置图

属于示意性图纸,表示该公园在城市区域内的位置,要求简洁明了。

2. 现状图

根据已经掌握的全部资料，经分析、整理、归纳后，分成若干空间，对现状作综合评述。可以用圆形圈或抽象图形将其概括地表示出来。例如，经过对四周道路的分析，根据主次城市道路的情况，确定出入口的大体位置和范围。同时，在现状图上，可分析基地设计中有利和不利因素，以便为功能分区提供参考依据。

3. 分区图

根据总体设计的原则、现状图分析，根据不同年龄阶段游人活动规划，不同兴趣爱好游人的需要，确定不同的分区，划出不同的空间，使不同空间和区域满足不同的功能要求，并使功能与形式尽可能统一。另外，分区图可以反映不同空间、分区之间的关系。

4. 总体设计方案图

根据总体设计原则、目标，总体设计方案图应包括以下诸方面内容：第一，与周围环境的关系：主要、次要、专用出口与市政关系，即面临街道的名称、宽度；周围主要单位名称，或居民区等。第二，主要、次要、专用出入口的位置、面积，规划形式，主要出入口的内、外广场，停车场、大门等布局。第三，地形总体规划，道路系统规划。第四，全园建筑物、构筑物等布局情况，建筑物平面要反映总体设计意图。第五，全园植物设计图。图上反映疏林、树丛、草坪、花坛、专类花园等植物景观。此外，总体设计应准确标明指北针、比例尺、图例等内容。

总体设计图，面积 100 hm^2 以上，比例尺多采用 1∶(2 000～5 000)；面积在 10～50 hm^2，比例尺用 1∶1 000；面积 8 hm^2 以下，比例尺可用 1∶500。

5. 地形设计图

地形是全园的骨架，要求能反映出设计基地的地形结构。

以自然山水园而论，要求表达山体、水系的内在有机联系。根据分区需要进行空间组织；根据造景需要，确定山体、水系的形体造型。

6. 道路总体设计图

在图上确定公园的主要出入口、次要出入口与专用出入口。还有主要广场的位置及主要环路的位置，以及作为消防的通道。同时确定主干道、次干道等的位置以及各种路面的宽度、排水纵坡。并初步确定主要道路的路面材料、铺装形式等。

7. 种植设计图

根据总体设计图的布局，设计的原则，以及苗木的情况，确定全园的总构思。种植总体设计内容主要包括不同种植类型的安排，如密林、草坪、树丛、花坛等内容。确定全园的基调树种、骨干造景树种等。种植设计图上，乔木树冠以中、壮年树冠的冠幅，一般以 5～6 m 树冠为制图标准。

8. 管线总体设计图

根据总体规划要求，解决全园水、暖管网的大致分布、管径大小等。以及雨水、污水的水量、排放方式。

9. 电气规划图

为解决总用电量、用电利用系数、分区供电设施、配电方式、电缆的铺设以及各区各点的照明方式及广播、通讯等的位置。

10. 园林建筑布局图

要求在平面上，反映基地总体设计中建筑在全园的布局。

(二)鸟瞰图

设计者为更直观地表达设计的意图,更直观地表达设计中各个景点、景物以及景区的景观形象,一般通过鸟瞰图表现,效果比较理想。

二、方案的文字内容

1. 总体设计说明书

总体方案除了图纸外,还要求一份文字说明,全面地介绍设计者的构思、设计要点等内容,具体包括以下几个方面:

(1)位置、现状、面积;

(2)工程性质、设计原则;

(3)功能分区;

(4)设计主要内容(山体地形、空间围合,湖池、堤岛、水系网络,出入口、道路系统、建筑布局、种植规划、园林小品等);

(5)管线、电信规划说明;

(6)管理机构。

2. 工程总匡算

在规划方案阶段,可按面积(hm^2、m^2),根据设计内容,工程复杂程度,结合常规经验匡算。或按工程项目、工程量,分项估算再汇总。

3. 总体规划图的编排格式

总体规划图的编排格式包括:①总体规划图的封面;②总体规划图的目录;③说明书;④总图与分图;⑤概算。

三、总体规划的步骤

1. 初步的总体构思

在着手进行总体规划构思之前,必须认真阅读业主提供的《设计任务书》或《设计招标书》。在设计任务书中详细列出了业主对建设项目的各方面要求:总体定位性质、内容、投资规模,技术经济相符控制及设计周期等。要特别重视对设计任务书的阅读和理解,吃透设计任务书最基本的精髓。

在进行总体规划构思时,要将业主提出的项目总体定位作一个构想,并与抽象的文化内涵以及深层的警世寓意相结合,同时必须考虑将设计任务书中的规划内容融合到有形的规划构图中去。

构思草图只是一个初步的规划轮廓,接下去要将草图结合收集到的原始资料进行补充,修改。经过修改,会使整个规划在功能上趋于合理,在构图形式上符合园林景观设计的基本原则:美观、舒适(视觉上)。

2. 方案的第二次修改

经过了初次修改后的规划构思,还不是一个完全成熟的方案。设计人员此时应该虚心好学、集思广益,多渠道、多层次、多次数地听取各方面的建议。并与之交流、沟通,更能提高整个方案的新意与活力。

3. 文本的制作包装

整个方案全都定下来后,图文的包装必不可少。现在图文的包装正越来越受到业主与设计单位的重视。

最后,将规划方案的说明、投资匡(估)算、水电设计的一些主要节点,汇编成文字部分;将规划平面图、功能分区图、绿化种植图、小品设计图,全景透视图、局部景点透视图,汇编成图纸部分。文字部分与图纸部分的结合,就形成一套完整的规划方案文本。

4. 业主的信息反馈

业主拿到方案文本后,一般会在较短时间内给予一个答复。答复中会提出一些调整意见:包括修改、添删项目内容,投资规模的增减,用地范围的变动等。针对这些反馈信息,设计人员要在短时间内对方案进行调整、修改和补充。

5. 方案设计评审会

由有关部门组织的专家评审组,会集中一天或几天时间,进行一个专家评审(论证)会。出席会议的人员,除了各方面专家外,还有建设方领导,市、区有关部门的领导,以及项目设计负责人和主要设计人员。

作为设计方,项目负责人一定要结合项目的总体设计情况,在有限的一段时间内,将项目概况、总体设计定位、设计原则、设计内容、技术经济指标、总投资估算等诸多方面内容,向领导和专家们作一个全方位汇报。汇报人必须清楚,自己心里了解的项目情况,专家们不一定都了解,因而,在某些环节上,要尽量介绍得透彻一点、直观化一点,并且一定要具有针对性。在方案评审会上,宜先将设计指导思想和设计原则阐述清楚,然后再介绍设计布局和内容。设计内容的介绍,必须紧密结合先前阐述的设计原则,将设计指导思想及原则作为设计布局和内容的理论基础,而后者又是前者的具体化体现。两者应相辅相成,缺一不可。切不可造成设计原则和设计内容南辕北辙。

方案评审会结束后几天,设计方会收到打印成文的专家组评审意见。设计负责人必须认真阅读,对每条意见,都应该有一个明确答复,对于特别有意义的专家意见,要积极听取,立即落实到方案修改稿中。

6. 扩初设计评审会

设计者结合专家组方案评审意见,进行深入一步的扩大初步设计(简称"扩初设计")。在扩初文本中,应该有更详细、更深入的总体规划平面、总体竖向设计平面、总体绿化设计平面、建筑小品的平、立、剖面(标注主要尺寸)。在地形特别复杂的地段,应该绘制详细的剖面图。在剖面图中,必须标明几个主要空间地面的标高(路面标高、地坪标高、室内地坪标高)、湖面标高(水面标高、池底标高)。

在扩初文本中,还应该有详细的水、电气设计说明,如有较大用电、用水设施,要绘制给排水、电气设计平面图。

扩初设计评审会上,专家们的意见不会像方案评审会那样分散,而是比较集中,也更有针对性。设计负责人的发言要言简意赅,对症下药。根据方案评审会上专家们的意见,介绍扩初文本中修改过的内容和措施。未能修改的意见,要充分说明理由,争取能得到专家评委们的理解。

一般情况下,经过方案设计评审会和扩初设计评审会后,总体规划平面和具体设计内容都能顺利通过评审,这就为施工图设计打下了良好的基础。总的来说,扩初设计越详细,施工图设计越省力。

第三节 技术设计阶段

总体规划结束后，即进入了技术设计阶段。技术设计阶段包括施工图设计、编制预算、施工设计说明书。技术设计阶段是施工开始的前提，技术设计的合理与否直接关系到施工的进度和项目完成后效果的好坏。

一、施工设计图

在施工设计阶段要做出施工总平面图、竖向设计图、园林建筑设计图、道路广场设计图、种植设计图、水系设计图、各种管线设计图，以及假山、雕塑、栏杆、标牌等小品设计详图。另外做出苗木统计表、工程量统计表、工程预算等。

1. 施工总平面图

表明各种设计因素的平面关系和它们的准确位置；放线坐标网、基点、基线的位置。其作用之一是作为施工的依据，之二是绘制平面施工图的依据。

施工总平面图图纸内容包括如下：保留的现有地下管线（红色线表示）、建筑物、构筑物、主要现场树木等（用细线表示）。设计的地形等高线（细墨虚线表示）、高程数字、山石和水体（用粗墨线外加细线表示）、园林建筑和构筑物的位置（用黑线表示）、道路广场、园椅等（中粗黑线表示）放线坐标网。

2. 竖向设计图（高程图）

用以表明各设计因素间的高差关系。

(1)竖向设计平面图　根据初步设计之竖向设计，在施工总平面图的基础上表示出现状等高线，坡坎（用细红实线表示）；设计等高线、坡坎（用黑实线表示）、高程（用黑色数字表示），通过红、黑线区分现状的还是设计的。

(2)竖向剖面图　主要部位山形、丘陵、谷地的坡势轮廓线（用黑粗实线表示）及高度、平面距（用黑细实线表示）等。剖面地起讫点、剖切位置编号必须与竖向设计平面图上地符号一致。

3. 道路广场设计图

道路广场设计图主要标明园内各种道路、广场的具体位置、宽度、高程、纵横坡度、排水方向，及道路平曲线、纵曲线设计要素，以及路面结构、做法、路牙的安排，以及道路广场的交接、交叉口组织、不同等级道路连接、铺装大样、回车道、停车场等。

(1)平面图　根据道路系统图，在施工总平面的基础上，用粗细不同的线条画出各种道路广场、台阶山路的位置，在转弯处，主要道路注明平曲线半径，每段的高程、纵坡坡向（用黑细箭头表示）等。

(2)剖面图　剖面图比例一般为 1∶20。在画剖面图之前，先绘出一段路面（或广场）的平面大样图，表示路面的尺寸和材料铺设法。在其下面作剖面图，表示路面的宽度及具体材料的构造（面层、垫层、基层等厚度、做法）。

另外，还应该作路口交接示意图，用细黑实线画出坐标网，用粗黑实线画路边线，用中粗实线画出路面铺装材料及构造图案。

4. 种植设计图(植物配置图)

种植设计图主要表现树木花草的种植位置、种类、种植方式、种植距离等。

(1)种植设计平面图　根据树木种植设计，在施工总平面图基础上，用设计图例绘出常绿阔叶乔木、落叶阔叶乔木、落叶针叶乔木、常绿针叶乔木、落叶灌木、常绿灌木、整形绿篱、自然形绿篱、花卉、草地等具体位置和种类、数量、种植方式，株行距等如何搭配。

(2)大样图　对于重点树群、树丛、林缘、绿立、花坛、花卉及专类园等，可附种植大样图。1∶100的比例。要将群植和丛植的各种树木位置画准，注明种类数量，用细实线画出坐标网，注明树木间距。并作出立面图，以便施工参考。

5. 水景设计图

水景设计图标明水体的平面位置、水体形状、深浅及工程做法。

(1)平面位置图　依据竖向设计和施工总平面图，画出河、湖、溪、泉等水体及其附属物的平面位置。用细线画出坐标网，按水体形状画出各种水景的驳岸线、水地、山石、汀步、小桥等位置，并分段注明岸边及池底的设计标高。最后用粗线将岸边曲线画成近似折线，作为湖岸的施工线，用粗实线加深山石等。

(2)纵横剖面图　水体平面及高程有变化的地方要画出剖面图。通过这些图表示出水体的驳岸、池底、山石、汀步及岸边的处理关系。

6. 园林建筑设计图

园林建筑设计图表现各景区园林建筑的位置及建筑本身的组合、选用的建材、尺寸、造型、高低、色彩、做法等。如一个单体建筑，必须画出建筑施工图(建筑平面位置图、建筑各层平面图、屋顶平面图、各个方向立面图、剖面图、建筑节点详图、建筑说明等)、建筑结构施工图(基础平面图、楼层结构平面图、基础详图、构件线图等)、设备施工图，以及庭院的活动设施工程、装饰设计。

7. 管线设计图

在管线设计的基础上，表现出上水(生活、消防、绿化、市政用水)、下水(雨水、污水)、暖气、煤气、电力、电信等各种管网的位置、规格、埋深等。

8. 假山、雕塑等小品设计图

小品设计图必须先做出山、石等施工模型，以便施工时掌握设计意图。参照施工总平面图及竖向设计画出山石平面图、立面图、剖面图，注明高度及要求。

9. 电气设计图

在电气初步设计的基础上标明园林用电设备、灯具等的位置及电缆走向等。

二、编制预算

在施工设计中要编制预算。它是实行工程总承包的依据，是控制造价、签订合同、拨付工程款项、购买材料的依据，同时也是检查工程进度、分析工程成本的依据。

预算包括直接费用和间接费用。直接费用包括人工、材料、机械、运输等费用，计算方法与概算相同。间接费用按直接费用的百分比计算，其中包括设计费用和管理费。

三、施工设计说明书

说明书的内容是初步设计说明书的进一步深化。说明书应写明设计的依据、设计对象的地理位置及自然条件，园林绿地设计的基本情况，各种园林工程的论证叙述，园林绿地建成后的效果分析等。

第四节 施工阶段

当全部的结构图完成后，用它们进行招标。虽然过程各有不同，但承包合同一般授予较低的承包者即施工方。当工程合同签字后，施工方便会对设计进行施工。

一、施工图的交底

业主拿到施工设计图纸后，会联系监理方、施工方对施工图进行看图和读图。看图属于总体上的把握，读图属于具体设计节点、详图的理解。

之后，由业主牵头，组织设计方、监理方、施工方进行施工图设计交底会。在交底会上，业主、监理、施工各方提出看图后所发现的各专业方面的问题，各专业设计人员将对口进行答疑，一般情况下，业主方的问题多涉及总体上的协调、衔接；监理方、施工方的问题常提及设计节点、大样的具体实施。双方侧重点不同。由于上述三方是有备而来，并且有些问题往往是施工中关键节点，因而设计方在交底会前要充分准备，会上要尽量结合设计图纸当场答复，现场不能回答的，回去考虑后尽快做出答复。

二、设计师的施工配合

设计的施工配合工作往往会被人们所忽略。其实，这一环节对设计师、对工程项目本身恰恰是相当重要的。

业主对工程项目质量的精益求精，对施工周期的一再缩短，都要求设计师在工程项目施工过程中，经常踏勘建设中的工地，解决施工现场暴露出来的设计问题、设计与施工相配合的问题。如有些重大工程项目，整个建设周期就已经相当紧迫，业主普遍采用“边设计边施工”的方法。针对这种工程，设计师更要勤下工地，结合现场客观地形、地质、地表情况，做出最合理、最迅捷的设计。

应 用 篇

第四章　公园规划设计

任务一　综合性公园的总体规划

【学习目标】

1. 熟练掌握综合性公园常见的功能区,并能够合理完成功能区的划分;

2. 掌握公园的分类与特点,掌握公园总体规划设计的步骤和方法;

3. 理解公园规划设计的原则和手法。

【任务提出】

彩图4-1所示是建设单位提供给设计单位的设计项目基地现状图,要求根据实际情况将该地设计为一处现代的综合性公园。基地内有一鱼塘和废弃的低矮建筑,基地的北侧和东侧是公路,西北侧是山体,南侧是民用建筑。设计要求遵循“利用为主,改造为辅”的原则,体现以人为本,注重生态效益的原则。

【任务分析】

综合性公园是城市绿地系统的重要组成部分,是城市居民文化生活不可缺少的重要的因素,它不仅为城市提供大面积的绿地,而且具有丰富的户外游憩活动内容,适合于各种年龄和职业的城市居民游赏,是群众的文化教育、娱乐、休息的场所,并对城市面貌、环境保护、社会生活起重要的作用。通过对彩图4-1的认真分析,该项目交通便利,依山傍水,自然基础好,适合建设综合性公园,并了解到建设单位要求在“利用为主,改造为辅”的前提下,建设一个现代的综合性公园。

一、调查研究

收集相关设计资料及规范作为设计依据,了解基地内的现状地形、水体、建筑物、构筑物、植物、地上或地下管线和工程设施;对建设单位、社会环境进行调查,掌握当地社会历史人文资料、用地现状、自然条件和规划情况;进一步了解甲方的规划目的、设计要求等,以便形成正确的设计思路,为编制设计任务书提供依据。

具体工作:首先,收集相关的设计资料作为依据;其次,开展外业踏查。

1. 自然环境调查

包括气温、降雨量、积雪厚度、冻土、结冰期、霜期、地质、土壤、水系、植物、地形地貌等。

2. 人文资料调查

地区性质(农村、渔村、未开发地、城市大小、人口、产业、经济区);历史文物(文化古迹种类、历史文献遗址);居民(传统纪念活动、民间特产、历史传统、生活习惯等)。

3. 现状分析

核对、补充所收集到的资料:土地所有权、边界线、四邻;方位、地形、坡度;地上物,特别是应保留的古树等。在一定方针指导下进行分析、判断,选择有价值的内容;随地形、环境的变化,勾画出基本的骨架,进行造型比较,决定基本形式,作为规划设计参考。

二、编制设计任务书

任务书是进行园林绿地设计的指示性文件。要明确规划设计的原则;弄清该园林绿地在本市园林绿地系统中的地位和作用,以及地段特征、四周环境、面积大小和游人容纳量;设计功能分区和活动项目;确定建筑物的项目、容人量、面积、高度、建筑结构和材料的要求;拟定规划布置园内公用设备和卫生要求等。

三、总体规划设计

任务书经上级同意批准后,根据任务书中明确的规划设计目标、立意、原则等具体要求,进行总体规划设计,完成总平面图设计、功能分区规划(从占地条件、占地特殊性、限制条件、功能要求等方面,组织各功能分区)、景观布局及种植规划。

【基础知识】

一、综合性公园的类型

我国公园一般可分为综合公园(市级、区级、居住区级)、专类公园(动物园、植物园、儿童公园、纪念性公园等)和其他公园绿地(市内各种小游园等)三大类。

综合性公园的面积大,设施比较齐全,内容比较丰富,有一定的地形地貌、小型水体,有功能分区,景色分区,除了花草树木外,有一定比例的建筑、活动场地、园林小品和休息设施,供不同年龄、不同层次的游人游憩需要。我国著名的综合性公园有上海的长风公园、北京的紫竹院公园、陶然亭公园、杭州的花港观鱼公园(图 4-1)、广州的越秀公园、西安的兴庆宫公园等。

(1)市级综合公园　为全市市民服务,是全市公共绿地中面积最大的,内容丰富,服务项目多,面积随城市居民的数量的多少而不同。其服务半径为 2～3 km,步行 30～50 min 可到达。

(2)区级综合公园　在较大城市中,为满足一个行政区内的居民休闲娱乐、活动及集合的要求而建的公共绿地,其用地属于全市性公共绿地的一部分。其面积按该区居民的人数而定,功能区划不宜过多,应强化特色,园内应有较为丰富的内容和设施;一般在城市各区分别设置 1～2 处,其服务半径为 1～1.5 km,步行 15～25 min 可到达,如北京丽都公园、北京昌平公园、北京双秀公园、丰台公园等。

二、公园规划设计的依据和原则

(一)公园规划设计的依据

公园的规划设计以国家、省、市(区)有关城市园林绿化方针政策、国土规划、区域规划、相应的城市规划和绿地系统作为依据。其中有政府出台的一系列政策、规划统称为政策规划。

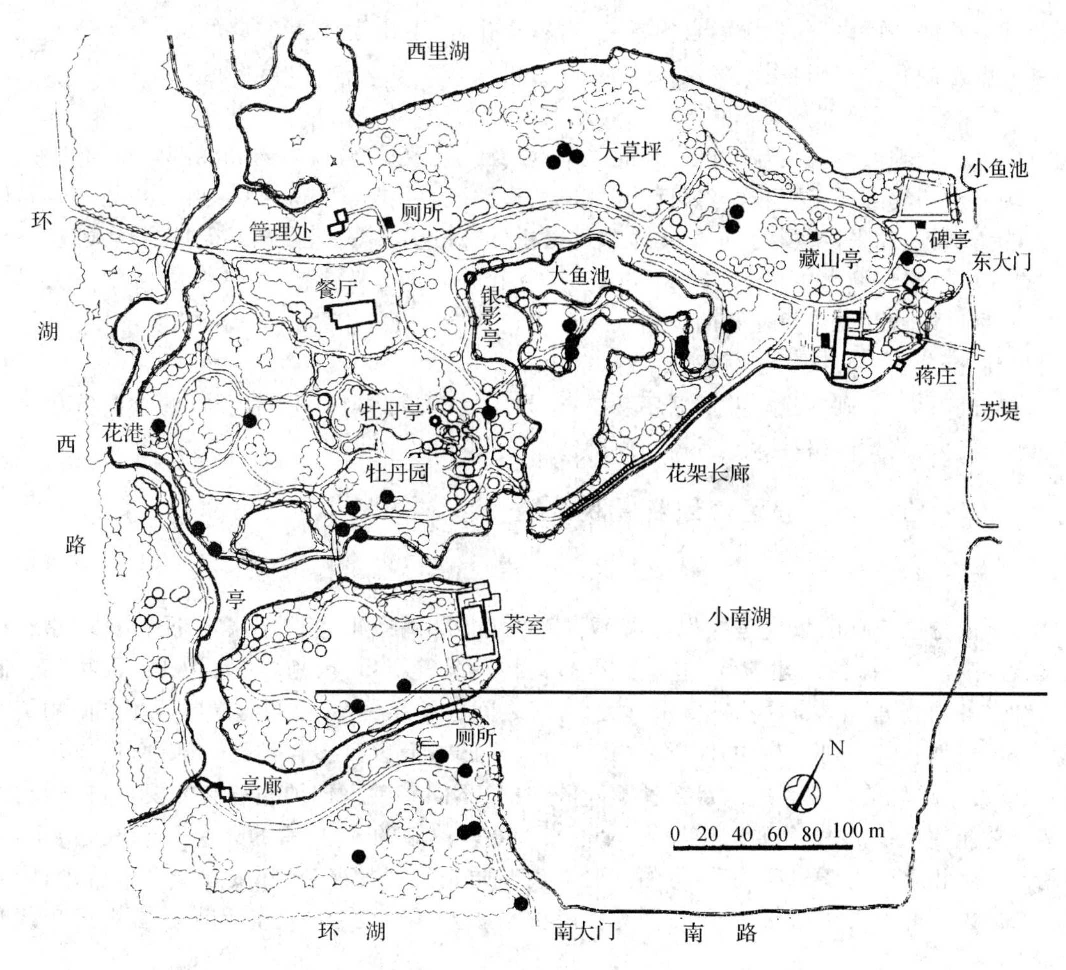

图 4-1 花港观鱼公园总平面图

政策规划是城市公园规划中重要的一个层面，它是政府执行部门的战略管理工具，也是政府立法机构的具体指导原则。

通过政策规划，可以确立一个城市或一个社区内公园的各项标准，即公园体系的定量指标，如土地规模、大小、比率、服务半径和服务人口等，从而转化为对土地和水等风景资源的需求量。经由预算、市政法令以及各种公共机构与半公共机构的影响的共同作用，使这些政策与标准转化为一种对城市公园与游憩资源的主要征求、资金筹集、开发、运作和管理体系，进而指导城市公园的具体规划设计。

(二)公园规划设计的原则

在进行公园规划设计时，应依据下列几项原则：

(1)为各种不同年龄的人们创造适当的娱乐条件和良好休息环境，设置人们喜爱的各种活动内容。

(2)继承和革新我国造园传统艺术，吸收外国先进经验，创造社会主义新园林。

(3)充分调查了解当地人民的生活习惯、爱好及地方特点，努力表现地方特点和时代风格。

(4)在城市总体规划或城市绿地系统规划指导下，使公园在全市分布均衡，并与各区域建筑、市政设施融为一体，既显出各自的特色、富有变化，又不相互重复。

(5)因地制宜，充分利用现状及自然地形，有机组合成统一体，总体设计要切合实际，便于分期建设和日常管理。

(6)正确处理近期规划与远期规划的关系，以及社会效益、环境效益和经济效益的关系。

(7)注意与周围环境配合，与邻近的建筑群、道路网、绿地等取得密切的联系，避免以高墙把公园完全封闭起来(可利用地形、水体、绿篱、栏杆、建筑等综合地隔离)，保护自然景观，绿地设施融化于自然环境之中。

(8)尽可能避免使用规则式的规划设计形式。

(9)保持公园中心区一定面积的草坪、草地。

(10)道路成流畅曲线形，并成循环系统，全园主要靠道路划分不同区域，植物配置尽可能以当地乡土树种为主，坚持适地适树的原则。

三、综合性公园的分区规划及景观结构

(一)功能分区

公园内分区规划的依据是根据公园所在地的自然条件，如地形、土壤状况、水体、原有植物、已经存在并要保留的建筑物或历史古迹、文物情况等，尽可能地“因地、因时、因物”而“制宜”，结合各功能分区本身的特殊要求，以及各区之间的相互关系、公园与周围环境之间的关系进行分区规划；还要根据公园的性质和内容，游人在园内有多种多样的游乐活动，所以对活动内容、项目与设施的设置就应满足各种不同的功能、不同年龄人们的爱好和需要，这些活动内容按其功能使用情况，有的要求宁静的环境，有的要求热闹的气氛，有的只专为部分人使用，而有的要求互相之间需要取得联系，有的需要隔离及防止干扰的影响，还要便于经营管理，因此要将活动内容分类分区布置，一般可分为安静游览区、文化娱乐区、儿童活动区、园务管理区和服务区(图 4-2)。

1. 安静游览区

是以观赏、游览和休息为主的空间，包含如下内容：亭、廊、轩、榭、阅览室、棋艺室、游船码头、名胜古迹、文物展览、建筑小品、雕塑、盆景、花卉、棚架、草坪、树木、山石岩洞、河湖溪瀑及观赏鱼鸟等小动物的庭馆等。因这里游人较多，并且要求游人的密度较小，故需要大片的风景绿地；安静游览区内每个游人所占的用地定额较大，一般为 100 m^2/人，因此在公园内占有较大面积的用地，常为公园的重要部分；安静活动的空间应与喧闹的活动空间隔开，以防止活动时受声响的干扰，又因这里无大量的集中人流，故离主要出入口可以远些；用地应选择在原有树木最多、地形变化最复杂、景色最优美的地方，譬如丘陵起伏的山地、河湖溪瀑等水体、大片花草森林的地区，以形成峰回路转、波光云影、树木葱茏、鸟语花香等动人的景色；安静游览区可灵活布局，允许与其他区有所穿插；若面积较大时，亦可能分为数块，但各块之间可有联系；用地形状不拘，可有不同的布置手法，空间要多变化；根据内容的不同，结合地形灵活地处理空间。

2. 文化娱乐区

文化娱乐区是为游人提供活动的场地和各种娱乐项目的场所，是游人相对集中的空间，包含如下内容：俱乐部、游戏场、表演场地、露天剧场或舞池、溜冰场、旱冰场、水上娱乐项目、展览室、画廊、动物园地、植物园地、科普活动区等；园内一些主要建筑往往设在这里，因此文化娱乐

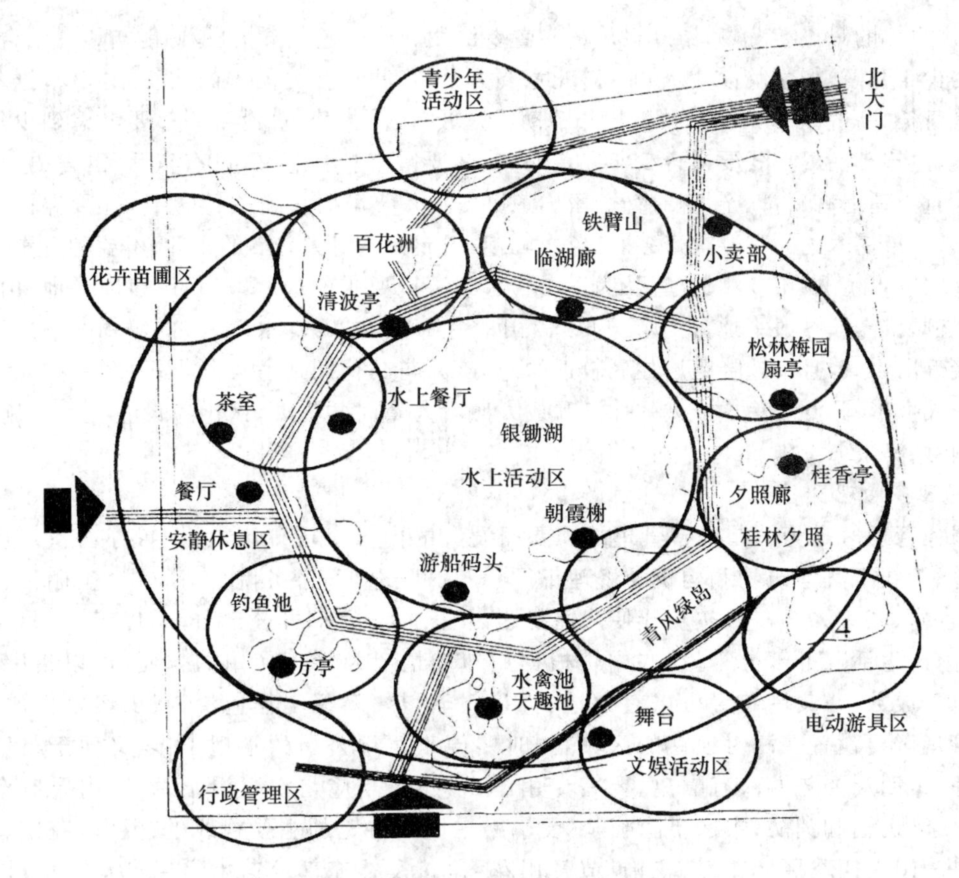

图 4-2 长风公园分区与组景示意图

区常位于公园的中部，成为公园布局的重点；布置时也要注意避免区内各项活动之间的相互干扰，要使有干扰的活动项目相互之间保持一定的距离，并利用树木、建筑、地形等加以分隔；由于上述一些活动项目的人流量较大，而且集散的时间集中，所以要妥善组织交通，需要接近公园出入口或与出入口有方便的交通联系，以避免不必要的拥挤，用地定额一般为 30 m²/人；规划这类用地要考虑设置足够的道路广场和生活服务设施；因全园的主要建筑往往设在该区，故要有适当比例的平地和缓坡，以保证建筑和场地的布置，适当的坡地且环境较好，可用来设置开阔的场地；较大的水面，可设置水上娱乐项目；建筑用地的地形地质要有利于基础工程的建设，节省填挖土方量和建设投资；园林建筑的设置需要考虑到全园的艺术构图和建筑与风景的关系，要增加园景，不应破坏景观。

3. 儿童活动区

儿童活动区规模按公园用地面积的大小、公园的位置、周围居住区分布情况、少年儿童的游人量、公园用地的地形条件与现状条件来确定。

公园中的少年儿童常占游人量的 15%～30%，但这个百分比与公园在城市中的位置关系较大，在居住区附近的公园，少年儿童人数比重大，相反在离大片居住区较远的公园比重小。

在儿童活动区内可设置学龄前儿童及学龄儿童的游戏场、戏水池、少年宫或少年之家、障碍游戏区、儿童体育活动区（场）、竞技运动场、集会及夏令营区、少年阅览室、科技活动及园地等；用地定额应在 50 m²/人，并按用地面积的大小确定设置内容的多少；规模大的与儿童公园类似，规模小的只设游戏场；游戏设施的布置要活泼、自然、色彩鲜艳，最好能与风景结合，不同年龄的少年儿童，如学龄前儿童和学龄儿童要分开活动；现在公园中的儿童乐园，根据儿童的年龄或身长，一般以 1.25 m 为限，划分活动的区域；区内的建筑、设备等都要考虑到少年儿童的尺度，建筑小品的形式要适合少年儿童的兴趣，要富有教育意义，可有童话、寓言的色彩，使少年儿童心理上有新奇、亲切的感觉；区内道路的布置要简捷明确，容易辨认，主要路面要能通行童车；花草树木的品种要丰富多彩，色彩鲜艳，引起儿童对大自然的兴趣；不要种有毒、有刺、有恶臭的浆果植物；不要用铁丝网；为了布置各项不同要求的内容，规划用地内平地、山地、水面的比例要合适，一般平地占 40%～60%，山地占 15%～20%，水面占 30%～40%；本区规划时应接近出入口，且宜选择距居住区较近的地方，并与其他用地适当分隔；由于有些儿童游园时由成人携带，因此要考虑成人的休息和成人照看儿童时的需要；区内应设置卫生设施、小卖部、急救站等服务设施。

4. 园务管理区

园务管理区是为公园经营管理的需要而设置的内部专用分区，可设置办公室、值班室、广播室、管线工程建筑物和构筑物修理工厂、工具间、仓库、杂务院、车库、温室、棚架、苗圃、花圃、食堂、浴室、宿舍等；按功能使用情况区内可分为：管理办公部分、车库工厂部分、花圃苗木部分、生活服务部分等；这些内容根据用地的情况及管理使用的方便，可以集中布局，也可以分成数处；集中布置可以有效地利用水、电、热，降低工程造价，减少经常性的投资；园务管理区要设置在相对独立的区域，同时要便于执行公园的管理工作，又便于与城市联系的地方，四周要与游人有隔离，要有专用的出入口，不应与游人混杂；到区内要有车道相通，以便于运输和消防；本区要隐蔽，不要暴露在风景游览的主要视线上；温室、花圃、花棚、苗圃是为园内四季更换花坛、花饰、节日用花、盆花及补充部分苗木之用；为了对公园种植的花木抚育管理方便，面积较大的公园，在园务管理区外还可以分设一些分散的工具房、工作室，以便提高管理工作的效率。

5. 服务设施

服务设施类的项目内容在公园内的布置，受公园用地面积、规模大小、游人数量与游人分布情况的影响较大；在较大的公园里，可能设有 1～2 个服务中心点，按服务半径的要求再设几个服务点，并将休息和装饰用的建筑小品、指路牌、园椅、废物箱、厕所等分散布置在园内；服务中心点是为全园游人服务的，应按导游线的安排结合公园活动项目的分布，设在游人集中、停留时间较长、地点适中的地方；服务中心点的设施可有饮食、休息、整洁仪表、电话、问讯、摄影、寄存、租借和购买物品等项；服务点是为园内局部地区的游人服务的，应按服务半径的要求，在游人较多的地方设置；可有饮食、小卖部、休息、公用电话等项，并且还需根据各区活动项目的需要设置服务设施，如钓鱼活动的地方需要设置租借渔具、购买鱼饵的服务设施。

根据服务方便的原则，规划时也可采取中心服务区与服务小区的方式。既可在公园主要景区设置设施齐全的服务区，也可专门规划中心服务区，同时在每一个独立的功能区中心以服务小区或服务点的方式为游人提供相对完善的服务。

(二)景观结构

景观结构分析也称为景观布局，公园景观可分为自然景观与人造景观。在规划时可将景观进行适当分类，划分成相应景区，便于游人有目的地选择游览内容；景色分区要使公园的风景与功能要求相配合，增强功能要求的效果；但景色分区不一定与功能分区的用地范围完全一致,有时也需要交错布置,形成同一功能区中有不同的景色,使观赏园景能有变化、有节奏、生动多趣,以不同的景色给游人以不同情趣的艺术感受。如上海虹口公园鲁迅墓,以浓郁的树木围构幽静的空间,以规则布置的道路场地、平台和雕像形成平易近人而又庄严肃穆的景区,增强纪念敬仰的效果。在这以外的娱乐区,又是一种轻松的气氛,不同景区的感受丰富了游人的观赏内容。

公园功能区的划分,除功能明确的区域外,还应规划出一些过渡区域,这些区域的规划起到承上启下的作用,同时又使公园的空间活跃,产生节奏和韵律。

公园中常见的景色分区:

1. 按景区视觉和心理感受划分的景区

(1)开朗的景区　开阔的视野,宽广的水面,大片的草坪,都往往能形成开朗的景观。如上海中山公园的大草坪,长风公园的银锄湖,北京紫竹院公园的大湖,大片开阔的地段,都是游人集中活动的景区。

(2)雄伟的景区　利用挺拔的植物、陡峭的山形、耸立的建筑等形成雄伟庄严的气氛。如南京中山陵大石阶和广州起义烈士陵园的主干道两旁植常绿大树,使人们的视线集中向上,利用仰视景观,使游人在观赏时,达到巍峨壮丽令人肃然起敬的目的。

(3)安静的景区　利用四周封闭而中间空旷的环境,造成宁静的休息条件,如林间隙地、山林空谷等。在有一定规模的公园里常常设置,使游人能安宁地休息观赏。

(4)幽深的景区　利用地形的变化、植物的蔽隐、道路的曲折、山石建筑的障隔和联系,造成曲折多变的空间,达到幽雅深邃的境界。如北京颐和园的后湖,镇江焦山公园的后山,有峰回路转、曲径通幽的景象。

2. 按围合方式划分的景区

这种景区本身是公园的一个局部,但又有相对的独立性。如锡惠公园的寄畅园,颐和园的谐趣园,杭州西湖三潭印月。园中之园、岛中之岛、水中之水,借外景的联系而构景的山外山、楼外楼,都属此类景区。

3. 按季相特征划分的景区

上海龙华植物园的假山园,以樱花、桃花、紫荆等为春岛的春色;以石榴、牡丹、紫薇等为夏岛风光;以红枫、槭树供秋岛观红叶;以松柏为冬岛冬景。武汉青山公园的岛中岛,以春夏秋冬四岛联成,秋岛居中,冬岛为背景,衬托观赏面朝外的春岛与夏岛。这些都是利用植物的季相变化的特点,组织景区的风景特色。

4. 按不同的造园材料和地形为主体构成的景区

(1)假山园　以人工叠石,构成山林,如上海豫园的黄色大假山、苏州狮子林的湖石假山、广州的黄蜡石假山。

(2)岩石园　利用自然林立的或人工的山石或岩洞构成游览的风景。

(3)水景园　利用自然的或模仿自然的河、湖、溪、瀑,人工构筑的规则形的水池、运河、喷泉、瀑布等水体构成的风景。

(4)山水园　山石水体互相配合、组织而成的风景。

(5)沼泽园　以沼泽地形的特征,显示的自然风光。

(6)花草园　以多种草或花构成的百草园、百花园、药草园或突出某一种花卉的专类园,如牡丹园、芍药园、月季园、菊花园等。

(7)树木园　以浓荫大树组成的密林，具有森林的野趣，可作为障景、背景使用。以枝叶稀疏的树木构成的疏林，能透过树林看到后面的风景，增加风景的层次，丰富景色。以古树为主也可构成风景。

还可以在某一地段环境中突出某一景素而构成风景，如梅园、杜鹃园、牡丹园、月季园、紫竹院、雕塑园、盆景园等；或以虫、鱼、鸟、兽等动物为主要观赏对象也可以构成景区，如金鱼池、百鸟馆、鹿苑等。

另外，还有文物古迹、历史事迹的景区，如碑林、大雁塔、中山堂、大观园等。

每一个景区也可有一个特色主题。如杭州花港观鱼公园，面积 18 hm^2，共分为六个景区：牡丹园区、红鱼池区、大草坪区、鱼池古迹区、密林区、鲜花港区(图 4-3)。

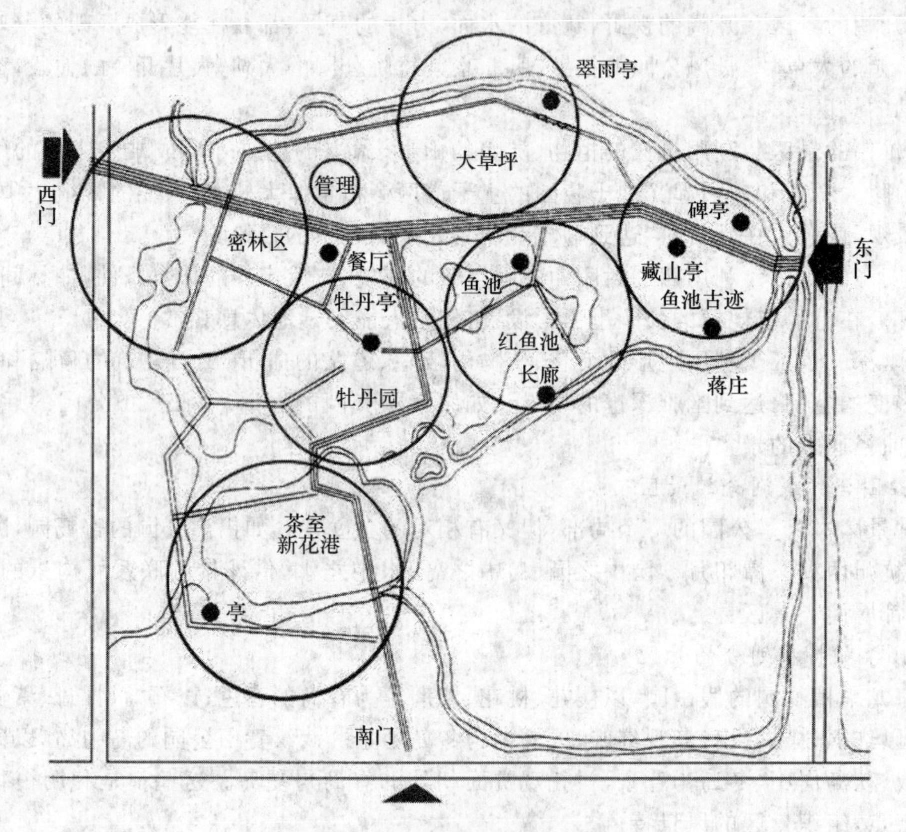

图 4-3　花港观鱼公园景区划分

(三)公园设施

配合活动内容，公园应配备以下活动服务设施(服务设施不应过于集中，应散布全园)，如餐厅、茶室、小卖部、公用电话、休息处、摄影室、租借处、问讯处、物品寄存处、导游图、指路牌、园椅、园灯、厕所、卫生箱等。

规划公园时，应根据公园面积、位置、城市总体规划要求以及周围环境情况综合考虑，可以设置上列各种内容或部分内容。如果只是以某一项内容为主，则成为专类公园。如以儿童活动内容为主，则为儿童公园；以展览动物为主，则为动物园；以展览植物为主，则为植物园；以纪念某一件事或人物为主，则为纪念性公园；以观赏文物古迹为主，则为文物公园；以观赏某类园景为主，既可成为岩石园、盆景园、花园、雕塑公园、水景园等。

四、综合性公园的容量确定

综合性公园是城市园林绿地系统的主要组成部分，根据综合性公园的性质和任务要求，故用地面积较大，一般不少于10 hm^2，它是根据城市规模、性质、用地条件、绿化状况、居民总数及公园在城市中的位置、数量、作用及内容安排等因素全面考虑而确定的。

公园游人容量的计算公式：$C=A/A_m$，式中：C为公园游人容量（人）；A为公园总面积（m^2）；A_m为公园游人人均占有面积容量（m^2/人）。

在游览旺季的假日和节日里，游人的容纳量为服务范围居民人数的15%～20%，每个游人在公园中的活动面积为10～50 m^2。在50万人口以上的城市中，市级综合公园至少应容纳全市居民中10%的人同时游园。

五、综合性公园位置的选择

应结合城市的河湖系统、道路系统及生活居住用地的规划综合考虑，它是由城市园林绿地系统规划中确定的。

在选址时应重点考虑以下几方面：

(1)合理控制服务半径方便生活居住用地内的居民使用，并与城市主要道路有密切的联系，有便利的公共交通工具供居民乘坐；

(2)利用不宜于工程建设及农业生产的复杂破碎的地形和起伏变化较大的坡地建园，充分利用地形，避免大动土方，既可节约城市用地和建园的投资，又有利于丰富园景；

(3)可选择在具有水面及河湖沿岸景色优美的地段建园，使城市园林绿地与河湖系统结合起来，充分发挥水面的作用，有利于改善城市的小气候，增加公园的景色，并可利用水面开展各项水上活动，丰富公园的活动内容，还有利于地面排水，沟通公园内外的水系；

(4)可选择在现有树木较多和有古树的地段建园，在森林、丛林、花圃等原有种植的基础上加以改造建设公园，投资少，见效快；

(5)可选择在有历史遗址和名胜古迹的地方建园，将现有的建筑、名胜古迹、革命遗址、纪念人物事迹和历史传说的地方，加以扩充和改建，补充活动内容和设施，不仅可以丰富公园的景观，还有利于保存民族遗产，起着爱国主义和民族传统教育的作用。

另外，公园用地应考虑将来有发展的余地，随着国民经济的发展和人民生活水平的不断提高，对综合性公园的要求会增加，故应保留适当发展的备用地。

【任务实施】

根据任务分析的结果和掌握了必需的基本理论知识，依据园林规划设计的程序以及公园绿地规划设计的特点，完成本设计任务的总体规划。

一、调查研究

(一)收集相关的设计资料作为依据

《中华人民共和国城市规划法》、《园林规范汇编》、《公园设计规范》(CJ 48—92)、《风景园林图例图示标准》(CJJ 67—95)、《园林基本术语标准》、《城市绿地分类标准》(CJJ/T 85—2002)、《城市用地分类与规划建设用地标准》(GBJ 137—90)及其他相关法规、条例、标准等。

(二)外业踏查,收集资料

结合建设单位提供的图样资料,设计单位组织人员由项目负责人牵头去基地勘察实情,完成现场勘察报告。

1. 自然条件调查

基地位于某市城区西南郊,该区四季分明,夏季高温多雨,冬季晴和少雨,无霜期长,雨量丰沛、雨热同期等特点。最高气温出现在 7 月份,最低气温出现在 1 月份,年较差 40℃左右,年均温 15.5℃左右;年均降水量 1 045.8 mm。一般 3 月底进入春季,5 月下旬进入夏季,10 月上旬开始进入秋季,11 月下旬转入冬季。

2. 人文资料调查

基地所在市北临长江,是三国时期兵家必争之地,具有悠久的历史,深厚的文化底蕴,各个历史时期都涌现出大量的乡贤名流,创造了历史的丰功伟绩。

3. 现状分析

通过调查研究,该基地所处的地区具有丰富的自然资源和人文资源;可充分利用现有的资源,将鱼塘进行修整优化,改造为水上景观区;借西北侧的山体为整个公园的绿色背景;该基地交通便利,可设计为适合于各种年龄和职业的城市居民游赏,兼顾文化教育、娱乐休憩、生态环保的综合性公园。

二、编制设计任务书

根据调查研究的结果,结合建设单位提出的设计要求,依据国家和地方相关的法律法规和设计规范,坚持生态设计,以人为本,因地制宜的原则;充分利用现有的自然条件基础,充分挖掘地方人文特色,塑造历史与现代交辉的生态景观。

三、总体规划

任务书经上级同意后,根据规划设计任务书的要求进行整体规划。

1. 总平面图设计(图 4-4)

2. 分区规划

根据总体设计的目标和原则,综合分析具体的各项因素,将该公园划分为儿童游乐区、安静活动区、文体活动区、观赏游览区、水上景观区、滨水景观区、娱乐区及配套服务区八大功能区(图 4-5)。

3. 景观布局

运用通透的景观视线走廊形成景观轴,中心主轴线设计中采用显中有隐的手法,摒弃中心视轴过于强调通透开敞的常规做法。符合体现东方园林的审美情趣,且便于组织不同的视点观赏,形成不同的景观画面,使中心主视轴显得丰富多变。关键点上运用对景点、观景点等加强景观效果,使之构成一个完整的体系,互为对景、借景(图 4-6)。

根据整体规划设计布局、功能分区等实际情况,以植物造景为主,结合该地区的地域文化,将该公园划分为芳渚花汀、暗香浮动、疏林竹径、四季花海、山林拥翠、绿荫叠翠、秋色浓情七大景区(图 4-7)。

(1)芳渚花汀　以水生沼生植物为主,根据植物对水深的不同要求,结合地形进行配置,形

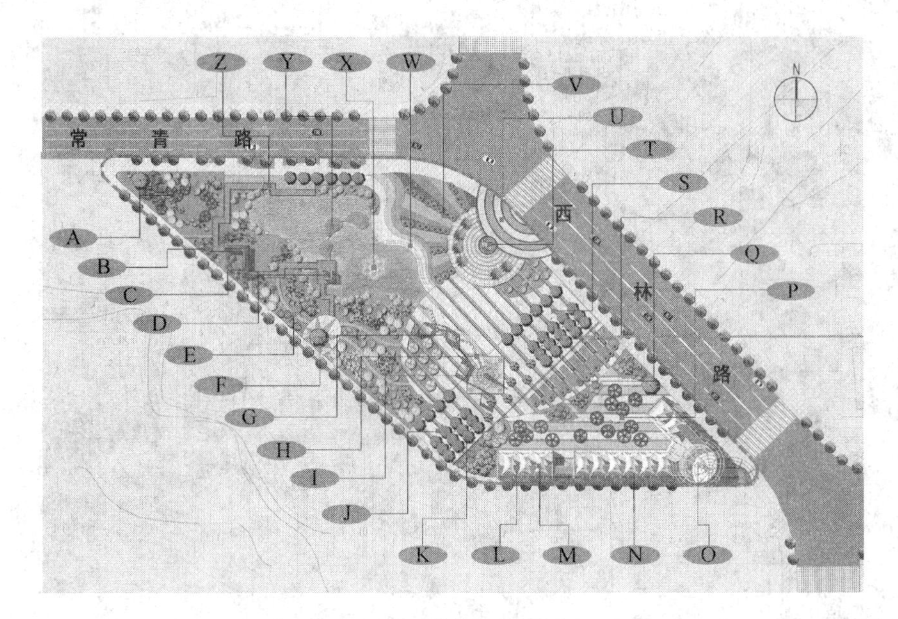

图 4-4　设计总平面图

A. 景墙假山　B. 竹林清响　C. 观云廊　D. 栖云台　E. 脚踏实地　F. 休息亭
G. 时光之门　H. 喷泉水系　I. 浮雕　J. 人物雕塑　K. 景观树阵　L. 公厕
M. 管理用房　N. 屋顶花园　O. 服务用房　P. 迷宫树阵　Q. 琴键绿地
R. 雕塑　S. 景观树阵　T. 雕塑涌泉　U. 主入口广场　V. 四季花海
W. 亲水平台　X. 睡莲喷泉　Y. 生态岛　Z. 亲水木栈道

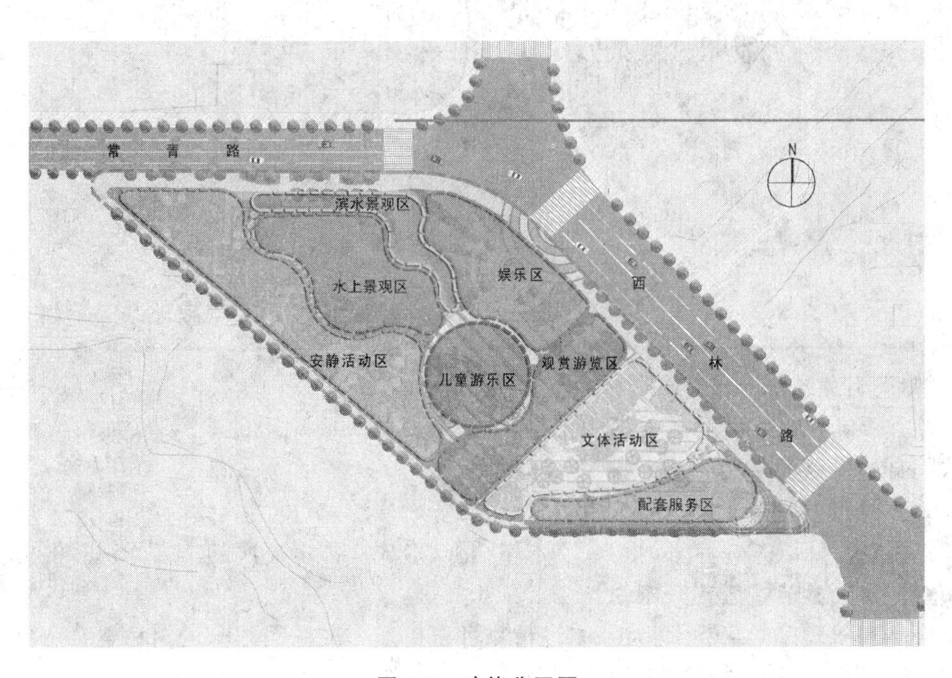

图 4-5　功能分区图

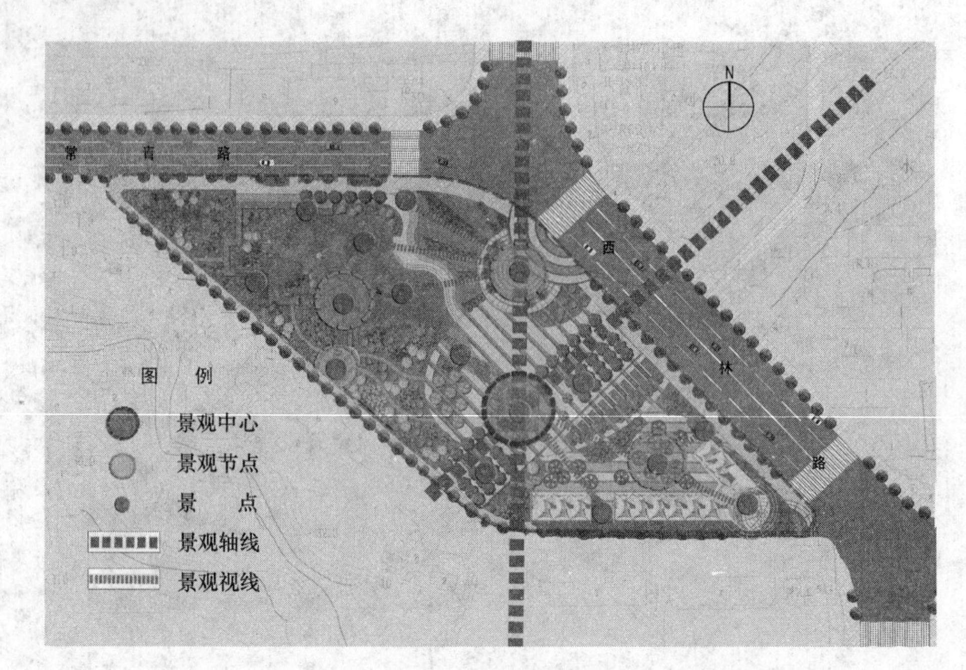

图 4-6 景观分析图

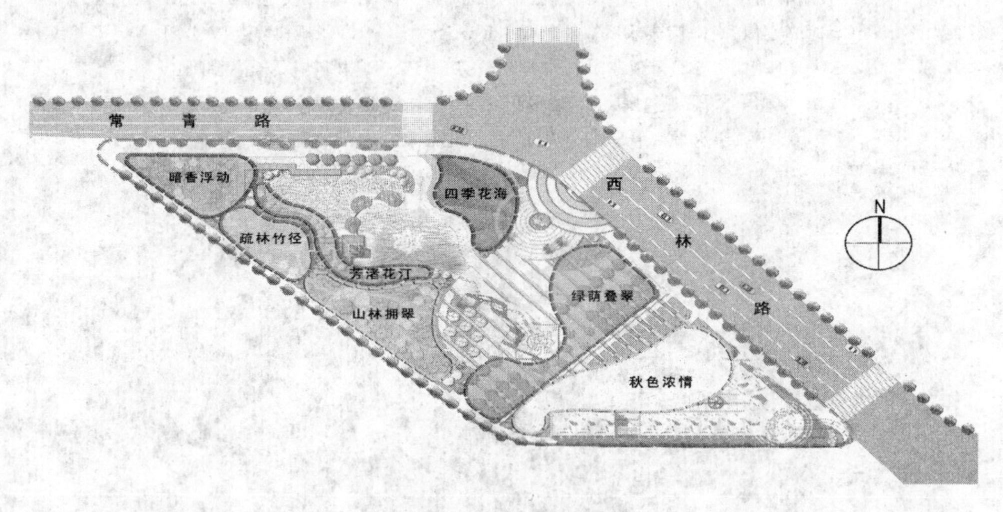

图 4-7 景区划分图

成充满趣味的自然景观。

(2)暗香浮动 以"梅"和花香植物为主,给游人视觉和嗅觉上的享受,增加游人游览的趣味,使人们身心得以放松。

(3)疏林竹径 以常绿植物和竹为主,竹间布置木质游廊,供游人休闲游览。

(4)四季花海 以开花乔木、灌木、草本相结合,形成立体多层次的丰富景观。根据植物的花期合理搭配植物,使景区花开四季。

(5)山林拥翠 以常绿乔木为主,多种植物进行搭配形成树荫浓密的树林空间,同时,形成高低错落的林冠线,成为广场和水景的背景。

(6)绿荫叠翠 以冠大荫浓的乔木为主,成矩阵式种植在广场上,减少广场的日照辐射,青翠欲滴，凉风习习，无暑清凉，并形成大面积的活动场所。

(7)秋色浓情　以秋色叶植物和花灌木为主，形成一个以色彩变化为主的景观区，给人以强烈的视觉冲击。

任务二　综合性公园的要素设计

【学习目标】

1. 掌握公园地形设计、植物种植设计要点；
2. 能对一般公园景观小品、道路、植物、地形等要素进行详细设计；
3. 能应用公园设计知识做出公园的规划设计方案。

【任务提出】

在前面综合性公园的总体规划的基础上，完成综合性公园的要素设计。

【任务分析】

综合性公园在完成总平面布局、功能分区和景观布局的规划设计之后，还应根据总体规划设计要求，对综合性公园的要素进行技术设计，完成每个局部的具体设计；包括地形设计、出入口设计、园路布局、水体设计、建筑设计、植物配置设计等。

【基础知识】

一、出入口的确定与设计

(一)出入口的确定

公园出入口的位置选择是公园规划设计中一项重要内容，它影响到游人是否能方便快捷地进出公园，影响到城市道路的交通组织与街景，还影响到公园内部的规划结构、分区和活动设施的布置。

公园可以有一个主要出入口，一个或若干个次要出入口及专用出入口。合理的公园出入口，将使城市居民便捷地抵达公园。主要出入口的确定，取决于公园和城市规划的关系、园内分区的要求以及地形的特点等，全面衡量、综合确定。一般情况下，主要出入口应考虑城市主要干道(但避免设在对外过境交通的干道上)、游人主要来源方向、有公共交通以及公园用地等情况，配合公园的规划设计要求，使出入口有足够的人流集散用地，同时与园内道路联系方便，符合导游路线的示意图。为了满足大量游人短时间内集散的功能要求，公园内的文娱设施如剧院、展览馆、体育运动等多分布在主要出入口附近，或在上述设施附设专用出入口，以达到方便使用的目的。次要出入口是辅助性的，为附近局部地区居民服务，设于人流来往的次要方向。为了完善服务，方便管理和生产，多选择较偏僻处，将公园管理处设置在专用出入口附近。为方便游人，一般在公园四周不同部位选定不同出入口。公园附近的小巷或胡同，可设立小门，以免周围居民绕大圈才得入园造成不便。

主要出入口和次要出入口的内外都需要设置游人集散广场，目的是缓解人流，疏导交通。园门外广场要大些，园门内广场可以小一些。附近没有停车场时，则出入口附近要设汽车停车场和自行车停车棚。现有公园出入口广场的大小差别较大，最小长宽不能小于 12 m×6 m，最大长宽不能大于 50 m×30 m，以(30～40)m×(10～20)m 的较多，但不是绝对的，广场大小取决于游人量，或因绿地艺术构图的需要而定。上海长风公园北大门广场为 70 m×25 m，南大门外广场为 50 m×40 m(公园总面积为 36.6 hm^2)；北京紫竹院公园南大门内、外广场各为 48 m×38 m；哈尔滨儿童公园广场为 70 m×40 m；公园单个出入口最小宽度 1.5 m；举行大型活动的公园，应另设安全门；游人出入口宽度应符合规定(表 4-1)。

表 4-1 公园游人出入口总宽度下限 m/万人

游人人均在园内停留时间/h	售票公园	不售票公园
>4	8.3	5.0
1～4	17.0	10.2
<1	25.0	15.0

注：单位“万人”指公园游人容量。

(二)出入口的设计

公园主要出入口的设计，首先应考虑它在城市景观中所起到的美化市容的作用。也就是说，主要出入口的设计，一方面要满足功能上游人进、出公园在此交汇、等候的需求，同时要求公园主要出入口美丽的外观，成为城市绿化的橱窗。

公园主要出入口设计内容包括公园内、外集散广场，园门，还有停车场、存车处、售票处、收票处、小卖部、休息廊，还可以有服务部，包括问讯处、公用电话亭、寄存处、租借处(照相机、旅行工具、雨具、生活用品等)、值班室、办公室、导游图、图片陈列栏、宣传画廊等。在出入口广场上可设置一些装饰性的花坛、水池、喷泉、雕塑、山石等园林小品(图 4-8)。出入口前广场应退后于街道建筑红线以内，形式多种多样，前、后广场的设计是总体规划设计中重要组成部分之一，布局形式多种多样。

(三)实例

云南玉溪市聂耳公园的入口设计，提高塑像平台的基地标高，以石墙衬于像后，突出塑像周围空间的导向和向心作用；设计了涌泉、叠泉和作为公园入口标志的拱门组，以水声比乐声，使小品形成节奏韵律；公园入口不作框式“门”，而设计成与天空贯通的拱门组，使这一标志成为城市道路的对景和纪念区的前导(图 4-9)。

二、公园的地形设计

以公园绿地需要为前提，充分利用原有地形地貌、景观，创造出自然和谐的景观骨架；结合公园外围城市道路规划标高及部分公园分区内容和景点建设要求进行，以最少的土方量丰富园林地形。基本的手法，即《园冶》中所讲的“高方欲就亭台，低凹可开池沼”。公园地形处理还应与全园的植物种植规划紧密结合。公园中的块状绿地、密林和草坪应在地形设计中结合山地、缓坡创造地形；水面应考虑水生植物、湿生、沼生植物等不同的生物学特性创造地形。

如广州越秀公园，它与白云山连成广州城北的屏障。它由主峰越井冈及周围的桂花冈、木壳岗、鲤鱼岗等 7 个山冈和北秀、南秀、东秀 3 个人工湖组成。面积共 86 万 m^2。园内山水相依，水域面积达 5 万余 m^2，北秀、东秀、南秀三个人工湖景色优美。东秀湖、南秀湖环境优雅，是绘画写生的好地方；北秀湖绿荫低垂，是划船、钓鱼的好去处。同时高低起伏的地形也为园

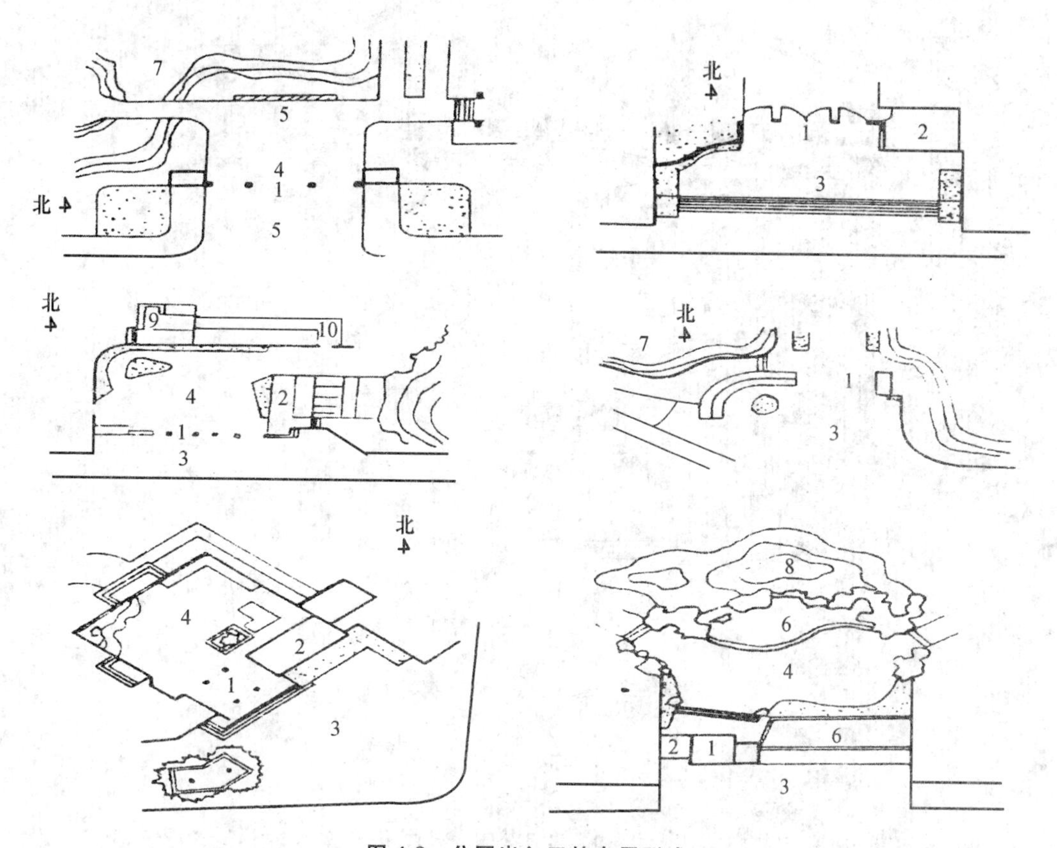

图 4-8 公园出入口的布局形式

1. 大门 2. 票房 3. 前场 4. 内院 5. 照壁 6. 水池 7. 湖 8. 山丘 9. 亭 10. 廊架

林植物营造了良好的生长环境;合理安排活动的内容和设施,利用山谷低地修建游泳池、体育场、青少年游乐场,利用坡地修筑看台,开挖人工湖,在岗顶修建了五羊雕像等(图 4-10)。

三、公园的园路设计

园路布局要从园林的使用功能出发,根据地形、地貌、风景点的分布和园务管理活动的需要综合考虑,统一规划。园路需因地制宜、主次分明、有明确的方向性。

(一)园路的类型

根据公园的规模和功能,一般将园路分为主干道、次干道、专用道和游步道。

(1)主干道 连接公园各功能分区、主要活动建筑设施、风景点,要求方便游人集散。通常路面宽度 4～6 m,无台阶等,可供机动车通行。

(2)次干道 是公园各区内的主道,引导游人到各景点、专类园,自成体系,组织景观;对主路起辅助作用,考虑到游人的不同需要,在园路布局中,还应为游人由一个景区到另一个景区开辟捷径;一般路宽 2～4 m,可供游览自行车通行。

(3)专用道 多为园务管理使用,在园内与游览路分开,应减少交叉,以免干扰游览;根据具体情况,有的公园可以不设此路。

(4)游步道 为游人散步使用,深入到山间、水际、林中、花丛等的道路。一般宽度 0.9～2 m。

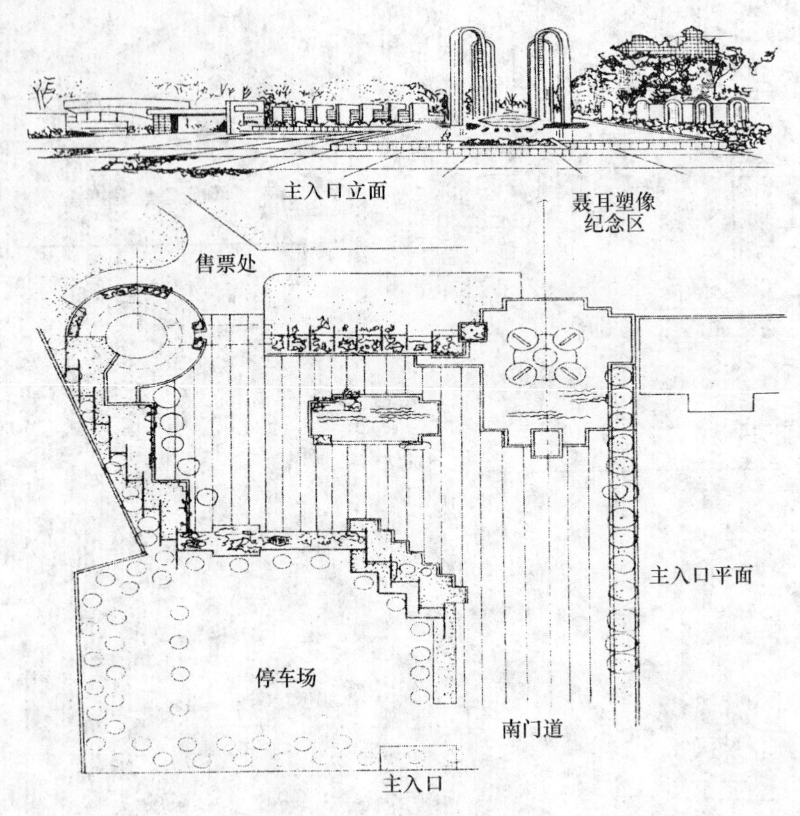

图 4-9 聂耳公园主入口

(二)园路的布置

园路的布置应考虑:

(1)园路的回还性　园林中的路多为四通八达的环形路,游人从任何一点出发都能游遍全园,不走回头路。

(2)疏密适度　园路的疏密度同园林的规模、性质有关,在公园内道路大体占总面积的10%～12%,在动物园、植物园或小游园内,道路网的密度可以稍大,但不宜超过25%。

(3)因景筑路　将园路与景的布置结合起来,从而达到因景筑路、因路得景的效果。

(4)曲折性　园路随地形和景物而曲折起伏,若隐若现,以丰富景观,延长游览路线,增加层次景深,活跃空间气氛。

(5)多样性和装饰性　园林中路的形式是多种多样的,而且应该具有较强的装饰性。在人流聚集的地方或庭院中,园路局部加宽可转化为广场;在林间或草坪中,园路可转化为步石或休息岛;遇到建筑,园路可以转化为"廊";遇山地,园路可以转化为盘山道、蹬道、石阶、岩洞;遇水,园路可以转化为桥、堤、汀步等。

四、公园的建筑设计

公园中建筑形式要与其性质、功能相协调,全园的建筑风格应保持统一。公园的建筑功能是开展文化娱乐活动、创造景观、防风避雨,甚至形成公园的中心、重心。管理和附属服务建筑设施在体量上应尽量小,位置要隐蔽,保证环境卫生,利于创造景观。

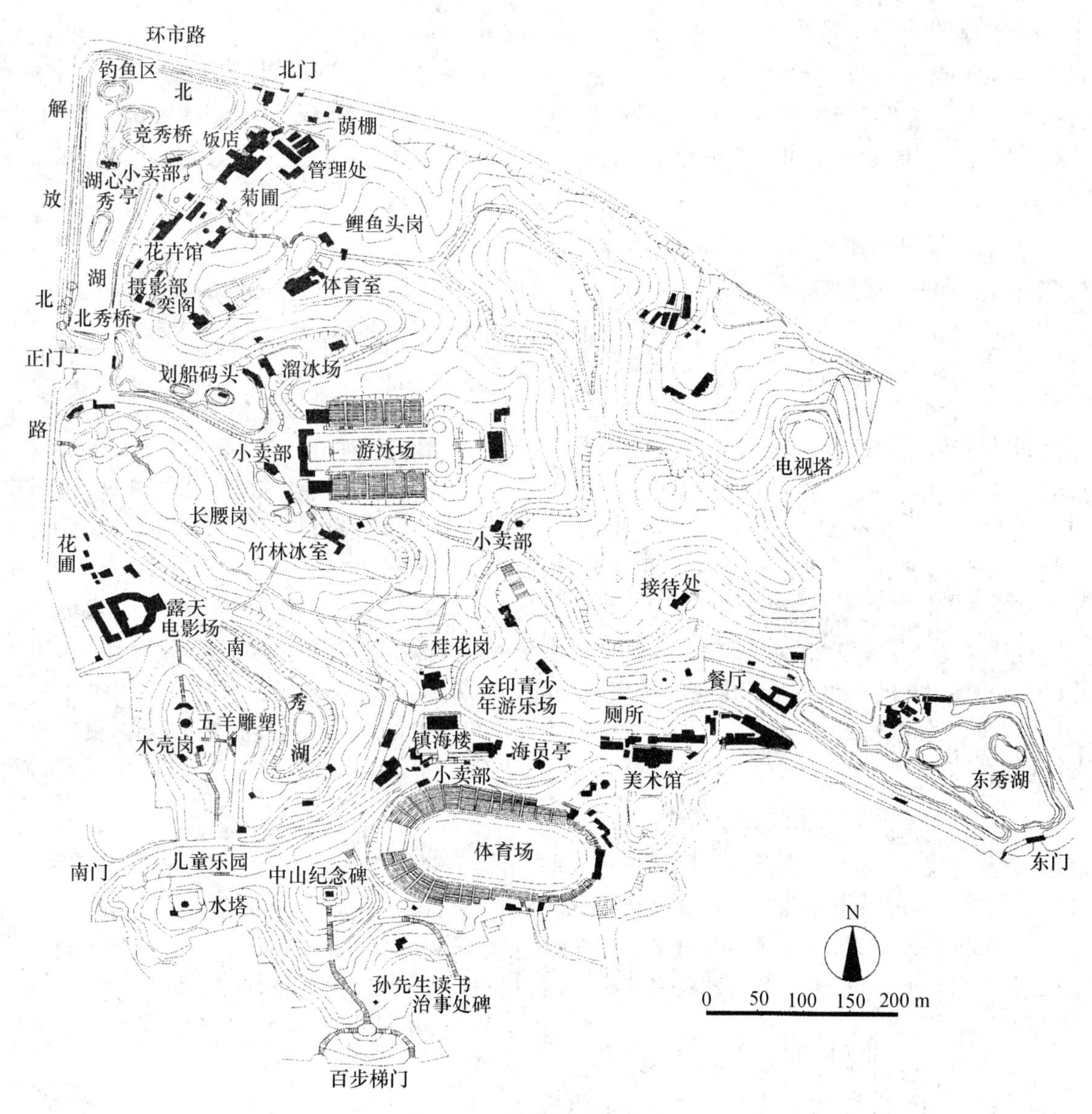

图 4-10　越秀公园总平面图

建筑布局要相对集中，组成群体，一房多用，有利管理。要有聚有散，形成中心，相互呼应。建筑本身要讲究造型艺术，要有统一风格，但不要千篇一律，个体之间要有一定的变化对比。

公园建筑要与自然景色高度统一，“高方欲就亭台，低凹可开池沼”。以植物陪衬的色、香、味、意来衬托建筑。要色彩明快，起到画龙点睛的作用，具有审美价值。另外，公园中的管理建筑，如变电室、泵房等既要隐蔽，又要有明显的标志，以防发生危险事故。公园的其他工程设施，也要满足游览、赏景、管理的需要。

五、公园的种植设计

公园的绿化种植设计，是公园总体规划的组成部分，它指导局部种植设计，协调各期工程，使育苗和种植施工有计划地进行，创造最佳植物景观。

(一)公园绿化植物选择

植物种类的选择,应符合下列规定:栽植适应立地条件的适生种类;林下植物应具有耐阴性,其根系发展不得影响乔木根系的生长;垂直绿化的攀缘植物依照墙体附着情况确定;具有相应抗性的种类;适应栽植地养护管理条件;改善栽植地条件后可以正常生长的、具有特殊意义的种类;公园绿化一般主要以当地乡土树种为主,适地适树。

(二)公园绿化种植布局

根据当地自然地理条件、园外的环境特征、园内的立地条件、城市特点,结合景观构想,当地居民的游赏习惯等,进行乔、灌、草本合理布局,创造优美的景观。既要做到充分绿化、防风沙、隔噪、遮阴的作用,又要满足游人日光浴等的需要。

首先,确定全园的基调树种,一般选用2～3种树,形成统一基调,要在统一中求变化,注意运用植物的花色、叶色,形成不同的景观效果;还要注意季相的变化;一般华北地区,常绿树30%～50%,落叶树50%～70%;长江流域地区,常绿树、落叶树木各占50%;华南地区,常绿树70%～90%,落叶树30%～10%;在树木搭配方面,混交林可占70%左右,单纯林可占30%左右;另外,在出入口、建筑四周、儿童活动区、园中园的绿化应善于变化。

其次,在娱乐区、儿童活动区,为创造热烈的气氛,可选用红、橙、黄等暖色调花木;在休息区或纪念区,为了保证自然、肃穆的气氛,可选用绿、紫、蓝等冷色调花木;公园近景环境可选用强烈对比色,以求醒目;远景的绿化可选用简洁的色彩,以求概括。

在公园游览休息区,要形成一年四季季相动态构图,以利游览观赏;春有繁花似锦,夏有绿树浓荫,秋有果实累累,冬有绿色丛林。

(三)公园设施环境及分区的绿化

在统一规划的基础上,根据不同的自然条件,结合不同的自然分区,将公园出入口、园路、广场、建筑小品等设施环境与绿色植物合理配置形成景点,才能充分发挥其功能作用。

公园主要出入口,大都面向城市主干道,绿化时要注意丰富街景,并与大门建筑相协调,同时还要突出公园特色;停车场的种植要使树木间距满足车位、通道、转弯、回车半径的要求;场内种植池宽度应大于1.5 m,并应设置保护设施;庇荫乔木枝下高应满足:大中型停车场大于4.0 m、小汽车停车场大于2.5 m、自行车停车场大于2.2 m。

园路两侧的植物种植:通行机动车辆的园路,车辆通行范围内不得有低于4.0 m高度的枝条;方便残疾人使用的园路不宜选用硬质叶片丛生的植物;路面范围内,乔、灌木枝下净空不得低于2.2 m;乔木种植点距路缘应大于0.5 m。

游人集中场所的植物选用应符合下列规定:在游人活动范围内宜选用大规格苗木;严禁选用危及游人生命安全的有毒植物;不宜选用在游人正常活动范围内枝叶有硬刺或枝叶呈尖硬剑、刺状以及有浆果或分泌物坠地的种类;不宜选用有挥发物或花粉能引起过敏反应的种类;集散场地种植设计的布置方式,应考虑交通安全和人流通行,场地内的树木枝下的净空高度应大于2.2 m;露天演出场观众席范围内不应布置阻碍视线的植物;观众席铺栽草坪应选用耐践踏的种类;成人活动场的种植宜选用高大乔木,枝下净空高度不低于2.2 m;夏季乔木庇荫面积宜大于活动范围的50%。

公园建筑小品附近,可设置花坛、花台、花境;展览室、游戏室内可设置庇荫花木,门前可种植浓荫大冠的落叶大乔木或布置花台等;沿墙可利用各种花境,成丛布置花灌木;所有树木花草的布置，要和小品建筑协调统一，与周围环境相呼应，四季色彩变化要丰富，给游人以愉快之感。

公园的绿化要与公园性质或功能分区相适应。

科普及文化娱乐区，地形要求平坦开阔，绿化以花坛、花境、草坪为主，便于游人集散，适当点缀几株常绿大乔木，不宜多种灌木，以免妨碍游人视线，影响交通；在室外铺装场地上应留出树穴，供栽种大乔木；各种参观游览的室内，可布置一些耐阴植物或盆栽花卉。

儿童活动区，可选用生长健壮、冠大荫浓的乔木来绿化，忌用有刺、有毒、有刺激性反应的植物；在其四周应栽植浓密的乔灌木与其他区域相隔离；如有不同年龄的少年儿童分区，也应用绿篱、栏杆相隔，以免相互干扰；活动场地中要适当疏植大乔木，供夏季遮阴；在出入口可设立塑像、花坛、山石或小喷泉等，配以体形优美、色彩鲜艳的灌木和花卉，以增加儿童的活动兴趣。

游览休息区，可以选用当地生长健壮的几个树种为骨干，突出周围环境季相变化的特色；在植物配置上根据地形的高低起伏和天际线的变化，采用自然式配置树木；在林间空地中可设置草坪、亭、廊、花架、座凳等，在路边或转弯处可设月季园、牡丹园等专类园。

公园管理区，要根据各项活动的功能不同而因地制宜地进行绿化，但要与全园景观相协调。

为了使公园与喧哗的城市环境隔开，保持园内安静，可在周围特别是靠近城市主要干道的一面布置不透式防护林；整个公园中可种植的土地，除种树木外，应尽可能地铺草坪和栽种地被植物，以免尘土飞扬，做到黄土不露天。

六、公园的供电规划

公园内供电系统宜采用分线路、分区域控制，电力线路及主园路的照明线路宜埋地铺设，公园内不宜设置架空线路，必须设置时，应避开主要景点和游人密集的活动区，不影响原有树木的生长，对计划新栽植的树木，应注意与架空线路之间的矛盾；供电规划应提出电源接入点、电压和功率的要求；公共场所的配电箱放置在隐蔽的场所，设置防护措施。

七、公园的给排水规划

根据公园内植物灌溉、喷泉水景、人畜饮用、卫生和消防等需要进行供水规划。若使用城市以外的水源作为人畜饮用和天然游泳场用水，水质必须清洁，符合国家相应的卫生标准，瀑布、喷泉的水一般循环利用，且防治渗漏；灌溉设施必须符合国家相应的技术规范。

公园的雨水可有组织地排入城市河湖体系，较为先进的是组织中水系统用于灌溉和清洗。公园排放的污水应接入城市污水系统，或自行做污水处理，不可直接排入河湖水体或渗入地下。

【任务实施】

在掌握必需的基本理论知识后，根据任务提出和分析的内容，结合实际情况有选择的完成部分内容的规划设计。

一、公园主入口的设计

根据该公园的性质，结合周边的交通情况、服务对象和总体规划思想及设计的要求，主入口采用内外结合广场式布局，外广场兼作停车场，大门前设置标志性塑山与花坛组合，起到点景和分隔人流的作用；内广场中心处设计主题雕塑与涌泉组合（见彩图 4-2），广场上采取树池式点缀孤赏树，树下及广场外围设置休憩设施，为游人集散、休息、赏景提供条件。综合分析，该设计方案功能布局合理，设计内容符合要求。

二、公园植物配置设计

公园中植物的合理搭配，既是其主要的景素，又可以衬托硬质景观，同时又可以调节温度和湿度；植物的季相变化，使园林具有丰富多彩的四维空间，正所谓“四时之景不同，而乐亦无穷也”。本设计方案在坚持满足植物生态需求、功能需求、美观、经济的原则下，注重其生态效益和社会效益的前提下，结合实际，规划设计了 7 处植物配置效果景观（图 4-7）。

（1）暗香浮动　栽种主要植物有桂花、月昌含笑、广玉兰、海棠、蜡梅、栀子花等。

（2）疏林竹径　栽种主要植物有青皮竹、孝顺竹、慈竹、香樟、合欢等。

（3）四季花海　栽种主要植物有白玉兰、紫薇、茶梅、月季、金森女贞、红叶石楠、美人蕉、红檵木、洒金柏、南天竹、酢浆草等。

（4）芳渚花汀　栽种主要植物有荷花、睡莲、芦苇、水菖蒲、伞草、鸢尾、池杉、柳树等。

（5）山林拥翠　栽种主要植物有香樟、广玉兰、女贞、杜英、石楠、深山含笑等。

（6）绿荫叠翠　栽种主要植物有乐昌含笑、桂花、广玉兰等。

（7）秋色浓情　栽种主要植物有榉树、枫香、银杏、紫薇、樱花等。

【知识链接】

典型案例——上海世纪公园

（一）概述

上海世纪公园位于上海市浦东新区陆家嘴，镶嵌于壮观的世纪大道终点，是上海内环线中心区域内最大的富有自然特征的生态型城市公园。占地面积 140.3 hm^2，距浦东国际机场 28 km，虹桥机场 24 km，总投资为 10 亿人民币。公园以大面积的草坪、森林、湖泊为主体，体现了东西方园林景观艺术和人与自然的相互沟通和融合，形成了既有时代感又有自然野趣的海派艺术风格，是我国近年来修建的具有代表性的大型公园之一（图 4-11）。

依据公园的功能和景观特色，整个公园共分为乡土田园区、观景平台区、湖滨区、疏林草坪区、鸟类保护区、国际花园区和小型高尔夫球场七个景区，以及镜天湖、音乐喷泉、春园、夏园、秋园、冬园、世纪花钟、绿色世界浮雕、宛溪戏水、卵石沙滩、银杏大道、缘池、蒙特利尔园、群龙追月（大喷泉）等大型园林景点。集种植、建筑、市政和水利工程为一体的大型城市公园，为了体现人与自然融合的设计思想，反映公园内阡陌纵横、丘陵起伏、乔木常绿、湖水清澈的景观艺术效果，公园内堆筑了 200 万 m^3 土山和上万吨石料的石山，人工挖掘了 27 万 m^2 水面，种植了 10 万株乔木、20 万株灌木和 40 万 m^2 草坪，修建了 10 km 道路。园内种植银杏、香樟、广玉兰、悬铃木、雪松等乔木。

（二）公园景点介绍

1. 镜天湖

位于一号门对面的公园中心位置。进入一号门，映入眼帘便是 12 个巨型的树影灯，在树影灯对面，便是一个占地面积 14 hm^2 的镜天湖。它由人工挖掘而成，是上海目前最大的人工

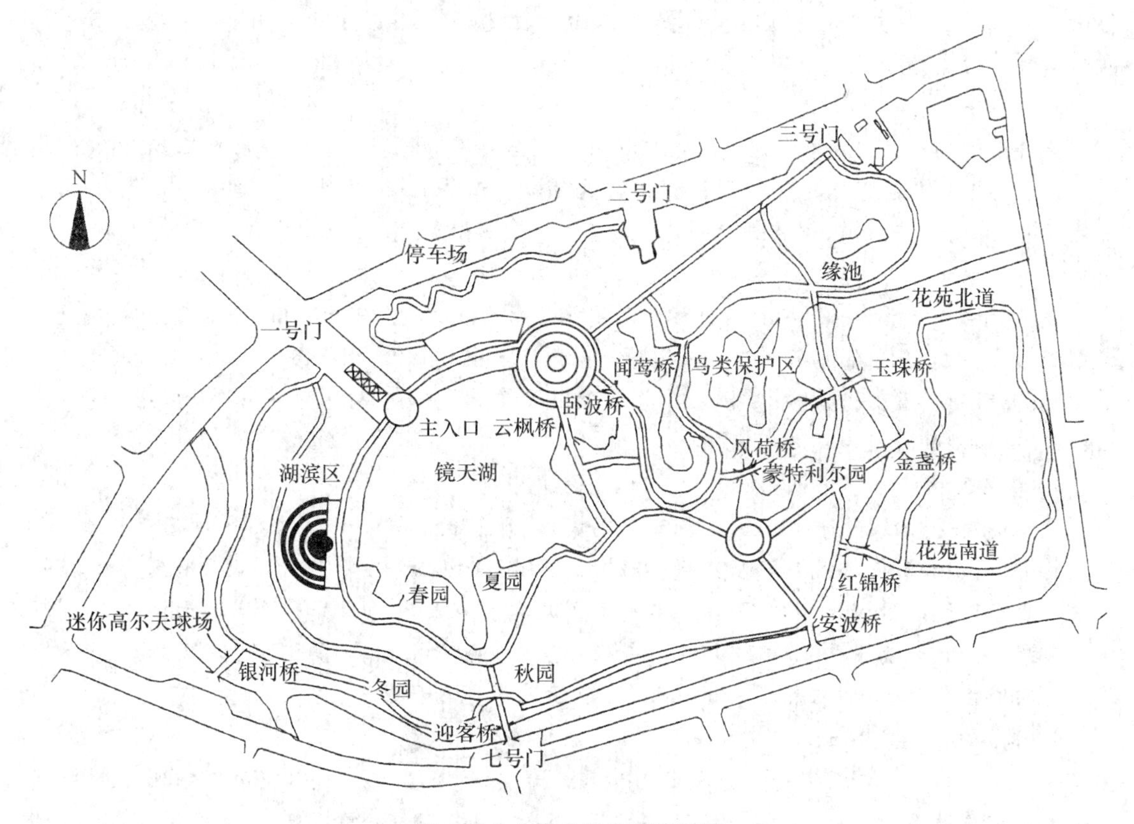

图 4-11 上海世纪公园平面图

湖泊，与公园外缘的张家浜相通，水最深处达 5 m，并且在湖的东面建有一水闸，来控制镜天湖水位的涨退。镜天湖水质达到国家三类水标准，湖中放养天鹅、自然栖息的野鸭以及 30 万尾鱼。晴天时水面静止如镜，映照天空云彩，故命名为镜天湖。

2. 世纪花钟

是世纪公园的标志性景点，“世纪”两字主要缘于两方面因素：第一，公园在 2000 年 4 月 18 日正式对外开放，具有跨世纪的意义；第二，它处于世纪大道末端，因而称为“世纪花钟”。世纪花钟背靠镜天湖，钟面向世纪大道倾斜，采用正圆花坛形状，直径达 12 m，以绿色的瓜子黄杨为刻度，红色的四季花卉作点缀，整个花钟的形式绚丽多彩、五彩纷扬。世纪花钟由卫星仪器控制定时，误差仅为 0.03 s，既具艺术性，又有实用性。

3. 音乐喷泉

位于观景平台区，属于旱喷泉，以声、光、动、形、韵的和谐及游人参与性强为特征，体现了乐起形变、音变水舞的无穷变化，具有超强的观赏性和多视角的艺术性。它的设计理念采用了几何图形排列，20 m×20 m 正方形旱喷泉分割成 4 m×4 m 的单元格。每个单元格由 8 个可调直流喷头以 1.33 m 等距排列，采用一泵一喷头，多媒体电脑变频控制。每个喷头下又设 3 只不同色彩的专用防水灯，208 个喷头和 600 只彩灯使光和水柔和一体，达到了完美的效果，体现了高、新、尖技术。

4. 缘池

位于世纪公园乡土田园区，湖泊面积 2 500 m^2。缘池是世纪公园建设初期，为检测水质挖掘而成的试验池,也是世纪公园最早挖掘而成的人工湖泊。缘池由涌泉、小溪、木质小码头、白沙滩和湖泊组成。

5. 音乐广场

倚坡而建的音乐广场位于世纪公园西侧,占地面积 800 m²,前区观众席可容纳 250 人,全开放条件下可接待游客 5 000 人次。观众席前设舞台及音乐罩、灯控、音控及一些辅助用房,是目前全国规模最大的人造露天剧场。

6. 观景平台

位于世纪公园北侧,紧临镜天湖的分层式观景平台,上下呈三层阶梯状,错落有致,观景平台中的条条小道淹没在郁郁葱葱的树丛中,道旁的花圃遍植四季花卉,采用仿西方风格的花坛,组成美丽的图案,气势恢弘。观景平台西侧还栽有具传奇色彩的扬州琼花,沿着观景平台上行,波光粼粼的镜天湖尽收眼底。

7. 绿色世界浮雕

位于观景平台区,全长 80 m,由花岗岩制成,浮雕总面积 178 m²,作品体现了亚洲太平洋地区的 29 种动物和 30 种植物,从左到右依次为热带、亚热带、温带、寒带,从陆地到海洋,形成物种与生态环境的协调性和合理过渡,符合科学规律。在茂密的森林和浩瀚的大海中,有中国熊猫、泰国大象、越南水牛、日本丹顶鹤、澳洲袋鼠、新西兰红嘴鸥、美洲鹰、俄罗斯熊、北极企鹅……它们生息繁衍,和自然界和谐相处,体现了人与自然和谐的主题。

8. 银杏大道

连接乡土田园区和观景平台区的银杏大道全长 614 m,宽 12 m,以花岗岩铺地,道路两旁种植了四排共计 250 棵高大、挺拔的银杏树(又名长寿树)。每到金秋时节便成为公园灿烂绚丽的一景,为公园平添了宁静祥和的气氛。

9. 宛溪戏水

位于南山疏林草坪区,溪流长度超过 500 m,溪流从南山顶端涌泉而出,顺坡而下,开合收放,蜿蜒曲折。流水时缓时急,卵石水涧中鱼虾隐约可见,两旁植被茂盛,色彩缤纷,景色秀美。

10. 群龙追月(大喷泉)

长 45 m,宽 14 m,由 327 个大小喷头和 300 多个灯组成,排列成 4 个大环和 1 个小环,喷泉中央为 4 根高水柱,其中"冲天柱"最高可达 80 m,其下由雾喷泉围绕,组成了大规模的群喷,可有 108 种变化。夜晚水下喷泉泛光灯启用,光柱照射在舞动的水柱上,水光交融,映着星空和浦东小陆家嘴,构成一幅最美丽生动的图画。

11. 高尔夫会所

位于小型高尔夫球场,居世纪公园西侧。该建筑占地面积 670 m²,由休息厅、咖啡屋、球出租屋、浴室等组成。小型高尔夫球场占地面积达 5 600 m²,设有 9 个球洞,可作为高尔夫以推杆为主,游戏和运动兼顾的小型球场,为游客提供一个文明、高雅的健身活动场所。

12. 儿童乐园

在二号门左侧设有儿童乐园,适合 2～5 岁儿童游玩。园内设施有跷跷板、儿童滑梯、人工索道、攀岩墙、玩具马车等,是儿童游玩、拍照的绝佳去处。

13. 蒙特利尔园

位于世纪公园鸟类保护区,占地面积 2 万 m²。全园由岛屿、湖泊、大展厅、多媒体影视厅、工艺品商店等组成,园内主要展示加拿大高科技多媒体技术,象征着蒙特利尔人民与上海人民所珍视的人、自然、技术与主题的和谐关系。

14. 卵石沙滩

位于镜天湖南侧，沿镜天湖岸曲折延伸，由礁石滩、卵石滩、乱石滩、沙滩共同构成，长度近500 m。采用直接模仿自然山水景观的方法建造，在园林景观中属创举，开现代公园造园艺术手法的先河。

15. 鸟岛

位于世纪公园南端，占地面积5.5 hm^2，整个岛屿四面环水，水体与镜天湖湖水相通。由于城市中心绿地的效应，鸟岛生态环境良好，岛上种满鸟儿爱吃的无花果、冬青果等植物，本地及过往的鸟儿将鸟岛视为乐园，来此安家落户。目前已吸引各种鸟类达几十种，鸟岛雀啾雁鸣，野趣横生，是一处环保意识教育的天然课堂。

纪念性公园设计要点

（一）纪念性公园的性质与任务

1. 纪念性公园的性质

纪念性公园是以当地的历史人物、革命活动发生地、革命伟人及有重大历史意义的事件而设置的公园。例如，南京雨花台烈士陵园，是为纪念在解放战争时期被国民党反动派屠杀的共产党人和革命人民而设置的；中国抗日战争雕塑园，是为纪念在抗日战争中为国牺牲的先烈而修建的；汶川大地震遗址公园，纪念“5·12”大地震，选择性保留一部分最具典型性的地震灾难实景，是生动的地震灾难标本。另外还有些纪念公园是以纪念馆、陵墓等形式建造的，如南京中山陵、鲁迅纪念馆、南京大屠杀纪念馆等。

2. 纪念性公园的任务

纪念性公园是颂扬具有纪念意义的著名历史事件和重大革命运动或纪念杰出的科学文化名人而建造的公园，其任务就是供后人瞻仰、怀念、学习等，另外，还可供游人游览、休息和观赏。

3. 纪念性公园的类型

(1)为纪念具有重大意义的历史事件的纪念性公园，如胜利、解放纪念日等而建造的公园。

(2)为纪念革命伟人而修建的公园，如故居、生活工作地、墓地等。

(3)为纪念为国牺牲的革命烈士而修建的公园，如纪念碑、纪念馆等。

（二）纪念性公园的规划原则

纪念性公园不同于一般的公园，在公园内容及布局的形式上均有其特点，因此，必须从公园的性质出发，综合考虑公园的任务，创造出既有纪念性特色，又有游览观赏价值的园林。

纪念性公园的布局形式应采用规则式布局，特别是在纪念区，在总体规划图中应有明显的轴线和干道。

地形处理，在纪念区应为规则式的平地或台地，主体建筑应安排在园内最高点处。

在建筑的布局上，以中轴对称的布局方式为原则，主体建筑应在中轴的终点或轴线上，在轴线两侧，可以适当布置一些配体建筑，主体建筑可以是纪念碑、纪念馆、墓地、雕塑等。

在纪念区，为方便群众的纪念活动，应在纪念主体建筑前方，安排有规则式广场，广场的中轴线应与主体建筑轴线在同一条直线上。

除纪念区外，还应有一般园林所应有的园林区，但要求两区之间必须以建筑、山体或树木分开,二者互不通视为好。

在树种规划上,纪念区以具有某些象征意义的树种为主,如松柏等,而在休息区则创造一种轻松的环境,在这点上应与纪念区有所差别。

(三)纪念性公园的功能分区与设施

纪念性公园在分区上不同于综合性公园,根据公园的主题及纪念的内容,一般可分为以下两个区。

1. 纪念区

该区一般位于大门的正前方,从公园大门进入园区后,直接进入视线的就是纪念区。在纪念区由于游人相对较多,因此应有一个集散广场,此广场与纪念物周围的广场可以用规划的树木、绿篱或其他建筑分隔开,如果纪念性主体建筑位于高台之上,则可不必设置隔离带。在纪念区,一般根据其纪念的内容不同而有不同的建筑和设施,如果为纪念碑,则纪念碑应为建筑中最高大的建筑,且位于纪念广场的几何中心,纪念碑的基座应高于广场平面,同时在纪念碑体周围有一定的空间作为纪念活动使用,例如摆放花圈、鲜花等使用。

纪念馆则应布置在广场的某一侧,馆前应留有足够场地作为人们集散使用,特别是每逢具有纪念意义的日期,群众活动会增多,因此设置此广场就更有意义。

对于纪念性墓地为主的纪念性公园,一般墓地本身不会过于高大,因此,为使墓地本身在构图中突出,应在墓地周围避免设置其他建筑物,同时,还应使墓地三面具有良好的通视性,而另一面应布置松柏等常绿树种,以象征革命烈士万古长青、永垂不朽的革命精神。

2. 园林区

园林区的主要作用是为游人创造一个良好的游览观赏内容。一般在纪念性公园内,游人除了进行纪念活动外,还要在纪念活动之后,在园内进行游览或开展娱乐活动,因此,设置此区可以调节人们紧张激动的情绪,此区的布局方法及园林设施与纪念区不同。

在布局上应以自然式布局为主(不管在种植上还是在地形处理上)。在地形处理上要因地制宜,自然布置,一些在综合性公园内的设施均可在此区设置,诸如一些花架、亭、廊等建筑小品,如果条件许可,还应设置一些水景,当然一些休息性的座椅等是必不可少的,总之,休息区要创造一种活泼、愉快的欢乐气氛,同时具有良好的观赏价值。

(四)绿化种植设计

纪念性公园的种植设计,应与公园的性质及内容相协调,但由于公园在功能分区上是由两个内容不同的区域组成的,因此,在植物选择上应有较大区别。

1. 公园的出入口(大门)

纪念性公园的大门一般位于城市主干道的一侧,因此,在地理位置上特别醒目,同时为提高纪念性公园的特殊性,一般在门口两侧用规则式的种植方式对植一些常绿树种。如果条件许可,在树种的造型上应做适当的修剪整形,这样可以与园内规则式布局相协调一致。一般在门外应设置一大型广场,作为停车及疏散游人之用。例如北京抗日战争雕塑园,在其东门处就设置了一个数千平方米的广场,每逢纪念日,这里车流人流不断,同时,还可以在广场上布置花坛和喷泉。相反,在宛平城内的抗日战争纪念馆,由于其地理条件控制,没有设置此广场所以造成停车困难。

另外,在大门入口内,可根据情况安排一个小型广场,其作用除了具有疏散游人作用之外,还可以与纪念区的广场取得呼应,广场周围以常绿乔木和灌木为主,创造一个庄严、肃穆的气氛。

2. 纪念区

纪念区包括碑、馆、雕塑及墓地等。在布局上，以规则的平台式建筑为主，纪念碑一般位于纪念性广场的几何中心，所以在绿化种植上应与纪念碑相协调，为使主体建筑具有高大雄伟之感，在种植设计上，纪念碑周围以草坪为主，可以适当种植一些具有规则形状的常绿树种，如桧柏、黄杨球等，而周围可以用松柏等常绿树种作背景，适当点缀一些红色花卉与绿色形成强烈对比，也可寓意先烈鲜血换来今天的幸福生活，激发人们的爱国精神。

纪念馆一般位于广场的某一侧，建筑本身应采用中轴对称的布局方法，周围其他建筑与主体建筑相协调，起陪衬作用，在纪念馆前，用常绿树按规则式种植，要求树形可适当增大，以达到与主体建筑相协调的目的。在常绿树前可种植大面积草坪，以达到突出主体建筑的作用，当然配置一些花灌木也是非常重要的。

3. 园林区

园林区在种植上应结合地形条件，按自然式布局，特别是一些树丛、灌木丛，是最常用的自然式种植方式。另外，植物在配置中，应注意色彩的搭配、季节变化及层次变化，在树种的选择上应注意与纪念区有所区别，应多选择观赏价值高、开花艳丽、树形树姿富于变化的树种。丰富的色彩可以创造欢乐的气氛，自然式种植的植物群落可以调节人们紧张低沉的心情，创造四季不同的景观，可以满足人们在不同季节的观赏游憩的需求。当然不同地区、不同气候条件应结合本地实际情况去选择树种，南方地区，季相变化不明显，而北方地区四季分明，因此在树种选择上应结合本地区乡土树种的特点合理安排。

(五)道路系统规划

纪念性公园的道路系统规划可分为两个部分：一部分为纪念区道路系统，另一部分为园林区道路系统。

1. 纪念区

纪念区在道路布置上，一般所占比例相对较小，因为纪念区常把宽大的广场作为道路的一部分，在此区，结合规则式的总体布局，道路也应该以直线形道路为主，特别是在出入口处，其主路轴线应与纪念区的中轴线在同一条直线上，在道路两侧应采用规则式种植方式，常以绿篱、常绿行道树为主，使游人的视线集中在纪念碑、雕塑上。道路宽度应该在 7～10 m，以达到通透的效果。

2. 园林区

因园林区的绿化为自然式种植，因此道路应为自然式布置，但关键是园林区与纪念区道路连接处的位置选择，应选择在纪念区的后方或在纪念区与出入口之间的某一位置，最好不要选择在纪念区的纪念广场边缘处，那样一是会破坏纪念区的布局风格，二是会影响纪念区庄严、肃穆的气氛。

第五章 居住区绿地规划设计

任务一 居住区绿地的认知

【学习目标】

1. 了解居住区用地的组成;

2. 能够熟练掌握居住区绿化设计的相关术语;

3. 掌握居住区的类型及其功能特点;

4. 掌握居住区建筑的布局形式及其绿化设计要求。

【任务提出】

认真分析彩图 5-1,它所示是某居住区的绿地设计平面图,判断它是属于哪一种建筑布局形成的居住区绿地;指出此居住区中不同绿地的组成;掌握不同类型绿地的特点及设计的注意事项。

【任务分析】

通过对彩图 5-1 的认真分析,我们可以知道:在建筑与道路的分割下,居住区中形成了位置不同、面积不等的多块绿地,其中在居住区中部的绿地面积最大,建筑间还有相对独立的分散绿地。下面,我们就来了解居住区建筑的布局和用地的组成,以及居住区绿地的组成和作用。

【基础知识】

一、居住区用地的组成

居住区用地按功能要求可由下列四类用地组成。

1. 居住区建筑用地

指由住宅的基底占有的土地和住宅前后左右留出的空地,包括通向住宅入口的小路、宅旁绿地、家务院落用地等。它一般要占整个居住区用地的 50%左右,是居住区用地中占有比例最大的用地。

2. 公共建筑和公共设施用地

指居住区中各类公共建筑和公用设施建筑基底占有的用地及周围的专业用地,如配电室、托幼机构建筑用地。

3. 道路及广场用地

指以城市道路红线为界，在居住区范围内不属于以上两项的道路、广场、停车场等。

4. 居住区绿化用地

包括居住区公共绿地、公共建筑及设施专用绿地、宅旁宅间绿地、组团绿地、道路绿地及防护绿地等。

二、居住区绿地的类型

居住区绿地按其功能、性质及大小可划分为公共绿地、专用绿地(公建附属绿地)、道路绿地、宅旁和庭园绿地等，它们共同构成居住区绿地系统。宅旁和庭园绿地、道路绿地与公共绿地组成了居住区“点、线、面”相结合的绿地系统。

(一)公共绿地

公共绿地指居住区内居民公共使用的绿地。这类绿地常与老人、青少年及儿童活动场地结合布置。公共绿地又根据居住区规划结构的形成、所处的自然环境条件，相应采用二级或三级布置，即居住区公园—居住小区中心游园，居住区公园—居住生活单元组团绿地，居住区公园—居住小区中心游园—居住生活单元组团绿地。

1. 居住区公园

居住区公园为全居住区居民就近使用，面积较大，相当于城市小型公园，绿地内的设施比较丰富，有体育活动场地、各年龄组休息、活动设施、阅览室、小仓买、棋牌室等，常与居住区中心结合布置，以方便居民使用。步行到居住区公园约 10 min 的路程，服务半径以 800～1 000 m 为宜(见彩图 5-2)。

2. 居住小区中心游园

居住小区中心游园主要供居住小区居民就近使用，设置一定的文化体育设施、游憩场地及老人、青少年活动场地。居住小区中心游园设置要适中，与居住小区中心结合布置，服务半径一般以 400～500 m 为宜(见彩图 5-3)。

3. 居住生活单元组团绿地

居住生活单元组团绿地是最接近居民的公共绿地，以住宅组团内居民为服务对象，特别要设置老年人和儿童休息活动场地，往往结合住宅组团布置，面积在 1 000 m^2 左右，离住宅入口步行距离在 100 m 左右为宜(图 5-1)。

在居住区内除上述三种公共绿地外，结合居住区中心以及河道、人流比较集中的地段设置游园、街头花园。

(二)专用绿地(公建附属绿地)

专用绿地(公建附属绿地)指居住区内各类公共建筑和公用设施的环境绿地，如会所、影剧院、游泳馆、医院、中小学、幼儿园等用地的绿化，其绿化布置要满足公共建筑和公用设施的功能要求，并考虑与周围环境的关系。

(三)道路绿地

道路绿地指道路两侧或单侧的道路绿化用地，根据道路分级、地形、交通情况等的不同进行布置(图 5-2)。

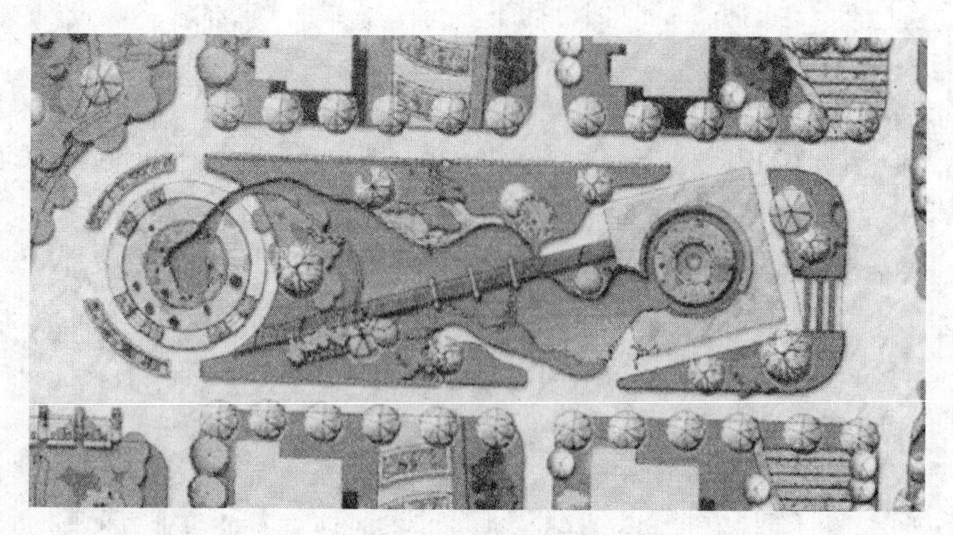

图 5-1 组团绿地示意图

(四)宅旁和庭园绿地

宅旁和庭园绿地指居住建筑四周的绿化用地，是最接近居民的绿地，以满足居民日常的休息、观赏、家庭活动和杂务等需要。是住宅空间的转折与过渡，也是住宅内外结合的纽带(图5-3)。

图 5-2 道路绿地

图 5-3 宅旁绿地

三、居住区绿地的定额指标

居住区绿地的指标也是城市绿化指标的一部分，它间接地反映了城市绿化水平。随着社会的进步和人们生活水平的提高，绿化事业日益受到重视，居住区绿化指标已经成为人们衡量居住区环境质量的重要依据。

我国《城市居住区规划设计规范》(GB 50180—93)中明确指出：新区建设绿地率不应低于30%，旧区改造不宜低于25%。居住区内公共绿地的总指标应根据居住区人口规模分别达到：组团不少于0.5 m^2/人，小区(含组团)不少于1 m^2/人，居住区(含小区组团)不少于1.5 m^2/人。并根据居住区规划组织结构类型统一安排使用。另外《规范》中还对各级中心绿地设置做了如下规定：居住区公园最小规模为10 000 m^2，小游园为4 000 m^2，组团绿地为400 m^2。

目前我国衡量居住区绿地的几个主要指标是人均公共绿地指标(m^2/人)、人均非公共绿地指标(m^2/人)、绿地覆盖率(%)(表 5-1)。

表 5-1 居住区绿地指标

指标类型	内容	计算公式
人均公共绿地指标	包括公园、小游园、组团绿地、广场花坛等,按居住区内每人所占的面积计算	居住区人均公共绿地面积(m^2/人)=居住区公共绿地面积(m^2)/居住区总人口(人)
人均非公共绿地指标	包括宅旁绿地、公共建筑所属绿地、河边绿地以及设在居住区内的苗圃、果园等非日常生活使用的绿地,按每人所占的面积计算	每人非公共绿地面积(m^2/人)=(居住区各种绿地总面积(m^2)－公共绿地面积(m^2))/居住区总人口(人)
绿地覆盖率	指居住区用地上栽植的全部乔、灌木的垂直投影面积及花卉、草坪等地被植物的覆盖面积,以占居住区总面积的百分比表示,覆盖面积只计算一层,不重复计算	绿地覆盖率=全部乔、灌木的垂直投影面积及地被植物的覆盖面积(m^2)/总用地面积(m^2)×100%

在发达国家,居住区绿地指标通常比较高,一般人均 3 m^2 以上,公园绿地率在 30%左右。日本提出每个市民人均城市公园绿地指标为 10.5 m^2,其中居住区公园绿地人均为 4 m^2。

四、居住区建筑的布置形式

居住区建筑的布置形式与地理位置、地形、地貌、日照、通风及周围的环境等条件都有着密切的联系,建筑的布置也多是因地制宜地进行布设,使居住区的总体面貌呈现出多种风格。一般来说,主要有下列几种基本形式:

1. 行列式布置

它是根据一定的朝向、合理的间距,成行列地布置建筑,是居住区建筑布置最常用的一种形式。它的最大优点是使绝大多数居室获得最好的日照和通风,但是由于过于强调南北布置,整个布局显得单调呆板,所以也常用错落、拼接成组、条点结合、高低错落等方式,在统一中求得变化而使其不致过于单调(图 5-4)。

图 5-4 行列式布置的居住区

2. 周边式布置

这种布置是建筑沿着道路或院落周边布置的形式，有利于节约用地，提高居住建筑面积密度，形成完整的院落，也有利于公共绿地的布置，且可形成良好的街道景观。但是这种布置使较多的居室朝向差或通风不良（图 5-5）。

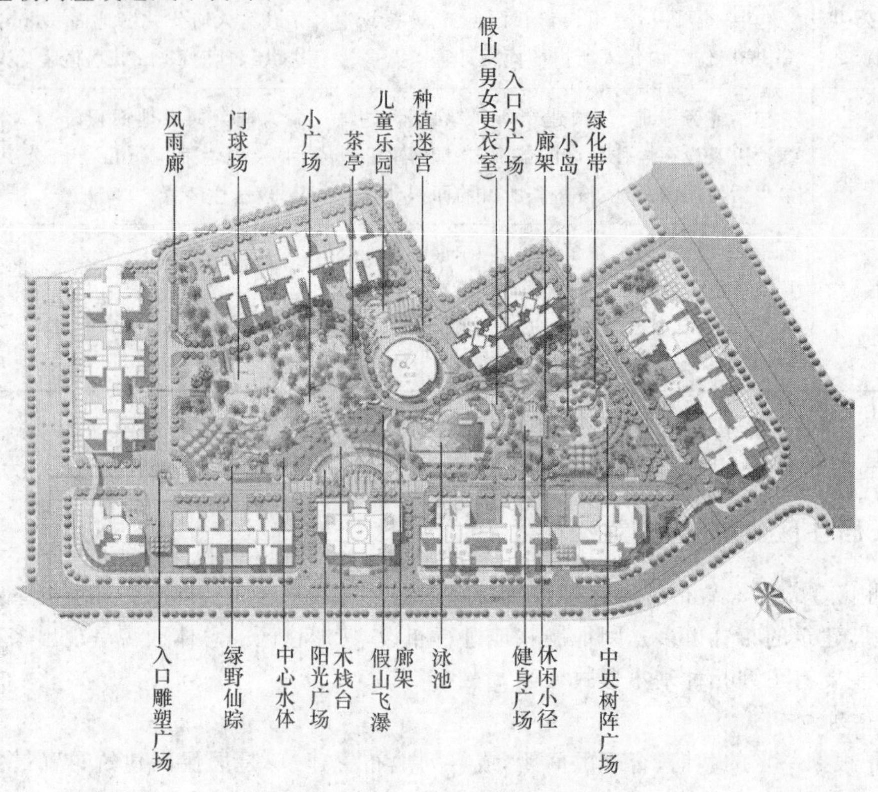

图 5-5　周边式布置的居住区

3. 混合式布置

以上两种形式相结合，常以行列式布置为主，以公共建筑及少量的居住建筑沿道路、院落布置为辅，发挥行列式和周边式布置各自的优点（图 5-6）。

图 5-6　混合式布置的居住区

4. 自由式布置

这种布置常结合地形或受地形地貌的限制而充分考虑日照、通风等条件，居住建筑自由灵活地布置，显得自由活泼，绿地景观更是灵活多样，如重庆格林梦湖山庄(图 5-7)。

图 5-7　自由式布置的居住区

5. 庭园式布置

这种布置形式主要用于低、高层建筑，形成庭园的形式。用户均有院落，有利于保护住户的秘密性、安全性，有较好的绿化条件，生态环境条件更为优越一些。

6. 散点式布置

随着高层住宅群的形成，居住建筑常围绕着公共绿地、公共设施、水体等散点布置，能更好地解决人口稠密、用地紧张的矛盾，且可提供更大面积的绿化用地。

【任务实施】

(1)接到任务后，根据相关知识中所涉及的内容，对彩图 5-1 进行分析，首先可以确定此居住区为自由式建筑布局形式，其中包括居住区小游园、组团绿地、宅旁宅间绿地、道路绿地等基本形式。

(2)居住区小游园位于小区主入口附近，通过扩大附近建筑的宅间距将游园延伸，服务更多的居民，属于公共绿地，功能齐全，景观丰富、艺术性强。

(3)居住区内的组团绿地设置较多，方便居民使用，构图和功能也比较简单，均为开放式布置。

(4)宅旁绿地面积相对较大，开放式和封闭式布置相结合，以植物造景为主，同时设置了简单的园路和场地。

【思考练习】

1. 居住区绿地有哪几种类型组成？

2. 居住区建筑的布置形式有哪些?

任务二　居住区绿化设计

【学习目标】

1. 熟练掌握居住区绿地规划设计的方法和程序;
2. 掌握居住区景观设计构思的方法;
3. 能够熟练掌握居住区中的植物造景方法;
4. 能够根据设计要求准确、合理地进行居住区绿化方案设计;
5. 能够根据规范标准地完成图纸的绘制和设计说明书的编制。

【任务提出】

彩图 5-4 所示是哈尔滨新城市中心哈西新区新建的居住区,试对该小区进行绿化设计。

对该居住区的绿化设计要求是:绿化设计要突出主题特色和文化内涵,打造现代风格为主基调的和谐环境,并在景观设计时注意体现楼盘的运作理念。

【任务分析】

该居住区地处哈尔滨哈西繁华地段,居住建筑为混合式的建筑布局形式,是城市大体量高品质全封闭居住区。居住区绿地面积较大,形成公共绿地、组团绿地、宅旁绿地、街道绿地相结合的绿地布局。

一、调查研究阶段

通过现场踏查或调查,了解当地自然环境、社会环境、绿地现状等条件,通过与甲方洽谈,把握甲方的规划目的、设计要求等,以便于把握设计思路,为设计任务书提供依据。为此我们需要考虑以下几个问题:①自然环境的调查;②社会环境的调查;③设计条件或绿地现状环境的调查。

二、总体规划设计阶段

根据任务书中明确的规划设计目标、内容、原则等具体要求,着手进行总体规划设计。主要有以下两个方面的工作:

(1)景观规划,根据居住区内绿地的位置、功能、大小等,明确景观规划的设计理念、总体构思并确定主要的景点。

(2)植物规划,根据当地自然条件和植被类型,确定绿化基调树种、骨干树种、景观树种的规划。

三、完成图纸绘制

根据要求,完成以下图纸的绘制:①设计平面图;②重点景观剖、立面图;③局部效果图。

【基础知识】

一、居住区绿地设计的原则和要求

(一)居住区总体规划的原则

(1)坚持社会性原则　赋予环境景观亲切宜人的艺术感召力,通过美化生活环境,体现社区文化,促进人际交往和精神文明建设,并提倡公共参与设计、建设和管理。

(2)坚持经济性原则　顺应市场发展需求及地方经济状况,注重节能、节材,注重合理使用土地资源。提倡朴实简约,反对浮华铺张,并尽可能采用新技术、新材料、新设备,达到优良的性价比。

(3)坚持生态性原则　应尽量保持现存的良好生态环境,改善原有的不良生态环境。提倡将先进的生态技术运用到环境景观的塑造中去,利于人类的可持续发展。

(4)坚持地域性原则　应体现所在地域的自然环境特征,因地制宜地创造出具有时代特点和地域特征的空间环境,避免盲目移植。

(5)坚持历史性原则　要尊重历史,保护和利用历史性景观,对于历史保护地区的居住区景观设计,更要注重整体的协调统一,做到保留在先、改造在后。

(二)居住区绿地设计的基本要求

(1)居民对绿地的主要需求是休闲。休闲使人消除疲劳,休闲环境对人的身心健康能起到良好作用,激发人们从老一套思维和日常行动中解放出来,使个性得到发展。优美的绿化系统,完善的功能配置,艺术化的环境主题,营造出独特的场所文化,是人们日常生活的必经之处,也是休憩与交往的理想场所。

(2)居住区绿地应以植物造景为主,充分发挥绿地的卫生防护功能。植物种类的选择和配置方式,要结合居住区的环境特点,力求节省投资,并且能形成良好的绿化景观。

(3)为了居民的休息和点景的需要,在居住区绿地中适当布置园林建筑、小品,也是必要的,其风格及手法应朴素、简洁、统一、大方,有地方特色为好。居住区绿化既要有统一的格调,又要在布局形式、树种的选择等方面做到多样而各具特色,可以借鉴国内外的各种艺术形式,以提高居住区绿化的艺术水平。

(三)居住区绿地设计应遵循的基本原则

(1)符合城市总体规划的要求　居住区绿地规划要在居住区总体规划阶段统一规划,根据居住区不同的规划布局形式,采用集中与分散相集合,点、线、面相结合的绿地系统,使绿地指标、功能得到平衡,居民使用方便。

(2)因地制宜的原则　综合考虑所在城市的性质、气候、民族、习俗和传统风貌等地方特点和规划用地周围的环境条件,充分利用原有自然条件,尽量利用劣地、洼地及水面作为绿化用地,节约用地和投资;对原有古树、名木加以保护和利用,并组织到绿地内。

(3)以人为本的设计原则　规划设计要处处以人为本,注意人的尺度,营造亲切的人性空间。满足不同年龄居民活动、休息的需要,设立不同的休息活动空间。合理组织、分隔空间,建立良好的环境卫生和小气候条件,为老年人、残疾人的生活和社会活动提供条件。

(4)充分发挥植物的生态功能和观赏特点的原则　植物品种应选择抗性强、病虫害少、寿命长、管理较粗放的品种进行合理配置,以便管理养护。

二、居住区道路绿地的规划设计

居住区道路如同绿色的网络，联系着居住区小游园、组团绿地、宅旁绿地，可以到达每个居住单元门口，对居住区的绿化面貌有极大的影响。下面按道路分级来分析居住区道路的绿化设计要点：

（一）居住区主干道的绿化设计

居住区主干道的红线宽度不宜小于 20 m。它是联系各小区以及居住区跟外界的主要道路，除了人行外，车辆交通比较频繁，道路交叉口处种植树木时，必须留出非植树区，以保证行车安全视距，即在该视野范围内不应种植高于 1 m 的植物，而且不得妨碍交叉口路灯的照明，为交通安全创造良好条件（图 5-8）。

图 5-8 居住区主干道

主干道路面宽，行道树应选择树冠水平伸展的乔木，起到遮阳降温的作用。居住区主干道两侧应栽种乔木、灌木和草本植物，以减少交通造成的尘土、噪声及有害气体，有利于沿街住宅室内保持安静和卫生。绿带内用花灌木、地被与乔木形成丰富的绿化层次，也可以在路边开辟小的休息场地，放置山石小品、花坛座椅等，供行人休息。

（二）小区级干道的绿化设计

路面宽 5～8 m，建筑控制线之间的宽度，采暖区不宜小于 14 m，非采暖区不宜小于 10 m。它连接着居住区主干道及小区的小路。以居民上下班、购物、儿童上下学、散步等人行为主，车行为次（图 5-9）。绿化树种可以选择开花或富有叶色变化的乔木。其种植形式要与宅旁绿化、组团绿化布局密切配合，以形成相互关联的整体。特别是相同建筑的入口处绿化应以方便识别各幢建筑为出发点进行设计。

（三）宅间小路的绿化设计

路面宽度宜小于 2.5 m。它是联系各住宅各单元的道路，以行人为主，可以在一边种植小乔木，一边种植花卉草坪。但需注意转弯处不能种植高大的绿篱，以免阻挡人们骑自行车时的视线。靠近住宅的小路旁绿化，不能影响室内采光和通风。如果小路离住宅的距离不足 2 m，其中只能种植些花灌木或草坪。通向两幢建筑中的小路路口应适当放宽，重点铺装，乔灌木应后退种植，可结合道路或园林小品进行配置，以供儿童就近活动。此外，还要方便救护车、搬运车能临时靠近住户。各幢住户门口应选用不同树种，采用不同形式进行布置，以利于辨别（图5-10）。

图 5-9 北京东潞苑北区干道

图 5-10 北京回龙观 G05 区宅间小路

另外，在人流较多的地方，如公共建筑前面、商店门口等，可以采取扩大道路铺装面积的方式与小区公共绿地融为一体。居住区道路线型不必像城市道路一样宽阔笔直，在满足功能的前提下，应曲多于直，宜窄不宜宽。行道树也可灵活种植，中间穿插种植花灌木，适宜的地方设置座椅、花坛。休闲性人行道两侧的绿化种植，要尽可能形成绿荫带，并串联花台、亭廊、水景、游乐场等，形成休闲空间的有序展开，增强环境景观的层次。居住区内的消防车道和人行道、院落车行道合并使用时，可设计成隐蔽式车道，即在 4 m 幅宽的消防车道内种植不妨碍消防车通行的草坪花卉，铺设人行步道，平日作为绿地使用，应急时供消防车使用，有效地弱化了单纯消防车道的生硬感，提高了环境和景观效果。

三、宅间宅旁绿地规划设计

宅间宅旁绿地和庭园绿地是居住区绿化的基础。包括住宅建筑四周的绿地（宅旁绿地）、前后两幢住宅之间的绿地（宅间绿地）等。宅间宅旁绿地一般不设计硬质园林景观，而主要以园林植物进行布置，当宅间绿地较宽时（20 m 以上），可布置一些简单的园林设施，如园路、座凳、铺地等，作为居民比较方便的安静休息用地。

不同类型的住宅建筑和布局决定了其周边绿地的空间环境特点，也大致形成了对绿化的空间形式、景观效果、实用功能等方面的基本要求和可能利用的条件。在绿化设计时，应具体对待每一种住宅类型和布局形式所属的宅间宅旁绿地，创造合理多样的配置形式，形成居住区丰富的绿化景观。

不同的宅间宅旁庭园绿地可反映出居民不同的爱好与生活习惯，在不同的地理气候、传统习惯与环境条件下有不同的绿化类型。根据我国国情，宅旁庭园绿地一般以花园型、庭园型最多，现在有的商品住宅楼盘底层有可独享的私家花园，成为一大卖点和亮点。

（一）宅间宅旁绿地布置要点

（1）宅间宅旁绿地贴近建筑，绿地平面形状、尺度及空间结构与其近旁住宅建筑的类型、平面布置、间距、层数、组合及宅前道路布置直接相关，绿化设计必须考虑这些因素。

（2）居住区中往往有很多形式相似的住宅组合，构成一个或几个组团，因而存在相同或相似的宅间宅旁绿地的平面形状和空间结构，在具体的绿化设计中应把握住宅标准化和环境多样化的统一，绿化不能千篇一律，简单复制(图 5-11)。

(3)绿化布置要注意绿地的空间尺度，特别是乔木的体量、数量，布局要与绿地的尺度、建筑间距、建筑层数相适应，避免种植过多的乔木或树形过于高大而使绿地空间显得狭窄，甚至过于荫蔽或影响住宅的日照通风采光(图 5-12)。

图 5-11 宅旁绿地

图 5-12 宅间绿地实景

(4)住宅周围存在面积不一的永久性阴影区，要注意耐阴树种、地被的选择和配置，形成和保持良好的绿化效果。

(5)应注意与建筑物关系密切部位的细部处理，如住宅入口两侧绿地，一般以对植灌木球或绿篱的形式来强调入口，不要栽植有尖刺的园林植物。为防止西晒，在住宅西墙外侧栽高大乔木，在南方东西山墙还可进行垂直绿化，有效地降低墙体温度和室内气温，也美化了墙面。对景观不雅、有碍卫生安全的构筑物要有安全保护措施，如垃圾收集站、室外配电站等，要用常绿灌木围护，以绿色弥补环境的缺陷。

(二)宅旁绿化的几个重点部分的设计要点

(1)入口处的绿化　目前小区规划建设中，住宅单元大部分是北(西)入口，底层庭院是南(东)入口。北入口以对植、丛植的手法，种植耐阴灌木，南入口除了上述布置外，常种植攀缘植物。在入口处注意不要栽种有尖刺的植物，如凤尾兰、丝兰等，以免伤害出入的居民，特别是儿童。

(2)墙基、角隅的绿化　使垂直的建筑墙体与水平的地面之间以绿色植物为过渡，如铺地柏、鹿角桧、迎春、玉簪，使沿墙处、屋角绿树茵茵，色彩丰富，打破呆板、枯燥、僵直的感觉。

(3)庭院的绿化　多以植物配置为主，配以山石、花坛、水池等园林小品，形成自然、幽静的休闲环境，铺装场地的平面布置可以形式多样、自由活泼。

(4)游憩活动场地的绿化　游憩活动场地主要供幼儿活动和老年人休息锻炼，其内可设座椅、桌凳、花架等。

(5)底层住户小院的绿化　底层住户小院是居住在底层的居民专用小院，小院边界可用绿篱或高栏围起来，内植花木等，布置方式和植物品种随居民喜好。高层住宅一般不设底层小院，可全部作为公共游憩活动的绿化空间。

四、居住区公共绿地规划设计

居住区公共绿地要适于居民的休息、交往、娱乐等，有利于居民心理、生活的健康。在规划设计中，要注意统一规划，合理组织，采取集中与分散、重点与一般相结合的原则，形成以中心公园为核心、道路绿化为网络、宅旁绿化为基础的点、线、面为一体的绿地系统。

(一)居住区公园

居住区公园是居住区中规模最大、服务范围最广的中心绿地，为整个居住区的居民提供交往、游憩的绿化空间。居住区公园的面积一般都在10 000 m^2以上，相当于城市小型公园(图5-13)。公园内的设施比较丰富，有体育活动场地、各年龄组休息活动设施、宣传廊、文娱活动室、公厕等。公园常与居住区服务中心结合布置，以方便居民活动。

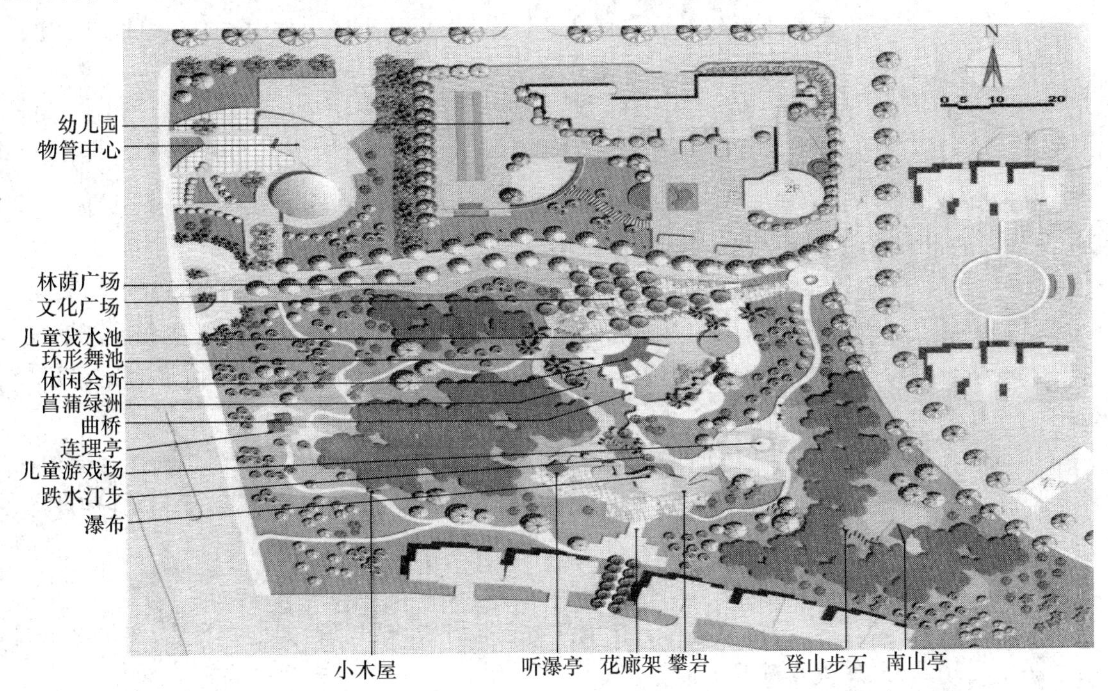

图 5-13 居住区公园平面图

居住区公园往往利用居住区规划用地中可以利用且具保留或保护价值的自然地形地貌或有人文历史价值的区域。居住区公园除以绿化为主外，常以小型园林水体、地形地貌的变化构成较丰富的园林空间和景观。

居住区公园规划设计一方面可以参照城市综合性公园，另一方面还要注意居住区公园有其自身的特殊性，应灵活把握规则式、自然式、混合式的布局手法，或根据具体地形地域特色借鉴多种风格。

居住区公园规划设计要点：

(1)满足功能要求　有明确的功能分区，根据居民各种活动的要求布置休息、文化娱乐、体育锻炼、儿童游戏及人与人交往所需的各种活动场地和设施，提供老人、儿童活动的场地和活动设施。活动方式及内容相近的分区布置在一起。居住区公园的游人主要是本区居民，居民游园时间大多集中在早晚、双休日和节假日，在规划布局中应多考虑游园活动所需的场地和设施，多配置芳香植物，注意配套公园晚间亮化、彩化照明设施。

(2)满足风景审美的要求　以景取胜，注重意境的创造，充分利用地形、水体、植物及园林建筑及小品，组织景观。就近利用土方进行地形改造，丰富景观。

(3)满足游览的需要　园路的组织同空间的安排有机地联系起来，园路既是交通的需要，也是风景序列展开与观赏景观的线路。

(4)满足净化环境的需要　通过各种花草树木的栽植，改善居住区的自然生态环境和小气候。

(5)四季景观与人的行为心理的需要　植物造景要兼顾四季景观及人们夏季对遮阴、冬季对阳光的需要。

(二)居住小区公园

居住小区公园又称居住小区级公园或居住小区小游园，是小区内的中心绿地，供小区内居民使用。小游园设置一定的健身活动设施和社交游憩场地，一般面积在4 000 m² 以上，在居住小区中位置适中。小区小游园相当于居住区的大客厅，往往最能代表居住区的特色，因此要重点掌握它的规划设计要点：

(1)配合总体　小游园应与小区总体规划密切配合，综合考虑，全面安排，并使小游园能妥善地与周围城市园林绿地相衔接，尤其要注意小游园与道路绿化的衔接。

(2)位置适当　应尽量方便附近居民使用，可以与小区公共活动中心结合布置，购物之余，到游园内休息、交流、娱乐，使居民的游憩和日常生活相结合。常在小区中心设置和沿街设置。

(3)规模合理　小游园的用地规模根据其功能要求来确定，如果面积过大，或者距离居民较远时，往往会失去它的作用。

(4)布局合理　应根据游人不同年龄特点划分活动场地和确定活动内容，将功能相近的活动场地布置在一起。以人的尺度和需求布局游憩绿地，尊重人的心理需求，继承和发扬当地的历史文化特色，达到自然景观与人文景观的有机融合。

(5)利用地形　尽量利用和保留原有的自然地形及原有植物。

(6)设施丰富　为丰富居民的精神文化生活设置各种设施、场所，如健身场地、文化娱乐场地、户外交往场地、户外教育科普场地等。

(三)居住区组团绿地

组团绿地是根据居住建筑组团的不同组合而形成的又一级公共绿地，随着组团的布置方式和布局手法的变化，其大小、位置和形状也相应变化。组团绿地的最小规模为 400 m²。由于居住区组团的布置方式和布局手法多种多样，组团绿地的大小、位置和形状也是变化的，根据建筑组合的不同形式，组团绿地的位置可归纳以下几种方式，如图 5-14 所示。

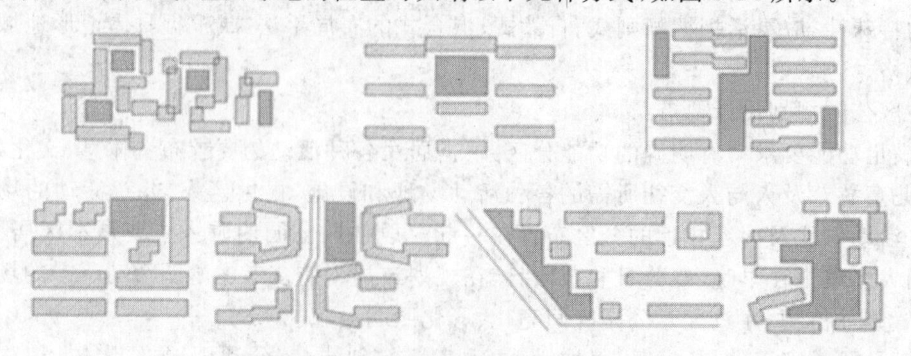

图 5-14　组团绿地的方式

1. 周边式住宅中间开辟绿地

利用建筑形成的院子布置，不受外界道路、行人及车辆的影响，环境安静，比较封闭，有较强的庭院感。

2. 扩大住宅的间距开辟绿地

在扩大的住宅间距中，布置组团绿地，并可使连续单调的行列式狭长空间产生变化。

3. 行列式住宅山墙开辟绿地

行列式住宅山墙间距作为组团绿地，打破了行列式山墙间形成的狭长的胡同的感觉，组团绿地又可与庭院绿地互相渗透，扩大绿化的空间感。

4. 居住组团的一角开辟绿地

在不规则的地段，利用不便于布置住宅建筑的角隅空地，能充分利用土地，但由于布置在组团的一角，加长了服务半径。

5. 结合公共建筑开辟绿地

使组团绿地和专用绿地连成一片，相互渗透，形成一片面积较大的公共休闲绿地，扩大了绿化的空间感。

6. 临街开辟绿地

由于临街布置，使绿化和建筑互相映衬，丰富了街道景观，也成为行人的歇脚之地。

7. 自由式绿地

在住宅组团成自由式布置时，组团绿地穿插配合其间，组团绿地与庭院绿地相结合，扩大绿色空间，平面构图亦显得自由活泼。

组团绿地设计形式与内容丰富多样，主要为本组团居民集体使用，为其提供户外活动、邻里交往、儿童游戏、老人聚集的良好条件。组团绿地距居民居住环境较近，便于使用，居民茶余饭后即来此活动(图 5-15)。

图 5-15　金碧华庭小区组团绿地

五、儿童游乐场绿地规划设计

儿童游乐场应该在景观绿地中划出固定的区域，一般为开敞式。游乐场地必须阳光充足，空气清洁，能避开强风的袭扰。应与居住区的主要交通道路相隔一定距离，减少汽车噪声的影响并保障儿童的安全。游乐场的选址还应充分考虑儿童活动产生的嘈杂声对附近居民的影响，离开居民窗户 10 m 远为宜。儿童游乐场周围不宜种植遮挡视线的树木，保持较好的可通视性，便于成人对儿童进行目视监护。儿童游乐场设施的选择应能吸引和调动儿童参与游戏的热情，兼顾实用与美观。色彩可鲜艳，但应与周围环境相协调。游戏器械的选择和设计应尺度适宜，避免儿童被器械划伤或从高处跌落，可设置保护栏、柔软地垫、警示牌等(图 5-16)。

图 5-16　儿童游乐场绿地

居住区中心有一定规模的游乐场，附近应为儿童提供饮用水和游戏水，便于儿童饮用、冲洗和进行堆筑沙子的游戏活动。

六、公共设施绿地设计

公共建筑与住宅之间应设置隔离绿地，多用乔木和灌木构成浓密的绿色屏障，以保持居住区的安静，居住区内的垃圾站、锅炉房、变电站、变电箱等欠美观地区可用灌木或乔木加以隐蔽。

七、居住区绿地种植设计

植物种植设计是从总体构思开始，然后进行树种选择和确定具体种植方式。设计中要考虑绿化对生态环境的作用，植物的空间组织功能和观赏功能，还要考虑植物的生态习性。居住区绿化应因地制宜，结合不同的环境采用不同的配置方法。

(一)居住区植物配置的原则

(1)注意提高绿化覆盖率，以期起到良好的生态效益。

(2)注意植物配置的层次性和群体性，乔灌结合，常绿和落叶、速生和慢生相结合，适当配置地被、草坪和花卉，尽可能做到立体群落种植。

(3)考虑绿化的功能要求和植物的生理要求，适应所在地区的气候、土壤条件和自然植被分布特点，选择抗病虫害强、易养护管理的乡土树种，体现地域特点。

(4)植物配置上，应体现季相的变化，做到四季常青、三季有花。

(5)在统一基调的基础上，树种力求有变化，创造出优美的林冠线和林缘线，打破建筑群体的单调和呆板感。在儿童游戏场内，为了适合儿童的心理，引起儿童的兴趣，绿化树种的树形要丰富，色彩要明快，比例尺度要适合儿童，如修剪成不同形状和整齐矮小的绿篱等。在公共绿地的入口处和重点地方，要种植体形优美、色彩鲜艳、季相变化丰富的植物。

(6)在栽植上，除了要求行列式栽植外，一般都要避免等距、等高的栽植，可采用孤植、对植、丛植等，适当运用对景、框景等造园手法，装饰性绿地和开放性绿地相结合，创造出千变万化的景观。

(二)居住区绿化树种的选择

居住区一般人口集中，建筑密集，绿地缺乏，养护困难，所以在树种选择方面要充分考虑选用具有以下特点的树种：

1. 生长健壮，便于管理的乡土树种

居住区的土壤和环境都比较差，宜选耐瘠薄、生长健壮、病虫害少、管理粗放的乡土树种。

2. 冠大荫浓、枝叶茂密的落叶阔叶乔木

在酷热的夏季，可使居住区有大面积的遮阴，而且落叶树枝叶繁茂，能吸附灰尘，减少噪声；在严寒的冬季又不遮阳光，也可以欣赏树枝的形态。

3. 常绿树和花灌木

在公共绿地等重点绿化地区或居住庭院中，小气候条件较好的地方，儿童游戏场附近，宜种植一些常绿树，使得四季常青，同时选用姿态优美，花色、叶色丰富的花灌木，使得三季有花。

4. 耐阴树种和攀缘植物

由于居住区绿地多处于房屋建筑的包围之中，阴暗部分较多，尤其是房前、屋后的庭院，有一半左右是在房屋的阴影部位，所以一定要注意耐阴植物的选择，如珍珠梅、八角金盘、玉簪、垂丝海棠等。攀缘植物是居住环境中很有发展前途的一类植物，既起到美化环境的作用，又可以增加绿化面积，取得良好的生态效益，常用的品种主要有紫藤、常春藤、凌霄、爬山虎、络石、地锦等。

5. 具有环境保护作用和经济利用价值的植物

根据居住区环境，因地制宜的选用那些具有防风、防晒、降噪、调节小气候以及能监测和吸附大气污染的植物，有条件的庭院，可选用在短期内具有经济效益的品种，特别要选用那些不需施大肥、管理简便的果树、药材树等经济植物，如核桃、葡萄和枣树等既好看又实惠的品种。

要提高居住区发展的总体水平，应从规划和设计方面入手，高度注重自然和人文因素的保护和可持续发展，最大限度地保护环境，努力创造一种新的社区文化，丰富公共空间的活动内容，考虑不同层次及阶段的人群的活动需求，努力营造一个绿色的、以人为本、邻里关系密切的居住环境。

【任务实施】

在掌握了必要的理论知识之后，我们根据园林规划设计的程序以及居住区绿地规划设计的原则与方法，来完成本居住区的绿地规划设计。

一、调查研究阶段

(一)自然环境

调查居住区所在地的水文、气候、土壤、植被等自然条件。完成这部分任务的目的是了解当地自然条件，为下一步的植物种植设计做准备，一般我们可以通过网络查询来完成这一部分任务。

(二)社会环境

调查居住区所在地的历史、人文、风俗传统。完成这部分任务的目的是居住区文化内涵的表达必须取自于当地的历史、人文、风俗习惯等相关内容。

(三)设计条件或绿地现状的调查

通过现场踏查,明确规划设计范围、收集设计资料、掌握绿地现状、绘制相关现状图等内容。完成这部分任务的目的是进一步了解设计条件,并且通过现场踏查,对设计现状条件做进一步了解。特别强调的是在完成这部分工作时,我们应对绿化用地范围内现有的植物资源作详细的调查,对于可利用的部分,我们应在现状图中标注出来,并且在设计时将其考虑进去。

例如,分析图样及现场踏查后我们不难看出,在本居住区中的建筑布局形式以混合式为主,居住区绿地以宅旁绿地为主,以居住区公共绿地为辅。

二、编制设计任务书阶段

根据调查研究的实际情况,结合甲方的设计要求和相关设计规范,编制设计任务书如下:

(一)绿地规划设计目标

居住区绿化是城市园林绿化的重要组成部分,是改善城市生态环境的重要环节,是城市点、线、面相结合中的"面"上的一环。随着人们物质、文化生活水平的提高,人们不仅对居住建筑本身有所要求,而且对居住环境的要求也越来越高,因此,把居民的日常生活与园林的观赏、游憩结合起来,使建筑艺术、园林艺术、文化艺术三者相结合并体现到居住区建设当中的这种作法有着极其重要的作用。园林绿地设计应以植物造景为主,突出生态效益,要求营造一个"四季常青、三季有花、两季挂果、整体美化、局部香化"的绿色居住空间,并适当体现文化内涵。

(二)绿地规划设计内容

居住区绿地应结合其他用地统一规划,全面设计,形成和谐统一的整体,满足多种功能需要。具体设计如下:

1. 总体规划设计

根据总体规划设计原则,依据居住区建筑布局、周边环境和功能要求,确定合理的景观分区和功能分区。并依据绿地实际面积进行绿化设计,以满足各居住空间内不同的功能要求。

2. 景观规划设计

在整体规划的前提下,进行景观空间序列的规划,确定不同的景观内容,以植物造景为主,合理设置硬质景观,以形成美观整洁的居住区环境,并根据景观特征为各景区、景点命名。

3. 植物种植设计

以乡土树种为主,适当引进景观树种。要求乔灌结合,最大限度地提高绿量,做到季相分明,四季景观丰富。

(三)规划设计原则

结合居住区的现状以及相关设计规范,以提出以下设计原则:

(1)严格按照居住区总体规划布局,在设计时坚持整体协调。

(2)现代园林与传统园林相结合,环境风格与居民特点相结合,以达到雅俗共赏的境界。

(3)以植物造景为主,创造出"四季常绿、三季有花、两季挂果、整体美化、局部香化"的景观效果，并注重突出四季景观的持久性和多样性。

三、总体规划设计阶段

根据设计任务书中明确的规划设计目标、内容、原则等具体要求，着手进行总体规划设计。主要有以下三个方面的工作。

（一）功能分区

居住区绿地一般可分为包括居住区公共绿地、公共建筑及设施专用绿地、宅旁宅间绿地、组团绿地、道路绿地及防护绿地等。但是居住区的规模不同，建筑布局形式也各有差异，因此各类绿地在居住区中的规模与位置也有所不同，因此必须结合居住区的具体情况进行功能区划，从而形成各自独特的规划设计布局（图 5-17）。

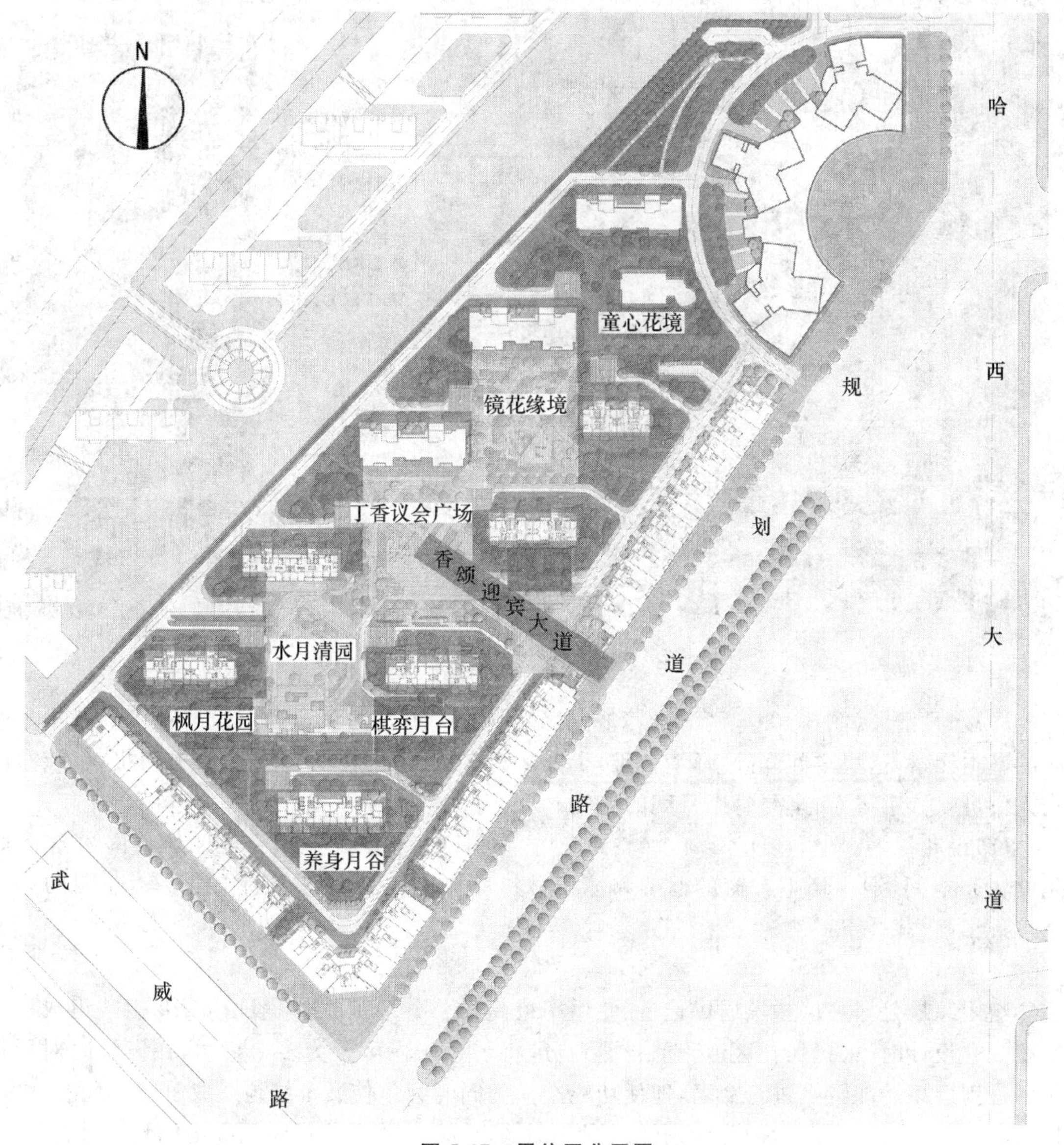

图 5-17 居住区分区图

根据居住区的建筑布局特点，本设计按照居住区现有绿化用地的现状，将居住区绿地划分为以下 5 种绿地类型。

1. 居住区游园

居住区游园为整个居住区居民服务，面积较大，形状不规则，结合建筑特点因此在设计时应以现代自由式为主。

另外，根据相关知识中的学习我们可知，本居住区为封闭式小区，小游园定位为一个居住区内的休闲绿地，主要以植物造景为主，配置各种乔、灌木，满足居民休息、交谈、晨练、夏日纳凉的要求。

(1)丁香议会广场(图 5-18)　由香颂大道引入的第一处景观游园区域是丁香议会广场，这里是景观主轴的高潮部分，步步上抬的台地和简洁大气的跌水水景工程组成了这个空间的基本框架，以芳香为主题的植物群落包围着广场，给小区居民提供一个绝佳的聚会场所。

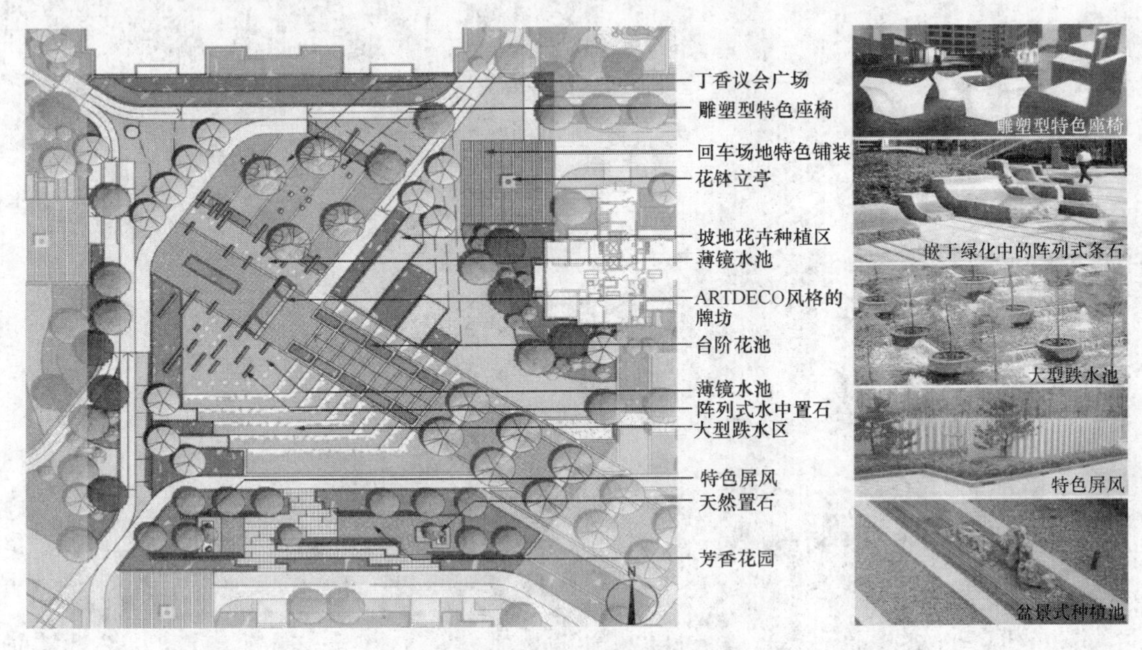

图 5-18　丁香议会广场区域平面设计图

(2)水月清园(图 5-19)　清澈的镜池、潺潺的流水、雪白的沙池和缤纷的花木林是构成此园的基本元素，这里空间幽静，环境清雅，十分适合老人们在此对弈消遣、读书阅报，在雕塑园内人们可以依水望月，享受每个月朗的夜晚。

(3)镜花缘境(图 5-20)　以白沙枯景为主，别具特色的屏风景墙合理地分隔着这个庭院的大小空间，通过墙上漏窗的框架和镜面材料反射出的满园花色创作出了镜花园的虚幻之境。

2. 组团绿地

组团绿地是居住区中离居民最近、使用率最高的公共绿地，它一般由 6～8 幢楼组成一个组团。在设计时，根据居住区道路的自然划分，将整个居住区分为多个组团，在设计时对居住组团分别运用功能特点进行命名，即使功能全面的同时力争使整个绿地形成了统一风格，又通过植物的变化增强了环境的可识别性。图 5-21 至图 5-23 为居住区组团绿地绿化设计。

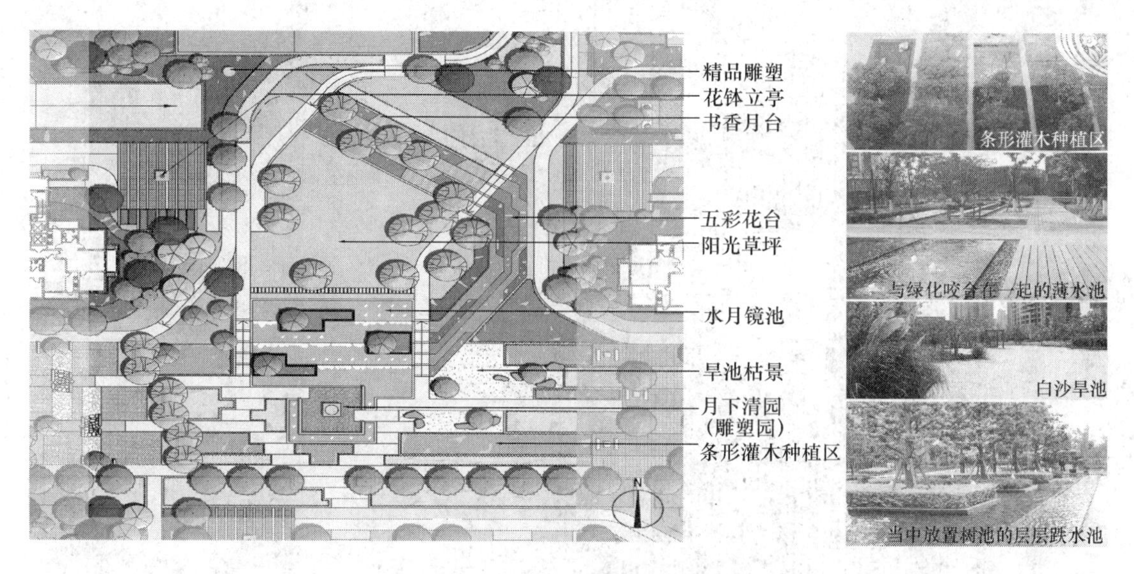

图 5-19　水月清园区域平面设计图

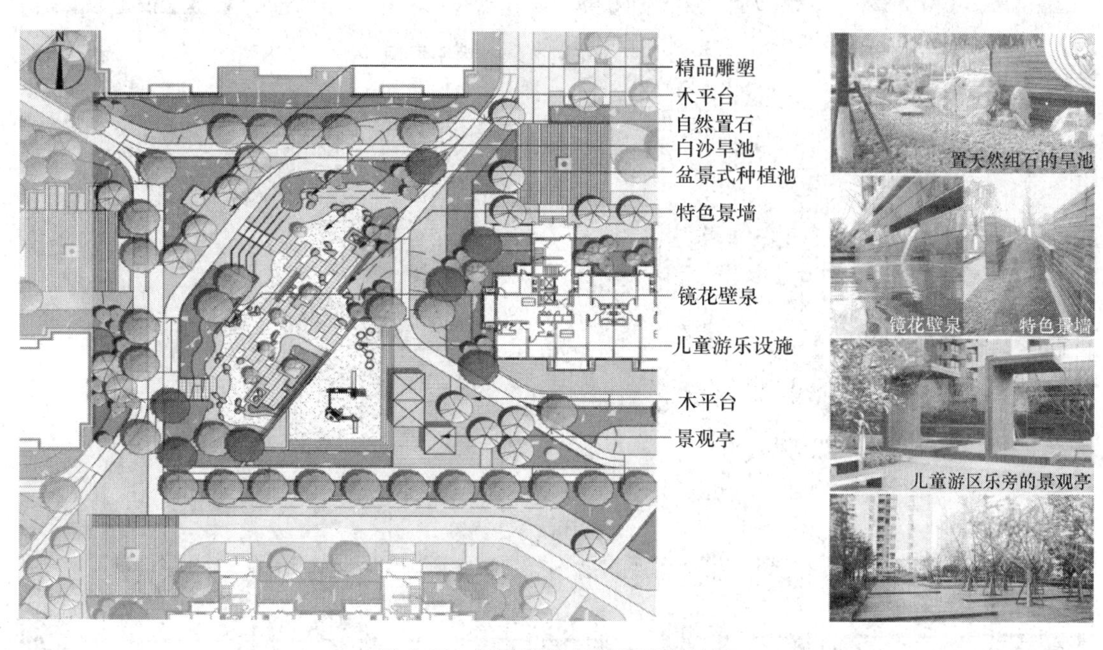

图 5-20　镜花缘境区域平面设计图

3. 宅旁绿地

宅旁绿地是指建筑物四周的绿地，宅旁绿地是整个居住区绿地中与居民生活关系最密切的绿地。因此我们在设计时充分考虑到室内通风采光要求，并在植物配置时注重植物生长的生态要求，根据方位不同，适当选择耐阴树种，以保证绿化设计的可实施性。

另外，由于居住区内部的建筑采用行列式的布局，整个居住区的绿地以宅旁绿地为主，因此在设计时，我们均采用草坪的宅旁绿地布局形式，以草坪加灌木剪型为主，但在树种选择和绿篱造型上尽量多样化，以增强了环境的“可识别性”。图 5-24 所示为草坪加灌木剪型为主的宅旁绿地设计。

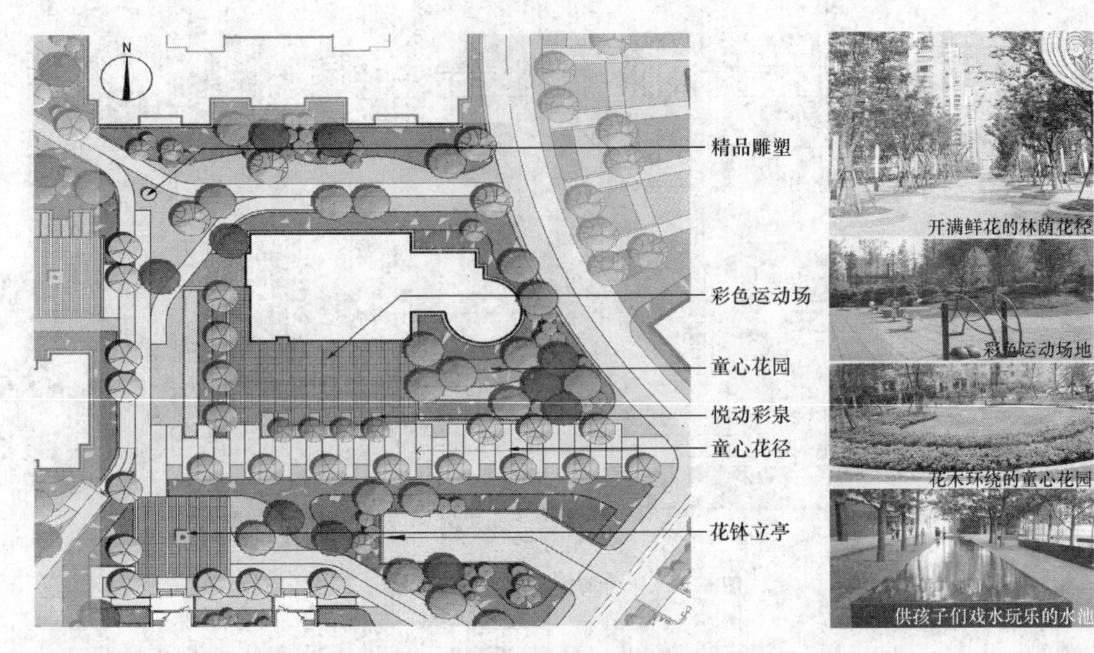

图 5-21 童心花境区域放大平面图

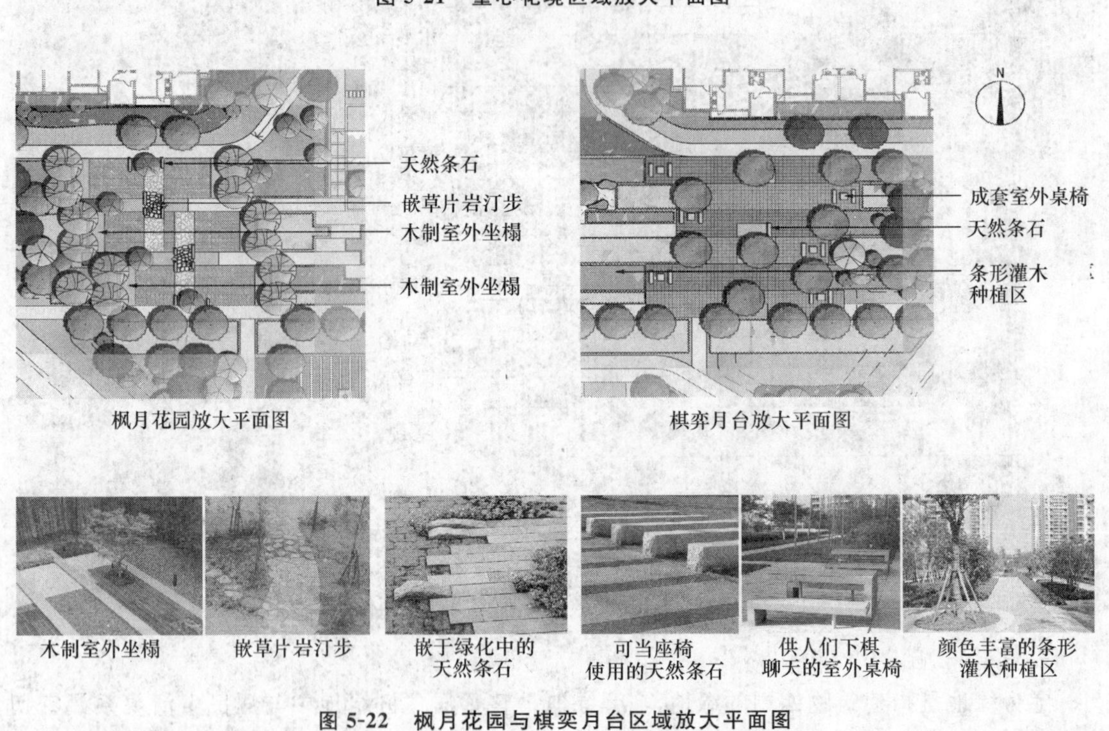

图 5-22 枫月花园与棋奕月台区域放大平面图

4. 居住区道路绿地

在进行道路绿地设计时，根据居住区道路的等级不同，充分考虑到行车要求和居民的日常生活的需求，以乡土树种为主，保证道路绿地的功能性和景观性。

本居住区的道路绿化重点为主入口处的景观大道与临街的道路设计，在进行这两处道路的设计时采用行列式种植设计较多，我们在满足功能要求的前提下，特别注重道路的景观性与

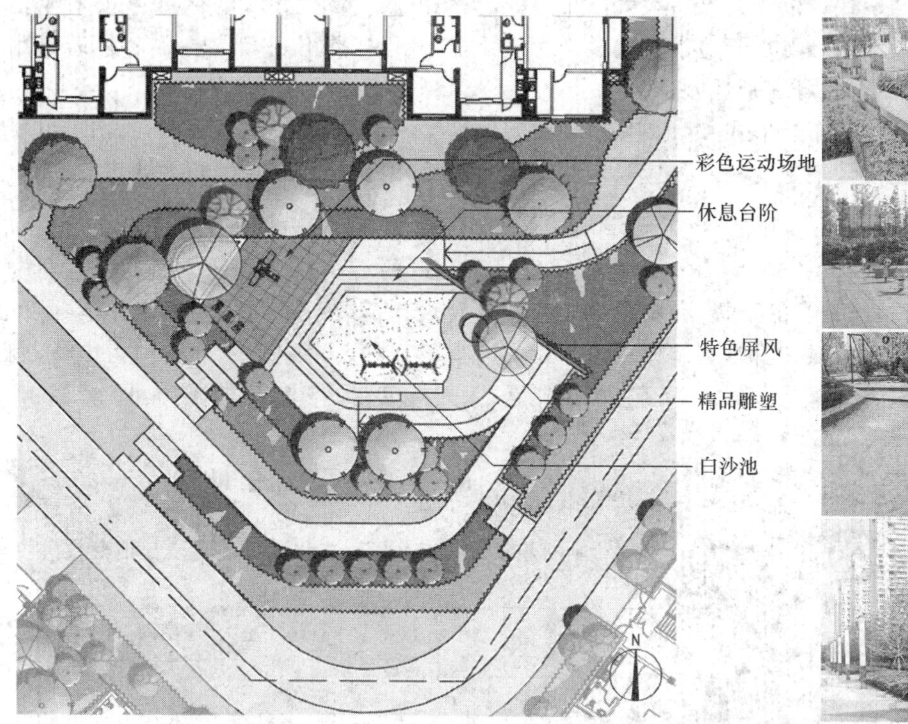

图 5-23　养身月谷区域放大平面图

图 5-24　以草坪加灌木剪型为主的宅旁绿地

装饰效果。图 5-25、图 5-26 所示为主入口景观大道的设计。

5. *居住区公共设施绿地*

居住区内的公共设施绿地主要包括位于居住区外围的酒店的绿化设计，由于在设计任务中，此部分不是设计的重点，将在单位附属绿地中详细讲述。

(二)景观规划

本居住区在设计中运用了现代自由式的布局手法，力求创造出既有时代气息，造型现代简洁又有欧式情调的环境氛围，为居民营造一处集休息、活动、观赏于一体的户外活动空间。使居住区的景观简洁明快，富有时代感；大气高雅，具有文化内涵；生动活泼，富有朝气，具有生活特点。这类绿化设计的难点在于追求变化会增大设计难度，且把握不好容易显得杂乱，若运用同种模式，又显得单调且可识别性差。

根据居住区的建筑布局形式、绿地组成、现状条件等实际情况，通过认真分析，我们可以看到本居住区的绿化设计最主要的部分应是宅旁绿化、组团绿地设计和景观游园设计。

(三)植物规划

在进行植物规划时一定要结合在调查研究阶段所获取的有关自然条件方面的信息和资料，并结合它进行植物种类的选择，在本设计中根据景观设计需要。植物规划拟定如下：骨干树种为丁香、糖槭、五角枫、花楸；基调树种为水蜡、榆树、珍珠梅、金露梅；景观树种为山槐、刺五加、山荆子、百里香、白桦、接骨木、黄刺玫、黄花忍冬、天目琼花、稠李、青楷槭、糠椴、紫椴、杏树、树锦鸡等。

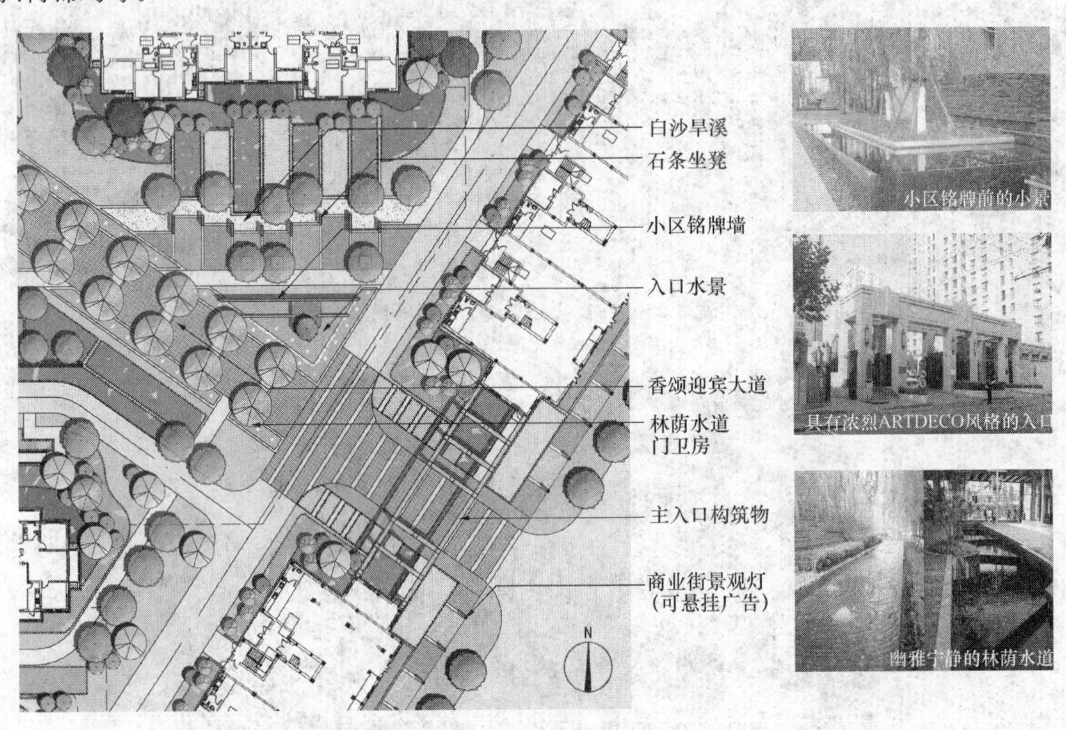

图 5-25 主入口区

四、完成图样绘制

根据居住区绿地规划设计的相关知识和设计要求，我们可完成本居住区绿化设计，设计图样应包括的内容如下：

1. 设计平面图

设计平面图中应包括所有设计范围内的绿化设计，要求能够准确地表达设计思想，图面整洁、图例使用规范，如图 5-27 所示。平面图主要表达功能区划、道路广场规划、建筑设施设计等平面设计。

图 5-26 主入口设计图

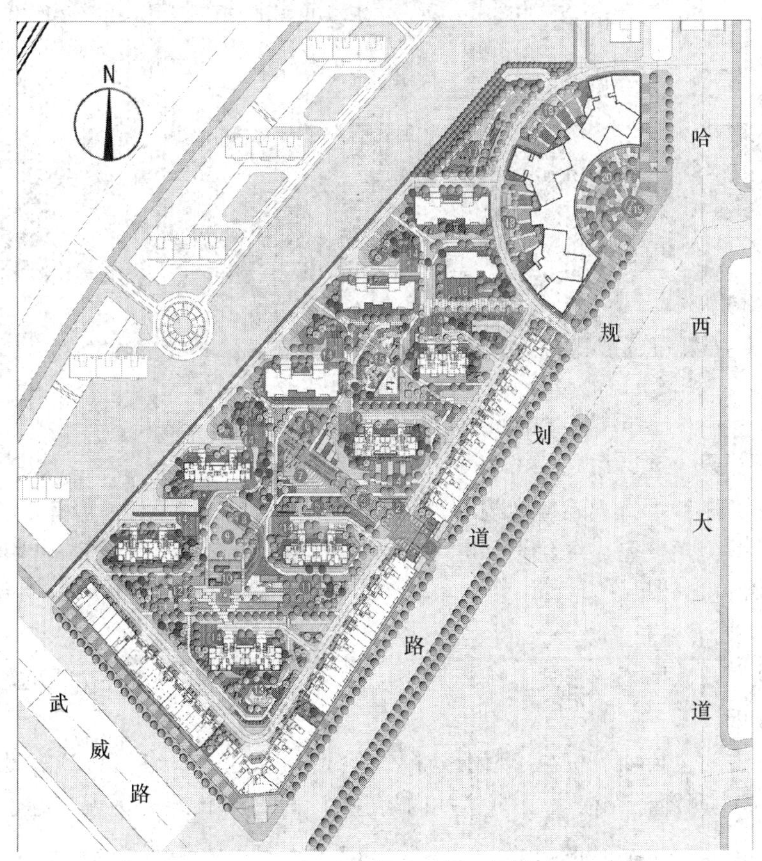

①小区主入口大门 ②入口铭牌水景 ③香颂迎宾大道 ④白沙旱溪 ⑤芳香花园
⑥丁香议会广场 ⑦大型跌水区 ⑧书香月台 ⑨阳光草坪 ⑩水月镜池
⑪棋弈月台 ⑫枫月花园 ⑬养身月谷 ⑭回车场地 ⑮镜花缘境
⑯童心花境 ⑰健身园 ⑱棱形坡地 ⑲商业广场中央水景 ⑳街区商业广场

图 5-27 居住区绿地景观设计总平面图

2. 景观分析图

为了更好地表达设计意图，清晰地表达景观设计布局，要求绘制景观分析图，如图 5-17 所示。

3. 重点景观剖、立面图

为了更好地表达设计思想，在居住区绿地规划设计中要求绘制出主要景观、主要观赏面的立面图，在绘制立面图时应严格按照比例表现硬质景观、植物以及两者间的相互联系，植物景观按照成年后最佳观赏效果时期来表现。立面图主要表达地形、建筑物、构筑物、植物等立面设计。图 5-28 为主入口区域立、剖面图。

立面图

香颂迎宾大道

涌泉

林荫水道

小区铭牌墙

入口水景

剖面图

图 5-28 主入口区域立、剖面图

4. 效果图

效果图是为了能够更直观地体现规划理念和设计主题而绘制的，一般分为全局的鸟瞰图和布局景观效果图。学校完成绿化设计时常要求绘制出效果图，在绘制时应注意选择合适的视角，真实地反映设计效果。

5. 植物种植设计图

植物种植设计图以图纸的形式详细标明植物材料名称、图例、规格、数量及备注说明等。

6. 设计说明书

设计说明书主要包括项目概况、规划设计依据、设计原则、艺术理念、景观设计、植物配置等内容，以及补充说明图样无法表现的相关内容，也可与图纸相组合说明问题。图 5-29 为居住区部分说明。

【自我评价】

项目与技术要求	检测标准	记录
功能要求	能结合环境特点，满足设计要求，功能布局合理，符合设计规范。	

续表

项目与技术要求	检测标准	记录
景观设计	能因地制宜合理地进行景观规划设计，景观序列合理展开，景观丰富，功能齐全，立意构思新颖巧妙。	
植物配置	植物选择正确，种类丰富，配植合理，植物景观主题突出，季相分明。	
方案可实施性	在保证功能的前提下，方案新颖，可实施性强。	
设计表现	图面表现美观大方，能够准确地表达设计构思，符合制图规范。	

设计理念

自然和谐的理性花园

ARTDECO风格的建筑不仅在立面和空间布局上具有严谨的数学模数控制和比例划分，而且运用了许多带有仿生意向的装饰纹样来点缀建筑的气质。该景观方案力图从空间规划的大尺度上来延续ARTDECO风格的模数划分和不等比例的空间穿插，并运用仿生的自然理念来诠释一个以现代风格为主基调的和谐环境。

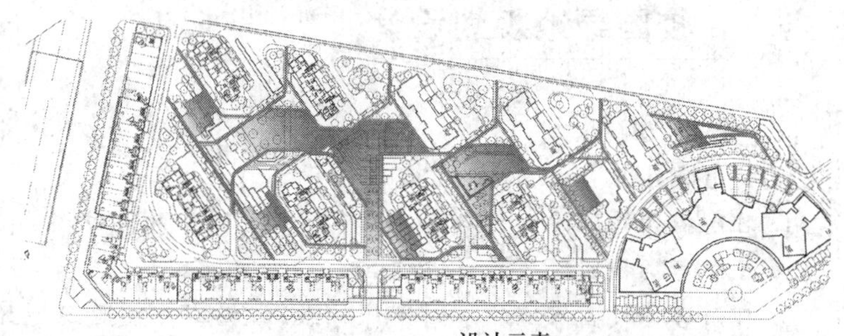

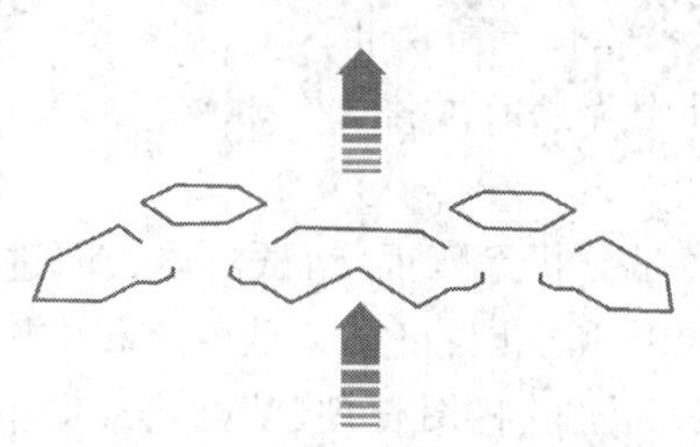

设计元素

1. 几何形切割的水面通过静水、薄水、跌落、涌泉等水的不同状态带给人亲新活跃的生活气息。
2. 几何形的大小广场通过灵动的天然组石、趣味横生的仿生雕塑、绿荫下的座椅带给人和谐安详的休憩空间。
3. 块状交叉种植的整形灌木以鲜明的季相色彩搭配来调节人们的四季心情，几何形起伏的各种草坡给人们带来了平缓且平整的草坪空间以供休息玩耍。
4. 用天然机理面贴面的各类景墙有机且合理地划分着大小功能空间。

图 5-29 居住区设计说明

第六章　单位附属绿地规划设计

任务一　校园绿地规划设计

【学习目标】

1. 理解校园绿地的定义与其在城市园林绿地中的地位；

2. 了解各类校园绿地的环境特点；

3. 理解各类校园绿地的规划设计特点，掌握各类校园绿地的规划设计方法，能根据不同类型的单位合理地进行树种选配和绿化布局设计；

4. 能正确理解校园绿地设计个阶段的工作内容。

【任务提出】

如图 6-1 所示，以委托方的身份分析案例现状，试对该校园进行绿化设计。

设计要求：绿化设计要突出文化和校园特色，满足游憩和生态等需求。

图纸要求：要求表现力强，线条流畅、构图合理、清洁美观，图例、文字标注、图幅等符合制图规范。设计图纸包括：

(1)总平面图　表现各种造园要素(如山石水体、园林建筑与小品、园林植物等)。要求功能分区布局合理，植物配置季相鲜明。

(2)透视或鸟瞰图　手绘单位附属绿地实景，表现绿地中各个景点、各种设施及地貌等。要求色彩丰富、比例适当、形象逼真。

(3)园林植物种植设计图　表示设计植物的种类、数量、规格、种植位置及类型和要求的平面图样。要求图例正确、比例合理、表现准确。

(4)局部景观表现图　用手绘或者计算机辅助制图的方法表现设计中有特色的景观。要求特点突出，形象生动。

(5)设计说明　语言流畅、言简意赅，能准确地对图纸补充说明，体现设计意图。

【任务分析】

一、自然条件的调查

调查该校园所处地的气象气候、地下水位、土壤、风向风力等自然条件，以及周围的环境条件，如附近的绿化状况、建筑状况等。新建的校园还要调查周围建筑垃圾、土壤成分，作为适当

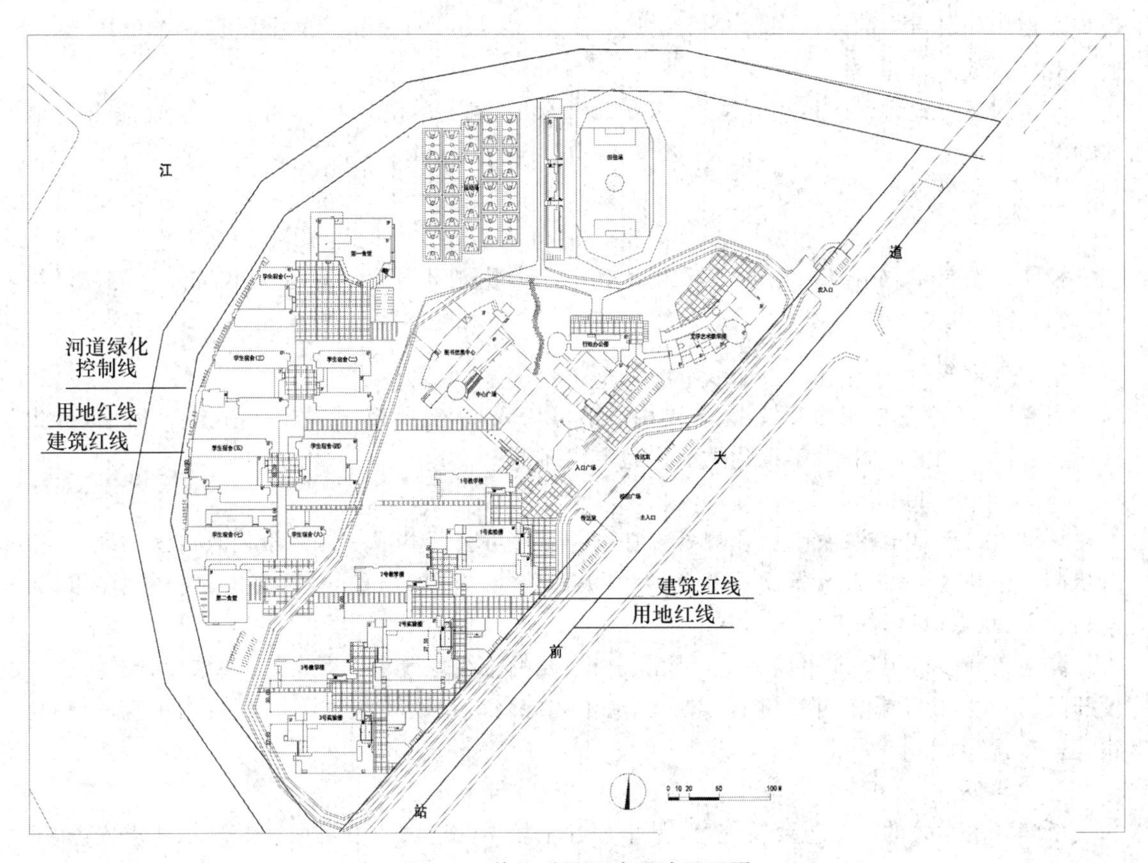

图 6-1　单位附属绿地设计平面图

换土或改良土壤的依据。

二、单位性质及其规模的调查

包括两个方面：首先，要了解本校园是大学、中学、小学还是幼儿园，是职教还是普通学校；其次，要明确本校园的规模大小。

三、单位总图的调查

从单位规划总图中，可以了解绿化的面积、位置，建筑、管线的位置及与绿化地的关系。

四、社会调查

社会调查包括三个方面：了解使用者对本校园绿地的要求；了解当地园林主管部门对本校园绿地的有关要求，如绿地率具体要求达到的标准等；了解本校园建设进展步骤，明确所有空地的近、远期使用情况，以便有计划地安排绿化建设。

【基础知识】

一、单位附属绿地的概念

单位附属绿地又称为专用绿地，是指在某一部门或单位内，由本部门或本单位投资、建设、管理及使用的具有专门用途和功能的绿地。单位附属绿地的服务对象主要是本单位职工，一般不对外开放。

单位附属绿地可以包括校园绿地、工矿企业绿地、机关单位绿地、医疗机构绿地、宾馆饭店绿地等。

二、校园绿地

校园绿地是单位附属绿地的重要组成部分。一般按照学校年龄层次不同可分为校园绿地、幼儿园绿地。

(一)学校绿地

大专院校、中学校园面积较大，校园内一般分为入口区、行政区、教学区、体育活动区和生活区。各区的功能不同，对于绿化的要求也有所不同。

1. 入口区、行政区

学校入口区是学校的标志，在规划上往往与行政办公区共成一体。学校入口区的绿化，应以装饰性绿地为主，强调其景观观赏性，突出大专院校浓烈的学术气氛，突出其安静、庄重、大方、美丽的特点(见彩图 6-1)。

绿地布局多以规则式布局为主，可在入口主要的轴线位置上设置花坛、喷水池、雕塑，亦可设开阔的草坪，之上栽植自然树丛，点缀花灌木和绿篱。植物要注意不能遮挡主建筑，应烘托建筑，与之融为一体。

2. 教学区

教学区是学校的一个重要功能区，是学校师生教学活动的主要场所。其环境要求安静、卫生、优美，同时还要满足师生课间休息、活动的需要。整个教学区的环境绿化以植物造景为主，植物选择以常绿、落叶大乔木为主，还应适当点缀观花树种和香花树种，如桂花、广玉兰、白玉兰、栀子、腊梅、瑞香、含笑、紫薇、杜鹃、鸢尾、二月兰等，观花和香花树种可以调节校园气氛，丰富绿化景观，但不宜过多，以免影响教学区绿化整体的宁静、幽雅的气氛。

教学楼是教学区的主体建筑，其绿地布局和种植设计的形式应与楼体建筑艺术相协调。多采用规则式园林布局，植物种植可用规则式或混合式。教学楼周围的绿化，最主要是要保证教学环境的安静。大楼入口可对植桂花、雪松、香樟、龙爪槐等。在不影响室内采光和通风的前提下(乔木种植点距离墙面至少 5 m，灌木至少 2 m，最内侧的树木一般种植于两窗之间的墙段之前)，教学楼南侧可以多种植落叶大乔木，夏日遮阴，冬季纳光取暖；北侧则选择具有一定耐阴性的常绿树种，美化背阴环境，创造勃勃生机。为了满足学生课间休息、活动的需要，在主楼附近可设小型游憩场地。

不同性质的实验室对于绿化有不同的特殊要求，如防火、防尘、采光、通风等方面，要根据实际情况选择合适的树种，进行绿化设计。例如，精密仪器实验室周围不能种植有飞絮的植物，如悬铃木、垂柳；有防火要求的实验室周围不能种易燃树种如槲树、橡树等。具体可参见工矿企业有特殊要求的车间设计。

礼堂建筑周围应有基础栽植。基础栽植以规则式绿篱为多，常用龙柏、金叶女贞、大花栀子等。礼堂外围种植纯林为多。

在保证交通功能的前提下，在礼堂正面可种植树形优美的大常绿树，大树周围种植草花。在礼堂前面的广场两侧则种植大乔木。

3. 体育活动区

体育活动区的内容主要包含有田径运动场、各类球场、体育馆等场地及设施，位置一般距离教学区和行政管理区较远，而与学生生活区较近。外围常有绿化隔离带，以避免体育活动噪声对其他区域的干扰和影响。

田径运动场常选用耐践踏草种如狗牙根等铺设草坪，跑道外侧栽植高大乔木，如有看台，则要注意看台前面不能种植乔木，以致遮挡视线。

各类球场从安全角度考虑，周围常设置防护网，利用防护网还可进行垂直绿化。球场周围常种植冠大荫浓的落叶大乔木，夏季遮阴，冬日取暖，但不宜影响球场的活动。

体育馆绿地设计与体育公园相类似，要求较高。一般以耐践踏大草坪为主，边缘可设植篱，草坪上以孤植、丛植等手法种植大乔木，并可配置花灌木、草花地被等。大门两侧可运用对置手法设花坛、水池、盆栽、大乔木等。

各类运动场之间可以绿地进行分隔，减少相互干扰。整体绿化以种植乔木为多，如香樟、广玉兰、桂花、合欢、榕树等。

4. 生活区

学生生活区主要服务对象为学生，绿化设计要充分考虑学生的需要，采用合适的绿地类型。用地条件允许时可设置较大面积的游憩空间，如小游园。学生宿舍楼周围的绿化要考虑采光和通风的需要，主要有两种基本形式：一种是把宿舍楼前的绿地布置成庭院形式，硬质铺装、植物、建筑小品等园林要素组合在一起，为学生提供了良好的学习和休息场地。另一种是以校园的统一美感为前提，宿舍前后的绿地设计成封闭性绿地，即绿地周围用栏杆或绿篱围合，不能进入。绿地内可配置乔木、花灌木、宿根花卉，沿人行道则种植大乔木作行道树。此种形式对于绿地的保护和绿化面貌的形成有较强意义，但是绿地的使用效率不高，学生基本上不能利用绿地进行学习、休息。学生宿舍楼与楼之间，一般都留有较宽敞的空间作晒场。

教工生活区绿地具体要求与居住区绿地相类似。区内常设置小型游憩绿地，绿地内可设水池、宣传栏、花坛、花架、亭廊、座凳等园林小品，并具有一定面积的铺装活动场地和儿童活动场地。

(二)托儿所、幼儿园校园绿地

托儿所、幼儿园的教育对象是学龄前儿童(3～7 岁)，绿化设计时应以尽量满足幼儿的实际要求为主要目标。要有水、沙、土等自然要素 ，有条件的尽量要平地、缓坡、土坑(沙坑)、阶梯、树丛全备，让幼儿有一个接近自然的环境。尽量避免用金属等过硬的材料，小品、设施的造型以球面、圆角为主，尽量避免直角，以保证幼儿的安全，且造型应新奇有趣，符合幼儿心理。植物色彩应简洁明快，以绿为主，不宜过于杂乱，适当配置一些花灌木和香花树种；园林小品色彩应以鲜艳的大色块为主。

一所正规的幼托机构应该包括室内活动和室外活动两部分。在室外活动场地内，必须置有公共活动场地、班组活动场地、菜园、果园、小动物饲养用地、生活杂物用地等。室外活动场地应尽量铺设草坪，有条件的还可设棚架，供夏日活动休息。幼托用地周围除应用墙垣、绿篱、栅栏等作隔离外，在场地周围还需成行栽植绿色植物成绿带，以形成一个相对静谧、安全、卫生的环境。绿带宽度可为 5～10 m，如一侧有车行道或面临冬季主导风向而无建筑遮挡寒风，则应以密植林带进行防护，并考虑一定数量的常绿树，宽度应为 10 m 左右。场地在建筑、特别是主体建筑附近，不宜栽高大乔木，以免影响室内通风采光。一般乔木应距建筑 8～10 m 以外。在建筑旁边可种植低矮灌木及宿根花卉作基础栽植，在主要出入口附近可布置儿童喜爱的花坛、水池、座椅等。

1. 公共活动场地的绿化要求

公共活动场地，即全体儿童共有的活动游戏场所，在此区域内，可适当设置一些亭、廊、花架、涉水池、沙坑、小动物造型等。在活动器械附近，以种植树冠宽阔、遮阴效果好的落叶乔木为主，使儿童及活动器械免受夏日灼晒，冬季亦能晒到阳光；而在场地的角隅处，可适当点缀开花灌木。绿地中宜铺设大面积的草皮，选择绿期长、耐践踏的草种，以方便幼儿的活动。

2. 班组活动场地的绿化要求

班组活动场地主要供小班作室外活动用。在绿化上比较简单，一般种大乔木庇荫，场地周围可以用绿篱围绕，形成一个单独空间。在角隅里及场地边缘种植不同季节开花的花灌木和宿根花卉，以丰富季相变化。

3. 幼托机构绿化植物的选择要求

需注意不能应用有毒、有臭味、有飞絮、有黏液、多刺、易引起过敏、具有极强染色特性的植物，最理想的是有味觉、触觉、视觉、嗅觉等感官作用的植物材料，突出表现植物景观的同时，增加体验、感受、认识自然的机会，寓教于学。

总之，设计应勾勒出一个自由的环境，渲染出一种欢快的气氛，有益于儿童生理和心理健康地发展。

【任务实施】

一、对设计实例进行分析

接到任务后，根据相关知识中所涉及的内容，对彩图 6-1 所示的设计实例进行分析如下：

1. 现状分析

校址用地东、西、北三面被江水环绕，南面用地至城市道路用地界线。地块中有规划 50 m 宽站前大道和 36 m 宽城市道路延伸段穿过。基地内主要为橘林，地势平坦。三面沿江，远眺山景，生态环境良好，与城市中心交通便捷。

2. 空间景观分析

校区的空间景观设计充分考虑周围自然环境与学校各功能要素的结合与渗透，通过各种空间的大与小，收与放，隔与透等手法，组织完整的空间序列。

首先是主入口核心广场空间，沿着入口主轴的深入，拾阶而上，由曲水、树阵、旱喷构成的空间序列景观层层延伸，空间有收有放，直至视觉的焦点校园的核心建筑——图书信息中心，形成庄重大气的校园核心空间。

同时横向展开的是自然绿色景观空间。这一带状空间成为教学区与生活区的自然过渡，严谨、规则的教学空间顺着步道与自然生态景观相互结合，穿越生活区一直渗透，延伸至沿江自然景观空间，使整个校园与周边环境有机地融为一体。

建筑庭院、道路、节点等构成了第三层次的点状空间，该空间因地制宜、亲切宜人，成为校园主空间的有效补充。

二、理论教学，布置设计任务

讲解国内外校园绿地设计优秀案例及最新设计理念；下达设计作业，使学生明确要完成的图纸数量、质量、时间等要求，协助学生列出设计计划。

三、分组进行设计

(1)草图设计与选择(每个组员独立进行草图设计,进行多方案比较,从中选一,以组为单位对此进行深化设计)。

(2)方案草图修改与定稿。

(3)图纸效果表现,出图。

四、方案评议,教学反馈

(1)学生自评(模拟规划设计汇报)、学生互评,教师点评。

(2)学生对教学进行反馈评价。

任务二　工矿企业绿地规划设计

【学习目标】

1. 理解工矿企业绿地的定义与其在城市园林绿地中的地位;

2. 了解各类工矿企业绿地的环境特点;

3. 理解各类工矿企业绿地的规划设计特点,掌握各类工矿企业绿地的规划设计方法,能根据不同类型的单位合理地进行树种选配和绿化布局设计;

4. 能正确理解工矿企业绿地设计各阶段的工作内容。

【任务提出】

如图 6-2 所示,以委托方的身份分析案例现状,试对该企业进行绿化设计。

设计要求:绿化设计要突出企业特色,满足游憩和生态需求。

图纸要求:要求表现力强,线条流畅,构图合理、清洁美观,图例、文字标注、图幅等符合制图规范。设计图纸包括:

(1)总平面图　表现各种造园要素(如山石水体、园林建筑与小品、园林植物等)。要求功能分区布局合理,植物配置季相鲜明。

(2)透视或鸟瞰图　手绘单位附属绿地实景,表现绿地中各个景点、各种设施及地貌等。要求色彩丰富、比例适当、形象逼真。

(3)园林植物种植设计图　表示设计植物的种类、数量、规格、种植位置及类型和要求的平面图样。要求图例正确、比例合理、表现准确。

(4)局部景观表现图　用手绘或者计算机辅助制图的方法表现设计中有特色的景观。要求特点突出,形象生动。

(5)设计说明　语言流畅、言简意赅,能准确地对图纸补充说明,体现设计意图。

【任务分析】

一、自然条件的调查

调查单位所处地的气象气候、地下水位、土壤、风向风力等自然条件,以及周围的环境条件，如附近的绿化状况、建筑状况等。新建的工厂还要调查周围建筑垃圾、土壤成分，作为适当换土或改良土壤的依据。

二、单位性质及其规模的调查

包括两个方面：首先，要了解本单位生产的特点，确定本单位是否受污染，污染的来源、性质以及程度；其次，要明确本单位生产过程中有何要求，对绿化会产生何种影响。

三、单位总图的调查

从单位规划总图中，可以了解绿化的面积、位置，建筑、管线的位置及与绿化地的关系。

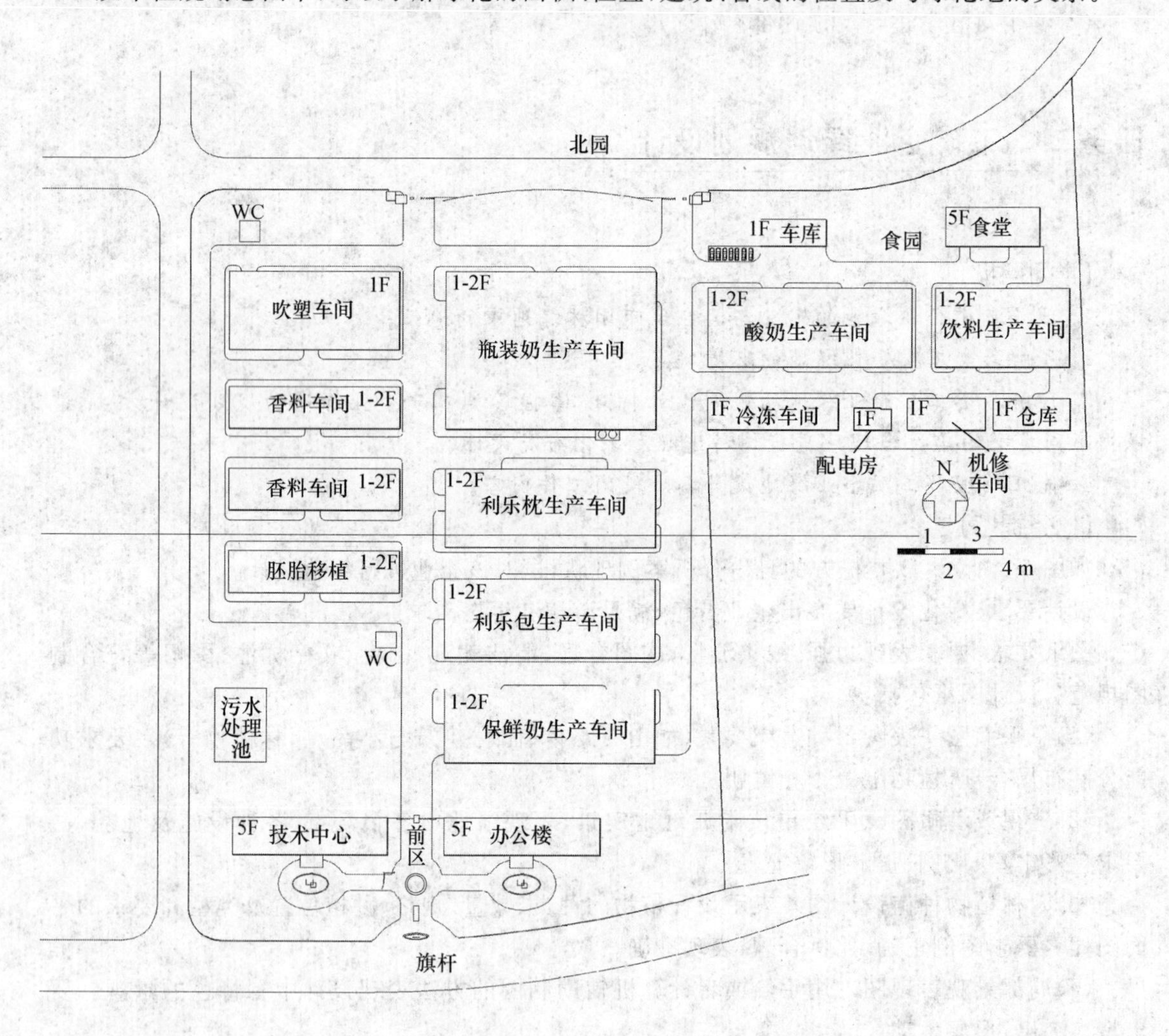

图 6-2 工矿企业绿地设计平面底图

四、社会调查

社会调查包括三个方面：了解本单位职工对绿地的要求；了解当地园林主管部门对本单位

绿地的有关要求，如绿地率具体要求达到的标准等；了解本单位建设进展步骤，明确所有空地的近、远期使用情况，以便有计划地安排绿化建设。

【基础知识】

一、工矿企业绿地的功能

工矿企业用地是城市用地的重要组成部分，一般占城市总用地的15%～30%，在工业城市中，这个比例还要再高一些。工矿企业的绿地能净化空气、净化土壤、净化水体、削弱噪声、营造微地域小气候，还能具有景观功能、陶冶情操的功能。特别是具有一定的直接经济效益、间接经济效益，工矿企业绿化布局合理，树种选配得当，环境美化，使得职工身心健康，提高劳动生产率，有利于产品质量的提高。其次，绿化是环境质量中的重要因素，好的环境质量，可树立良好的企业形象，给人良好的心理影响，为产品质量带来信誉，扩大销路。

二、工矿企业绿地环境条件的特殊性

工矿企业不同的性质、类型，特殊的生产工艺等，对环境有着不同的影响与要求。工矿企业绿地与其他绿地形式相比，有一定的特殊性。认识其特殊性，有助于进行更为合理的绿地规划设计。工矿企业绿地的特殊性可概括如下：

(1)环境恶劣　首先，工矿企业在生产过程中常会排放或逸出各种有害于人体健康、植物生长的物质，污染空气、水体和土壤。其次，在规划用地时，工业用地本身的土壤肥力等条件相对就较差，加上基本建设和生产过程中材料堆放、废物排放，使土壤、空气及其他植物生长条件变差。

(2)用地紧凑　工矿企业中建筑及各项设施的布置都比较紧凑，建筑密度大，能用作绿化的绿地很少，常常需要“见缝插绿”，如进行垂直绿化，开辟屋顶花园。

(3)需保证生产安全　工矿企业的首要任务是发展生产。企业的绿地要有利于生产正常运行，有利于产品质量的提高。所以绿化时要根据不同的安全要求，处理好与建筑、道路、管线等的关系，既不影响安全生产，又要提供给植物正常的生长条件。

(4)服务对象单一　工矿企业绿地的服务对象主要是本厂职工。绿化设计必须了解职工与其工作的特点，从职工的实际要求出发。

三、工矿企业绿地的设计原则

1. 统一规划、合理布局，形成“点、线、面”有机组合的绿地系统

绿地规划是企业总体规划的有机组成部分，应与总体规划同时进行，统一规划，在进行建筑、道路、管线等布局时，要把绿地结合进去，合理布局，形成“点、线、面”相结合的有机系统。“点”主要是两个部分，一是厂前区的绿化，二是游憩性游园。“线”即企业内道路、铁路、河渠等的绿化以及防护林带。“面”就是企业内生产车间、仓库、堆场等生产性建筑、场地周围的绿化。

2. 充分体现为生产服务的原则，保证生产安全

工矿企业绿地应满足生产和环境保护的要求，把保证生产安全放在首位。工矿企业的首要任务是进行生产，产生效益，绿地只有与此相适应，才能被采纳。

如生产车间的绿化必须注意与建筑朝向、门窗位置以及风向等的关系，充分保证满足生产时采光、通风的要求。一些有污染的企业，生产区散发出某种污染物，需通过栽种特定的植物

来有效降解。有些企业对环境有特殊要求，也要通过绿化设计使环境符合其要求。所以必须充分了解企业生产的特点，使绿化适应生产，有利于生产。

3. 充分体现为职工服务的原则

工矿企业的服务对象主要是本厂职工。在进行绿化设计时，必须从职工的具体要求出发，创造有利于职工工作、休息和活动的环境，有益于职工的身心健康。设计应因地制宜，充分体现“以人为本”的宗旨。

4. 充分体现工矿企业个体的特色

工矿企业绿地应根据本企业的性质、规模进行设计，表现出新时代的精神面貌，体现出蓬勃的活力，衬托出企业整齐宏伟、宽敞明亮、洁净清新、简洁明快的时代气息，还应体现出企业的特色，展示企业的风格，以期树立良好的企业形象，给人良好的心理影响。

5. 尽可能增加绿地面积，提高绿地率

为了保证企业实现文明生产，必须有一定的绿地面积，工矿企业绿地面积的大小，直接影响到绿化的功能和效果，应通过各种途径、运用各种手法，尽可能地增加绿地面积，提高绿地率。

我国目前大多数工矿企业绿化用地不足，应坚持多层次绿化，充分利用地面、墙面、棚架、屋顶、水面等位置，“见缝插绿”形成全方位的绿化空间。

四、工矿企业绿化设计的面积指标

绿地在工矿企业中要充分发挥作用，必须达到一定的面积。一般来说，只要设计合理，绿化面积越大，减噪、防尘、吸毒、改善小气候的作用也越大。我国城建部门对工矿企业绿化系数也有相关标准，见表 6-1。

表 6-1 新建工矿企业绿化系数

（引自赵建民等《园林规划设计》） %

行业	近期	远期
精密机械	30	40
轻工业、纺织	25	30
化工	15	20
重工	15	20
其他	20	25

五、工矿企业绿地各组成部分设计要点

（一）厂前区绿地

1. 厂前区绿地组成

厂前区一般由主要出入口、门卫收发室、行政办公楼、科学研究楼、中心实验楼、食堂、幼托、医疗所等组成。此处是全厂的行政、技术、科研中心，是连接城市与工厂的纽带，也是连接职工居住区与厂区的纽带。厂前区的环境面貌在很大程度上体现了工矿企业的形象和特色，是工矿企业绿化的重点地段，对于景观要求较高。

同时，厂前区一般位于企业内部的上风、上游位置，离污染源远，污染程度低，工程管线也

较少,有条件进行较好的绿地景观布置。

2. 厂前区绿地的设计要点

(1)景观要求较高　厂前区是职工上下班集散的场所,也是宾客首到之处,在一定程度上代表着企业的形象,体现企业的面貌。又厂前区往往与城市街道相邻,直接影响城市的面貌,因此景观要求较高。绿化设计需美观、大方、简洁、明快,给人留下良好的"第一印象"。

(2)要满足交通使用功能的要求　厂前区是职工上下班集散的场所,绿化要满足人流汇聚的需要,保证车辆通行和人流集散。

(3)绿地组成　厂前区绿化主要由厂门、围墙、建筑物周围的绿化、林荫道、广场、草坪、绿篱、花坛、花台、水池、喷泉、雕塑及其他有关设施(光荣榜、阅报栏、宣传栏等)组成。

(4)绿地布局形式　厂前区的绿化布置应考虑到建筑的平面布局,主体建筑的立面、色彩、风格,与城市道路的关系等,多数采用规则式和混合式的布局。植物配置和建筑立面、形体、色彩协调,与城市道路联系,多用对植和行列式种植。

(5)企业大门与围墙的绿化　企业大门与围墙的绿化,首先要注意与大门建筑造型及街道绿化相协调,并考虑满足交通功能的要求,方便出入。其次要富于装饰性与观赏性,并注意入口景观的引导性和标志性,以起到强调作用。

(6)厂前区道路绿化　企业大门到办公综合大楼间的道路上,选用冠大荫浓、生长快、耐修剪的乔木作遮阴树,或植以树姿雄伟的常绿乔木,再配以修剪整齐的常绿灌木,以及色彩鲜艳的花灌木、宿根花卉,给人以整齐美观、明快开朗的印象。

(7)建筑周围的绿化(办公区)　办公区一般处在工厂的上风区,管线较少,绿化条件较好。绿化应注意厂前区空间处理上的艺术效果,绿化的形式与建筑的形式要相协调,办公楼附近一般采用规则式布局,可设计花坛、雕塑等,远离大楼的地方则可根据地形变化采用自然式布局,设计草坪、树丛等。入口处的布置要富于装饰性和观赏性,建筑墙体和绿地之间不要忽视基础栽植的作用。花坛、草坪和建筑周围的基础绿带可用修剪整齐的常绿绿篱围边,点缀色彩鲜艳的花灌木、宿根花卉,或植草坪,上用低矮的色叶灌木作模纹图案。建筑的南侧栽植乔木时,要防止影响采光通风,栽植灌木宜低于窗口,以免遮挡视线。东西两侧宜栽植落叶乔木,以防夏季东西晒。

(8)小游园的设置　厂前区常常与小游园的布置相结合,小游园设计因地制宜,可栽植观赏花木,铺设草坪,辟水池,设小品,小径、汀步环绕,休息设施齐全,使环境更优美,绿意更宜人,既达到景观效果,又提供给职工工余活动、休息的场所。

(9)树种比例　为使冬季仍不失其良好的绿化效果,常绿树一般占树种总数的50%左右。

(二)生产区绿地

1. 生产区绿地组成

生产区可分为主要生产车间、辅助车间和动力设施、运输设施及工程管线。生产区绿地比较零碎分散,常呈带状和团片状分布在道路两侧或车间周围。

生产区是企业的核心,是工人在生产过程中活动最频繁的地段,生产区绿地环境的好坏直接影响到工人身心健康和产品的产量与质量。

2. 生产区绿地设计要点

生产区是生产的场所,生产区绿化主要以车间周围的带状绿地为主。绿化面积较大,对保护环境的作用更突出,更具有生产工厂的特殊性,是工厂绿化的主体,是工矿企业绿地设计的重点部位，生产区的绿化合理与否直接关系着企业整体绿化的成效。但是，生产区污染重、管线多，绿化条件往往比较复杂，可供绿化的用地一般比较零碎。

具体设计要点可归纳为以下几点：

(1)了解车间生产劳动的特点，要满足生产、安全、检修、运输等方面的要求。

(2)了解本车间职工对绿化布局和植物的喜好，满足职工的要求。

(3)不影响车间的采光、通风等要求，处理好植物与建筑及管线的关系。

(4)车间出入口可作为重点美化地段。

(5)根据车间生产特点，合理选择植物，或抗污染，或具某种景观特质。

3. 不同类别生产区绿化设计的具体要求

在进行设计时应根据实际情况，有针对性地选择绿化树种。根据生产区车间的生产特点不同，室外绿化配置也有所不同。

(1)对环境有污染的生产区　在有污染的生产区周围的绿化应以卫生防护为主。只有在了解车间生产性质和污染特点的基础上，才能有针对性地选择具有相应抗性的速生树种，所以在有污染的生产车间周围进行绿化时，首先要了解污染的种类、污染源和污染的程度。而在此区域设计的关键，在于树种的选择。

有气体污染的生产区周围一般不设置休息绿地；车间附近不宜稠密地栽植树木，可铺设开阔的草坪，疏植乔灌木，以利于有害气体的扩散、稀释；车间与车间之间可结合道路绿化设置隔离带；宜种植抗性强、生长快、低矮的树木。

有噪声污染的生产区周围，要选择枝叶繁茂、树冠低矮、树木分枝低的乔灌木，密集栽植形成隔音带。如大叶黄杨、珊瑚树、杨梅、小叶女贞、石楠等。

对于高温车间，栽植应符合防火要求，宜选择有阻燃作用的树种，如厚皮香、珊瑚树、冬青、银杏、海桐、枸骨等；宜选择冠大荫浓的乔木及色彩淡雅轻松凉爽的花木；树木栽植要有利于通风，还要注意使消防车进出方便。

(2)一般车间　一般车间即本身无污染，对周围环境也没有特殊要求的车间。车间周围的绿化比较自由，限制性不大。

(3)对环境绿化有特殊要求的车间　对于食品、光学、精密仪器制造车间，一方面要求防尘，一方面要求采光良好。所以一方面宜选择无飞絮、无花粉、落叶整齐、滞尘能力强的树种，同时注意低矮的地被和草坪的应用，以起到固土、防止扬尘的作用；一方面注意栽植距离，如乔木距建筑外墙至少 5 m 以上。

有些车间要求环境优美，可选择姿态优美、色彩鲜艳的花木，力求做到冬夏常青、四季有花，还可将花草树木引进车间，采用地栽、盆栽、攀缘、悬挂等多种绿化形式，使内外绿化空间互相联系，取得良好的绿化效果。

(三)仓库、露天堆场区绿地

该区是原料、燃料和产品堆放的区域，绿化要求与生产区基本相同，但该区多为边角地带，绿化条件较差。

(1)满足交通功能　宜选树干通直、分枝点高(4 m 以上)的树种，以保证各种运输车辆行驶畅通。

(2)注意防火要求　不宜种针叶树和含油脂较多的树种，要选择含水量大、不易燃烧的树种，如珊瑚树、冬青、柳树等。仓库周围必须留出 5～7 m 宽空地，以保证消防通道的宽度和净空高度，周边宜栽植高大、防火、隔尘效果好的落叶阔叶树。绿化以稀疏栽植乔木为主，间距要大，以 7～10 m 为宜，布局宜简洁。

（四）道路绿地

工矿企业内部道路的绿化，基本要求与城市道路相同。但在植物选择上，要考虑企业的个体特点。

厂区道路是工厂生产组织、工艺流程、原材料和成品运输、企业管理、生活服务的重要交通枢纽，是厂区的动脉。保证厂区交通运输畅通和安全是厂区道路规划的第一要求。厂内道路绿化是环境绿化的重要组成部分，其绿化要依照车流、人流及有害物质的污染等情况来进行具体设计。

(1)满足遮阴、防尘、抗污染、降低噪声、保证交通运输安全及美观等要求。

(2)道路绿化应充分了解路旁的建筑设施、地上、地下构筑物等，注意处理好与交通的关系，为保证行车、行人及生产的安全，道路交叉、转弯处要设非植树区以保证车行视距。

(3)主干道两侧多采用生长健壮、冠大荫浓、分枝点高、遮阴效果好、抗性强 、耐修剪的乔木做行道树，通常以等距行列式各栽植 1～2 行乔木，采用行列式布置，创造林荫道的效果，乔木栽植距离视树种而定，以 4～10 m 为宜，定干高度不要低于 4 m。若主干道较宽，中间可设立分车绿带，以保证行车安全。

(4)厂内一般道路，东西向可在南侧种植乔木，夏季遮阴，南北向种在西侧。人行道两侧，可种植三季有花，季相变化丰富的花灌木。

(5)道路与建筑物之间的绿化要有利于室内采光，防止污染，减弱噪声等。

(6)植树配置要以适地适树为原则，要乔、灌结合，花卉色彩要有鲜明对比。

（五）绿化美化地段

工矿企业用地周围的防护林、全厂性的游园、企业内部水源地的绿化，以及苗圃、果园等。

工厂企业还应注意在生产区和生活福利区之间因地制宜地设置防护林带。这对改善厂区周围的生态条件，形成卫生、安全的生活和劳动环境，促进职工健康等起着重要的作用。

绿化要注意在普遍的基础上，逐步提高，以利用植物美化和保护环境为主。在有条件时，还可以利用屋顶进行绿化，增加绿地面积，减少热辐射。

(1)防护林绿化　工矿企业在生产过程中常引起污染，所以还应注意在生产区和生活福利区之间因地制宜地设置防护林带，这对改善厂区周围的生态条件，形成卫生、安全的生活和劳动环境，促进职工健康等起着重要的作用。

(2)小游园绿化　工厂小游园是满足职工业余休息、放松、消除疲劳、锻炼、聊天、观赏的需要，对提高劳动生产率、保证安全生产，开展职工业余文化活动有重要意义，对厂容厂貌有重要的作用。是工厂职工在工作之余活动的场所，应选择职工易于达到的地方。小游园可栽植一些观赏价值较高的园林植物来丰富景观，有条件的工厂可在小游园内开辟供集体活动的场地，配置石桌、花架等设施。设计时要充分利用现有的自然条件，因地制宜，并配以假山、人工湖、喷泉等。职工在休闲、娱乐的同时，还能欣赏园中的美景。

（六）生活居住区

生活居住区的绿带设计可参考第五章居住区绿地规划设计。

六、工矿企业绿地绿化树种的选择

(一)工矿企业绿地绿化树种选择的原则

1. 因地制宜,选择合适树种

不同的植物有着不同的生长习性,对于生长环境具有不同的生长要求;不同类别的企业绿地,甚至于同一企业中不同地段的绿地,对于绿化树种的要求也有一定的不同。在选择绿化树种时,要根据实际情况,适地适树进行选择。

2. 选择抗污染树种

工矿企业生产过程中往往带有不同程度的污染,直接影响植物生长,影响绿化效果。选择抗污染树种,可以保证良好的绿化美化效果。

3. 要满足生产的要求

工矿企业的首要任务是发展生产。企业的植物选择要有利于生产正常运行,有利于产品质量的提高。如有污染的企业,相应地要选择针对此种污染有抗性的植物;生产过程对环境有特殊要求的企业,要求车间周围空气洁净、尘埃少,就要选择滞尘能力强的植物,如榆树等;对于防火有要求的企业车间,则应选择防火树种,如珊瑚树、银杏、蚊母树等。

4. 选择容易繁殖、易于管理的树种

工矿企业绿化管理人员有限,宜选择容易繁殖、栽培和管理的植物,如可选择乡土树种,可节省人力、物力。

(二)工矿企业绿地常用的绿化树种

1. 针对二氧化硫气体的植物

(1)有吸收能力的植物有:臭椿、夹竹桃、珊瑚树、紫薇、石榴、菊花、棕榈、牵牛花等。

(2)有抗性的植物有:珊瑚树、大叶黄杨、女贞、广玉兰、夹竹桃、罗汉松、龙柏、槐树、构树、桑树、梧桐、泡桐、喜树、紫穗槐、银杏、美人蕉、紫茉莉、郁金香、仙人掌、雏菊等。

(3)反应敏感、可用于监测的植物有:苹果、梨、羽毛槭、郁李、悬铃木、雪松、油松、马尾松、白桦、毛樱桃、贴梗海棠、油梨、梅花、玫瑰、月季等。

2. 针对氟化氢气体的植物

(1)有吸收能力的植物有:美人蕉、向日葵、蓖麻、泡桐、梧桐、大叶黄杨、女贞、加拿大白杨等。

(2)有抗性的植物有:大叶黄杨、蚊母树、海桐、香樟、凤尾兰、棕榈、石榴、皂荚、紫薇、丝棉木、梓树、木槿、金鱼草、菊、百日草、紫茉莉等。

(3)反应敏感、可用于监测的植物有:葡萄、杏、梅、山桃、榆叶梅、紫荆、金丝桃、慈竹、池杉、白千层、南洋杉等。

3. 针对氯气的植物

(1)有吸收能力的植物有:银桦、悬铃木、水杉、桃、棕榈、女贞等。

(2)有抗性的植物有:黄杨、油茶、山茶、柳杉、日本女贞、枸骨、锦熟黄杨、五角枫、臭椿、高山榕、散尾葵、樟树、北京丁香、接骨木、构树、合欢、紫荆、木槿、大丽菊、蜀葵、百日草、千日红、紫茉莉等。

(3)反应敏感、用于监测的植物有:池杉、核桃、木棉、樟子松、紫椴、赤杨等。

4. 针对乙烯的树种

(1)有抗性的植物有:夹竹桃、棕榈、悬铃木、凤尾兰、黑松、女贞、榆树、枫杨、重阳木、乌桕、红叶李、柳树、香樟、罗汉松、白蜡等。

(2)反应敏感、可用于监测的植物有:月季、十姐妹、大叶黄杨、苦楝、刺槐、臭椿、合欢、玉兰等。

5. 有较强吸收汞气体能力的植物

夹竹桃、棕榈、樱花、桑树、大叶黄杨、八仙花、美人蕉、紫荆、广玉兰、月季、桂花、珊瑚树、腊梅等。

6. 针对氨气的植物

(1)有抗性的植物有:女贞、樟树、丝棉木、腊梅、柳杉、银杏、紫荆、杉木、石楠、石榴、朴树、无花果、皂荚、木槿、紫薇、玉兰、广玉兰等。

(2)反应敏感、可用于监测的植物有:紫藤、小叶女贞、杨树、虎杖、悬铃木、核桃、杜仲、珊瑚树、枫杨、木芙蓉、栎树、刺槐等。

7. 针对臭氧的植物

(1)有吸收能力的植物有:银杏、柳杉、日本扁柏、樟树、海桐、青冈栎、日本女贞、夹竹桃、栎树、刺槐、悬铃木、连翘、冬青等。

(2)有抗性的植物有:枇杷、黑松、海州常山、八仙花、鹅掌楸等。

8. 防火树种

山茶、油茶、海桐、冬青、蚊母、八角金盘、女贞、杨梅、厚皮香、交让木、白榄、珊瑚树、枸骨、罗汉松、银杏、槲栎、栓皮栎、榉树等。

9. 滞尘能力强的树种

榆树、朴树、梧桐、泡桐、臭椿、龙柏、夹竹桃、构树、槐树、桑树、紫薇、楸树、刺槐、丝棉木等。

10. 有较强杀菌能力的树种

黑胡桃、柠檬桉、大叶桉、苦楝、白千层、臭椿、悬铃木、茉莉花、薜荔以及樟科、芸香科、松科、柏科的一些植物。

【任务实施】

一、对设计实例进行分析

接到任务后,根据相关知识中所涉及的内容,对某厂区平面图进行分析,首先可以确定此单位为规则式建筑布局形式,绿地分区包括厂前区、生产区、道路绿地等基本形式。

二、理论教学,布置设计任务

讲解国内外工矿企业绿地设计优秀案例及最新设计理念;下达设计作业,使学生明确要完成的图纸数量、质量、时间等要求,协助学生列出设计计划。

三、分组进行设计

(1)草图设计与选择(每个组员独立进行草图设计,进行多方案比较,从中选一,以组为单位对此进行深化设计)。

(2)方案草图修改与定稿。

(3)图纸效果表现,出图。

四、方案评议,教学反馈

(1)学生自评(模拟规划设计汇报)、学生互评,教师点评。
(2)学生对教学进行反馈评价。

任务三 机关单位绿地规划设计

【学习目标】

1. 理解机关单位绿地的定义与其在城市园林绿地中的地位;
2. 了解各类机关单位绿地的环境特点;
3. 理解各类机关单位绿地的规划设计特点,掌握各类机关单位绿地的规划设计方法,能根据不同类型的单位合理地进行树种选配和绿化布局设计;
4. 能正确理解机关单位绿地设计个阶段的工作内容。

【任务提出】

如图 6-3 所示,以委托方的身份分析案例现状,试对该机关单位进行绿化设计。

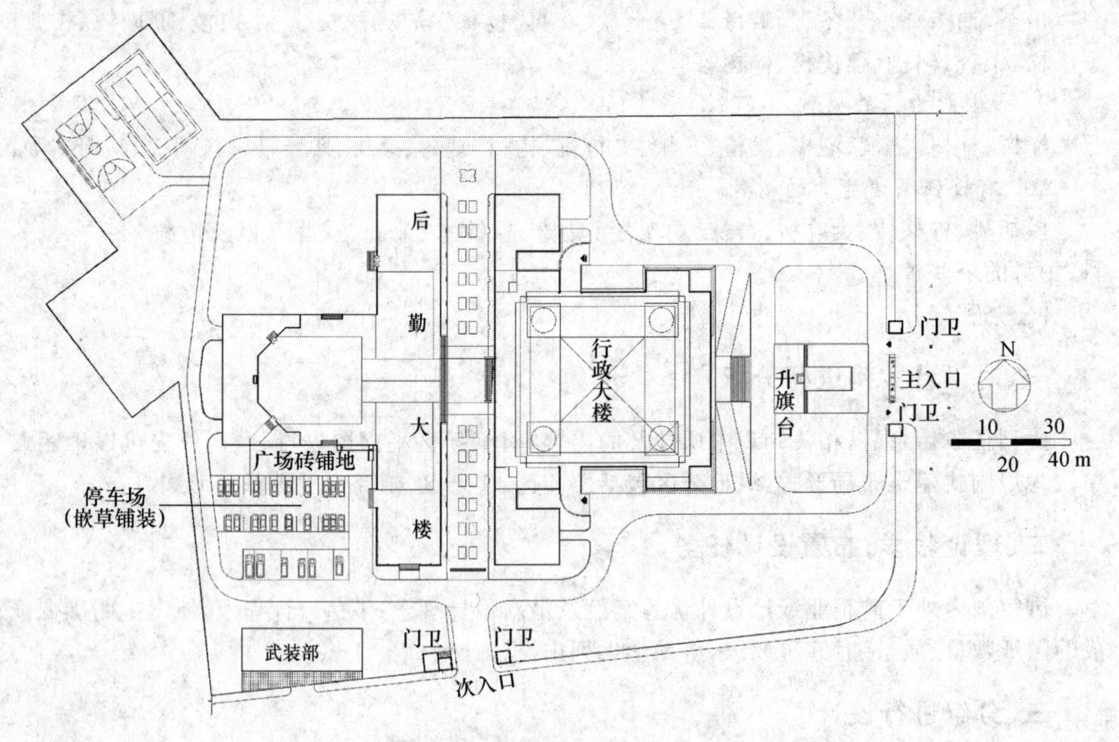

图 6-3 机关单位绿地设计平面底图

设计要求:绿化设计要突出该单位特色,满足景观、游憩和生态需求。

图纸要求:

(1)总平面图　表现各种造园要素。要求功能分区布局合理,植物配置季相鲜明。

(2)透视或鸟瞰图　手绘单位附属绿地实景,表现绿地中各个景点、各种设施及地貌等。要求色彩丰富、比例适当、形象逼真。

(3)园林植物种植设计图　表示设计植物的种类、数量、规格、种植位置及类型和要求的平面图样。要求图例正确、比例合理、表现准确。

(4)局部景观表现图　用手绘或者计算机辅助制图的方法表现设计中有特色的景观。要求特点突出,形象生动。

(5)设计说明　语言流畅、言简意赅,能准确地对图纸补充说明,体现设计意图。

【任务分析】

一、自然条件的调查

调查机关单位所处地的气象气候、地下水位、土壤、风向风力等自然条件,以及周围的环境条件,如附近的绿化状况、建筑状况等。

二、单位性质及其规模的调查

包括两个方面:首先,要了解本单位的性质,不同的机关单位对于绿化有不同的要求;其次,要明确本单位的规模大小,这决定着采取何种绿地布局形式。

三、单位总图的调查

细读单位规划总图,可以了解绿化的面积、位置,建筑、管线的位置及与绿化地的关系。

四、社会调查

社会调查包括三个方面:了解本单位职工对绿地的要求;了解当地园林主管部门对本单位绿地的有关要求,如绿地率具体要求达到的标准等;了解本单位建设进展步骤,明确所有空地的近、远期使用情况,以便有计划地安排绿化建设。

【基础知识】

一、机关单位绿地的概念

机关单位绿地是指党政机关、行政事业单位、各种团体及部队用地范围内的绿地,是城市园林绿地系统的重要组成部分。

二、机关单位绿地的特点

1. 绿地为机关单位的工作服务

机关单位绿地的绿化主要是通过种植树木、花草,营造一个绿树成荫、空气清新、优美舒适的工作环境,从而提高工作质量和效率,起到绿化兼美化的效果。

2. 绿地需考虑建筑的需要

机关单位绿地的主体是建筑物,园林植物注意补充和完善之,通过合理的设计布局来衬托建筑的风格、韵味。

3. 规模小，景观美

由于单位绿地的面积、资金投入、技术力量及绿化配套设施等方面的限制，机关单位绿地的设计布局简单明了，主要以植物造景为主。在面积、地形许可的情况下，适当设置小水体，点缀一些园林小品，创造良好的景观效果。

三、机关单位绿地各组成部分的设计要点

机关单位是一个严肃、有序的办公场所，其绿地宜采用规则式。根据不同组成部分的需要，机关单位绿地须有3～4个完整的绿面，绿地面积大的宜采用大乔木－小乔木－灌木－地被植物，如广玉兰、雪松－桂花、玉兰、红枫－海桐、杜鹃－草坪，还可结合运用大广场、小游园等；还应尽可能利用建筑物的顶部及墙面，发展立体绿化，如屋顶花园、围墙与墙面绿化、棚架绿化等，以弥补绿地的不足，提高绿化覆盖率(图6-4)。

图6-4 某机关单位绿化效果图

1. 大门入口处绿地

主要指城市干道到单位大门之间的绿化用地，是单位绿化的重点之一。大门入口处绿地的色彩、风格、布局形式等应与整体空间及建筑协调一致。大门外侧绿地应与城市道路绿地的风格相协调。园林布局形式一般采用规则式，以树冠优美、耐修剪整形的常绿树为主。在入口处可设置花坛、水池、喷泉、假山、雕塑、影壁、植物等作对景。

2. 办公楼前绿地

办公楼前绿地主要指大门到主体建筑之间的绿化用地，是机关单位绿地中最为重要的部位，可分为楼前绿地、入口处绿地和建筑周围的绿地。办公楼前一般可规划成以景观观赏为主的规则式广场绿地，供人流集散，兼而考虑停车需要和生态作用，绿地内可设置草坪、模纹花坛、雕塑、水池、喷泉、假山等。场地面积较大时常建成开放型绿地，考虑游憩功能；场地面积较小时一般设计成封闭式绿地。常用草坪铺底，绿篱围边，草坪上点缀常绿树和花灌木，或用模

纹图案,富有装饰效果。

建筑入口处绿地常有三种处理手法:结合台阶、作垂直绿化和层叠式花坛;大门两侧对植常绿大乔木或耐修剪的花灌木;摆放盆栽在大门两侧,如苏铁、南洋杉等,一般面积较小时使用。

建筑周围需作基础栽植,常呈条带状,起到景观美化、生态隔离等作用。基础栽植应简单明快,风格与楼前绿地一致。高大乔木距离建筑外墙 5 m 之外,以期不影响建筑内部采光、通风;建筑东西两侧山墙外可结合行道树栽植高大乔木,以防日晒;建筑的背阴面要注意选择耐阴植物。

3. 庭园式休息绿地(小游园)

绿地面积较大时可设置小游园。游园以植物造景为主,还可视具体情况设置广场、水池、喷泉、亭廊、花架、桌椅、园灯、雕塑等园林设施,满足游憩的需要。

4. 附属建筑绿地

机关单位内的附属建筑主要指食堂、锅炉房、供变电房、仓库、车库等。此处的绿化较简单,往往只需考虑不影响使用功能并与周围绿化风格一致即可。

5. 道路绿地

道路绿化贯穿于机关单位绿地各组成部分之间,起着交通、空间组织与联系、景观构建的作用,也是机关单位绿化的重点。

6. 其他绿地

机关单位绿地还可考虑立体绿化,其内容包括:围墙、墙面绿化,屋顶绿化,棚架绿化等。绿化的实施与建筑物结构及设计有密切联系。在单位建筑物建造时,应作为一项必要的基建配套设施,事先予以考虑和安排。

立体绿化植物的选择:屋顶绿化考虑屋面的承重等因素,土层较浅,宜选择栽种草坪地被植物及小灌木等,如火棘、黄杨球、马蹄金等;围墙墙面及棚架绿化,可根据墙体朝向、结构及棚架的使用功能等选择合适的藤本植物,喜阳的有葡萄、凌霄、牵牛花等,耐阴的有常春藤、爬山虎、绿萝、紫藤、蔷薇等。

【任务实施】

一、对设计实例进行分析

接到任务后,对图 6-3 进行分析,确定此单位建筑布局为规则式,分区包括主入口、升旗台、行政大楼、后勤大楼、次入口、停车场、运动区。

主入口是单位绿化的重点之一。大门入口处绿地的色彩、风格、布局形式等应与整体空间及建筑协调一致。大门外侧绿地应与城市道路绿地的风格相协调。园林布局形式一般采用规则式。在入口处可结合升旗台两侧绿地设置花坛、水池、喷泉、假山、雕塑、影壁、植物等作对景。

行政大楼前绿化场地面积较小,可结合台阶,作垂直绿化和层叠式花坛;大门两侧对植常绿大乔木或耐修剪的花灌木。

建筑周围需作基础栽植,可呈条带状。基础栽植风格应与楼前绿地一致。高大乔木距离建筑外墙 5 m 之外;建筑东西两侧山墙外可结合行道树栽植高大乔木,以防日晒;建筑的背阴面要注意选择耐阴植物。

行政大楼两侧场地面积较大，可设置小游园。游园以植物造景为主，还可视具体情况设置广场、水池、喷泉、亭廊、花架、桌椅、园灯、雕塑等园林设施，满足游憩的需要。

二、布置设计任务

讲解国内外设计优秀案例及最新设计理念；下达设计作业，使学生明确要完成的图纸数量、质量、时间等要求，协助学生列出设计计划。

三、分组进行设计

(1)草图设计与选择(以组为单位对此进行深化设计)。
(2)方案草图修改与定稿。
(3)图纸效果表现，出图。

四、方案评议，教学反馈

(1)学生自评(模拟规划设计汇报)、学生互评，教师点评。
(2)学生对教学进行反馈评价。

第七章　道路绿地规划设计

任务　城市道路绿地规划设计

【学习目标】

通过对道路绿地景观设计理论讲解及实例分析，使学生具备对道路绿地的规划形式、景观要素进行合理布置的设计能力，并能达到实用性、科学性与艺术性的完美结合。主要考核要求包括：

1. 掌握城市道路绿地设计基本理论；
2. 能进行道路绿地规划设计（人行道绿带、分车绿带、路侧绿地、交通岛绿地、小游园等）。

【任务提出】

如图7-1所示，以委托方的身份分析案例现状，试对该城市道路进行绿化设计。

图7-1　城市道路绿地设计平面底图

设计要求：规划设计要突出城市道路绿地的特色，满足交通、景观、生态等需求。

图纸要求：要求表现力强，线条流畅、构图合理、清洁美观，图例、文字标注、图幅等符合制图规范。设计图纸包括：

(1)总平面图　要求完成城市道路人行道、分车带、交通岛、交叉口等部分的绿化设计。

(2)鸟瞰图或局部景观表现图　用手绘或者计算机辅助制图的方法表现设计中有特色的景观。要求特点突出,形象生动。

(3)园林植物种植设计图　表示设计植物的种类、数量、规格、种植位置及类型和要求的平面图样。要求图例正确、比例合理、表现准确。

(4)设计说明　语言流畅、言简意赅,能准确地对图纸补充说明,体现设计意图。

【任务分析】

本任务主要是综合运用所学的知识对给定的道路绿地绿化建设项目进行规划设计,承交一套完整的设计文件(设计图纸和设计说明)。

所有图纸的图面要求表现力强,线条流畅、构图合理、清洁美观,图例、文字标注、图幅等符合制图规范。

【基础知识】

道路绿地主要指城市街道绿地及穿过市区的公路、铁路和高速干道的防护绿带。城市道路绿化指路侧带、中间分隔带、两侧分隔带、立体交叉、平面交叉、广场、停车场以及道路用地范围内的边角空地等处的绿化。城市道路绿化将市区内外的公共绿地、居住区绿地、专用绿地等各类绿地串联起来,形成了一个完整的绿地系统网络。道路绿化是城市道路的重要组成部分,应根据城市性质、道路功能、自然条件、城市环境等,合理地进行设计。

一、道路绿化的作用

近年来,全国各城市都加大了园林绿化力度,争创园林绿化先进城市,各省市园林部门更是纷纷把创“国家园林城市”作为重要任务,而道路绿化作为城市的形象工程更是重中之重,它对改变城市面貌、美化环境、减少环境污染、降低噪声、保持生态平衡、防御风沙与火灾、组织交通、完善城市功能,提高城市品位等都有重要作用。

二、城市道路系统的基本类型及分类

(一)城市道路系统的基本类型

城市道路系统是城市的骨架,它是城市结构布局的决定因素。而城市道路系统的形式是在一定的社会条件、城市建设条件及当地自然环境下,为满足城市交通及其他各种要求而形成的。已经形成的道路系统可归纳为表 7-1 几种类型(图 7-2 至图 7-7)。

(二)城市道路的分类

城市道路是多功能的,以交通功能占重要地位,为确保交通安全,对不同性质、速度的交通实行分流。不同规模的城市,交通量有很大的差异,大城市将城市道路分为四级(快速路、主干路、次干路、支路)(表 7-2),中等城市分为三级(主干路、次干路、支路),以步行和自行车为主要出行活动的小城镇可分二级(干路和支路)。

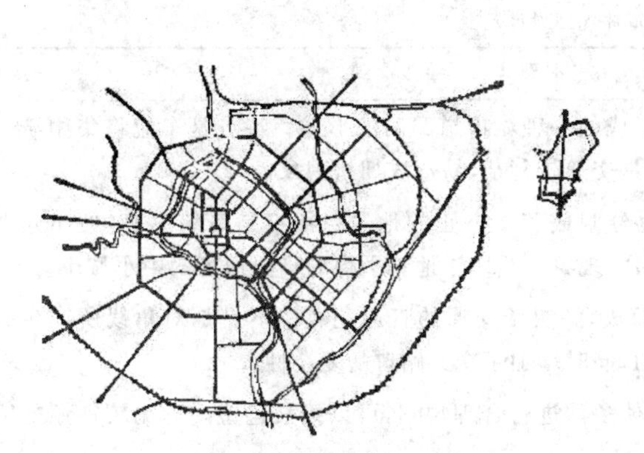

图 7-2　环形放射道路网(成都市)

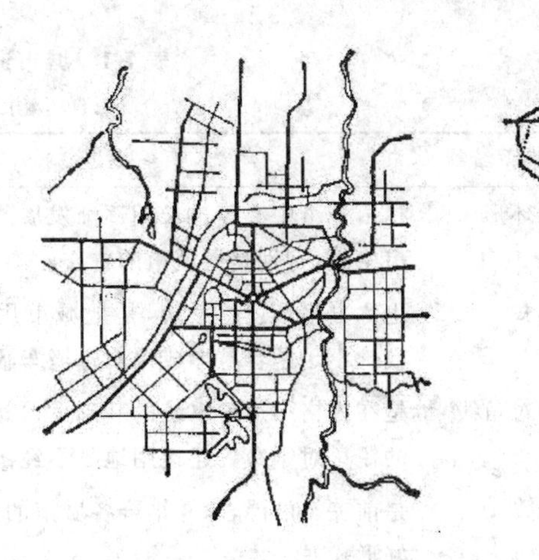

图 7-3　放射形道路网(长春市)

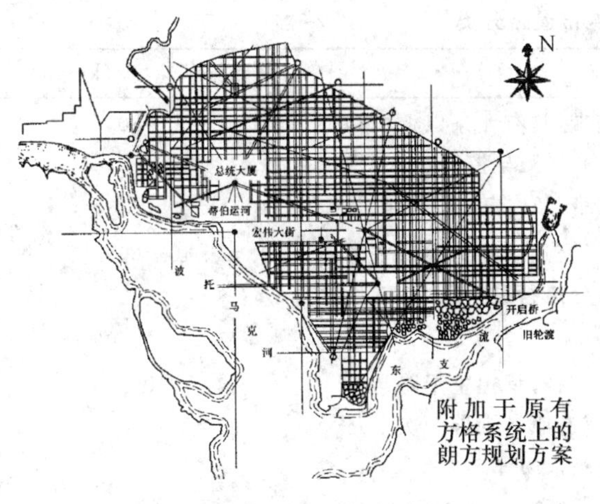

图 7-4　棋盘式道路网(美国华盛顿市)

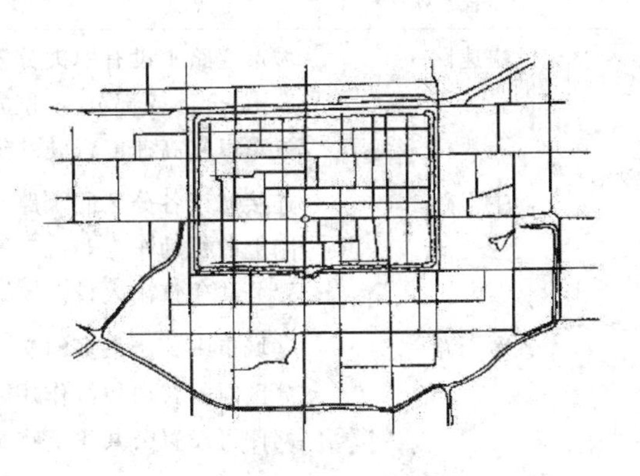

图 7-5　方格形道路网(西安市)

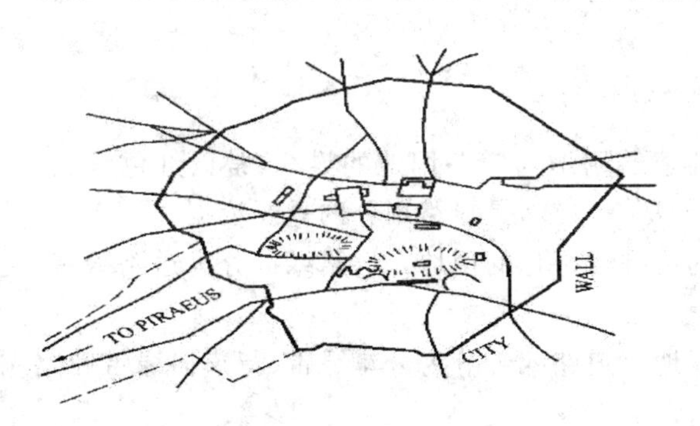

图 7-6　自由式道路网(古代雅典)

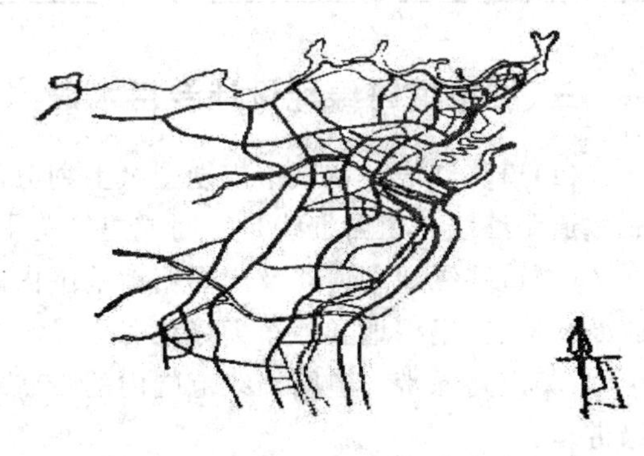

图 7-7　自由式道路网(青岛市)

表 7-1 城市道路系统的基本要点

(引自赵建民《园林规划设计》)

道路系统	基本要点
放射环形	是由一个中心经过长期逐渐发展而形成的一种城市道路网的形式。特点是车流将集中于市中心,特别是大城市的中心。不足是交通较复杂,易造成拥挤现象。
棋盘式	也称方格形道路系统,是把城市用地分割成若干方正的地段。特点是系统明确,便于建设。不足是容易形成单向过境车辆多的现象。适用于地势平坦的平原地区的中小城市。
方格对角线	是在方格形道路系统的基础上改进而成,解决了交通的直通问题。不足是对角线所产生的锐角对于布置建筑用地是不经济的,同时增加了交叉路口的复杂性。
混合式	是前三类的混合,并结合各城市的具体条件进行合理规划,可以扬长避短。是比较适用的好形式。
自由式	多在地形条件复杂的城市中,能满足城市居民对于交通运输的要求,便于组织交通,结合地形变化,路线多弯曲自由布局,具有丰富的变化。

表 7-2 城市道路分类

道路类型	要点	设计行车速度/(km/h)
快速路	城市道路中设有中央分隔带,具有 4 条以上机动车道,全部或部分采用立体交叉与控制出入,供汽车以较高速度行驶的道路,又称汽车专用道。	60～80
主干路	连接城市各分区的干路,以交通功能为主。主干路上的机动车与非机动车分道行驶,两侧不宜设置公共建筑出入口。	40～60
次干路	是城市中数量最多的交通道路,承担主干路与各分区间的交通集散作用,兼有服务功能。次干路两侧可设置公共建筑物及停车场等。	40
支路	是次干路与街坊路(小区路)的连接线,以服务功能为主。可满足公共交通线路行驶的要求,也可作自行车专用道。	30

三、城市道路绿地设计专用术语

(1)道路红线　在城市规划图纸上划分的建筑用地与道路用地的界线,常以红色线表示,故称道路红线。道路红线是街面或建筑范围的法定界线,是线路划分的重要依据。

(2)道路绿地　道路及广场用地范围内的可进行绿化的用地。道路绿地分为道路绿带、交通岛绿地、广场绿地和停车场绿地。

(3)道路绿带　道路红线范围内的带状绿地。道路绿带分为分车绿带、行道树绿带和路侧绿带。

(4)分车绿带　车行道之间可以绿化的分隔带,其位于上下行机动车道之间的为中间分车绿带;位于机动车道与非机动车道之间或同方向机动车道之间的为两侧分车绿带。

(5)行道树绿带　布设在人行道与车行道之间,以种植行道树为主的绿带。

(6)路侧绿带　在道路侧方,布设在人行道边缘至道路红线之间的绿带。

(7)交通岛绿地　可绿化的交通岛用地。交通岛绿地分为中心岛绿地、导向岛绿地和立体交叉绿岛。

(8)中心岛绿地　位于交叉路口上可绿化的中心岛用地。

(9)导向岛绿地　位于交叉路口上可绿化的导向岛用地。

(10)立体交叉绿岛　互通式立体交叉干道与匝道围合的绿化用地。

(11)广场、停车场绿地　广场、停车场用地范围内的绿化用地。

(12)道路绿地率　道路红线范围内各种绿带宽度之和占总宽度的百分比。

(13)园林景观路　在城市重点路段,强调沿线绿化景观,体现城市风貌、绿化特色的道路。

(14)通透式配置　绿地上配植的树木,在距相邻机动车道路面高度 0.9～3.0 m 的范围内,其树冠不遮挡驾驶员视线的配置方式。

(15)安全视距　当司机发觉交会车辆立即刹车而刚够停车的最小距离称为安全视距。以此视距在交叉口上组成的三角形为视距三角形。

(16)道路总宽度　道路总宽度也叫路幅宽度,即规划建筑线(道路红线)之间的宽度。道路总宽度是道路用地范围,包括横断面各组成部分用地的总称。

图 7-8 为道路绿地名称示意图。

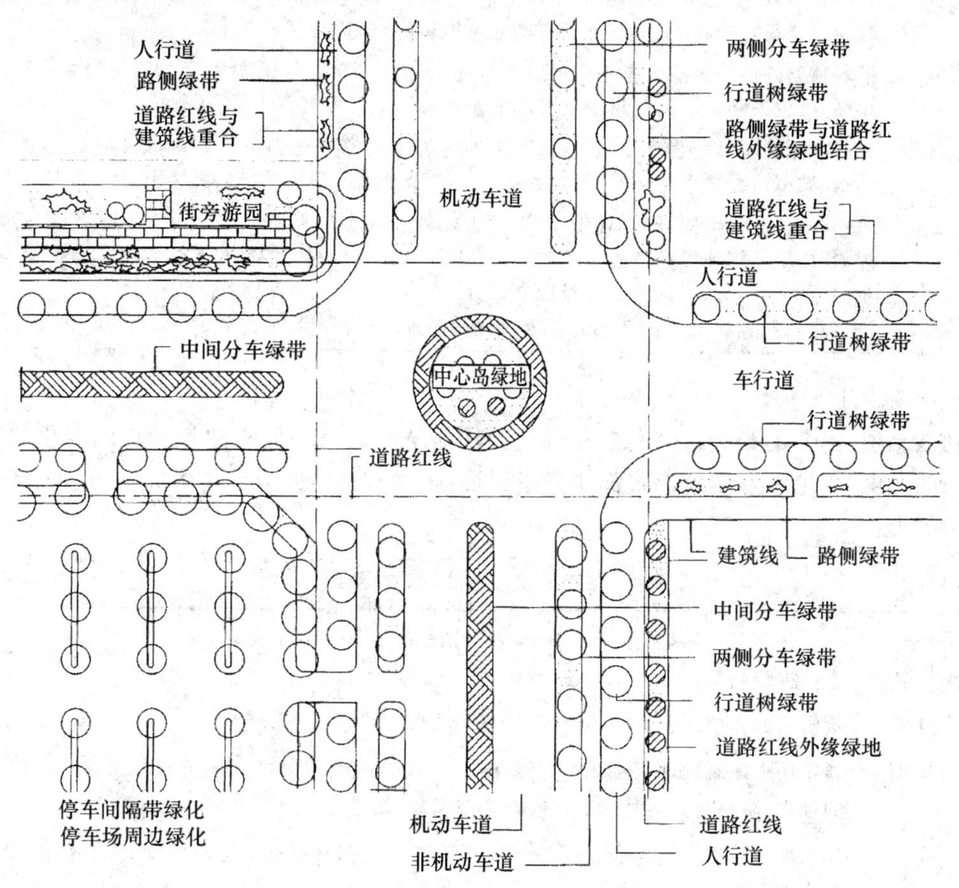

图 7-8　道路绿地名称示意图

四、城市道路绿地类型及绿地率指标

(一)城市道路绿地类型

道路绿地是城市道路环境中的重要景观元素。城市道路的绿化以"线"的形式使城市绿地连成一个整体,可以美化街景,衬托和改善城市面貌。根据不同的种植目的,城市道路绿地可分为景观栽植与功能栽植两大类。

1. 景观栽植

从城市道路绿地的景观角度出发,从树种、树形、种植方式等方面来研究绿化与道路、建筑协调的整体艺术效果,使绿地成为道路环境中有机组成的一部分。景观栽植主要是从绿地的景观角度来考虑栽植形式,可分为表7-3所示的几种。

表 7-3 道路绿地景观栽植类型与要点

栽植类型	栽植要点
密林式	沿路两侧浓茂的树林,主要以乔木为主,配以灌木和地被植物。一般在城乡交界、环绕城市或结合河湖处布置。沿路栽植一般在50 m以上,多采用自然式种植,可结合丘陵、河湖布置,容易适应周围地形环境特点。
自然式	模拟自然景色,比较自由,主要根据地形与环境来决定。用于街头小游园、路边休息场所等的建设。能很好地与附近景观配合,增强了街道的空间变化。
花园式	沿着道路外侧布置成大小不同的绿化空间,有广场、绿荫,并设置必要的园林设施和园林建筑小品,供行人和附近居民逗留小憩和散步。
田园式	道路两侧的园林植物都在视线下,大多种植草坪,空间全面敞开。在郊区直接与农田、菜园相连;在城市边缘也可与苗圃、果园相邻。主要用于城市公路、铁路、高速干道的绿化。
滨河式	道路一边临水,空间开阔,环境优美,是市民游憩的良好场所。在水面不十分宽阔,对岸又无风景时,滨河绿地可布置得较为简单,树木种植成行成排,沿水边就设置较宽的绿地,布置游步道、草坪、花坛、座椅等园林设施和园林小品。
简易式	沿道路两侧各种植一行乔木或灌木,形成"一条路,两行树"的形式。

2. 功能栽植

功能栽植(图7-9)是通过绿化栽植来达到功能上的效果。但应注意到道路绿化的功能并非唯一的要求,不论采取何种形式都应考虑到视觉上的效果,并成为街景艺术的组成部分。功能栽植的类型见表7-4。

表 7-4 城市道路绿地功能栽植类型与要点

栽植类型	栽植要点
遮蔽栽植	遮挡视线的某一个方向。
遮阴栽植	遮阴树的种植改善道路环境,尤其夏天的降温效果十分显著。
装饰栽植	通常用在建筑用地周围或道路绿化带、分隔带两侧作局部的间隔与装饰之用。作为界线的标志,防止行人穿过、遮挡视线、调节通风、防尘等。
地被栽植	使用地被栽植覆盖地表,如草坪等,可以防尘、防土、防止雨水对地表的冲刷,在北方还有防冻作用。
其他	如防噪声栽植,防风、防雨栽植等。

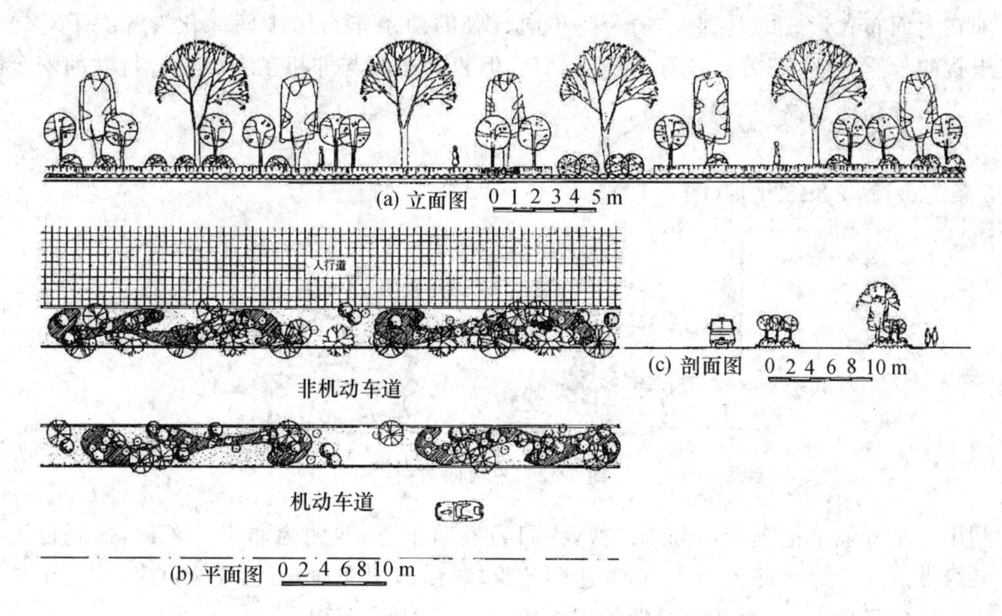

图 7-9 道路绿化带间隔与装饰示意图

(二)城市道路绿地率指标

《城市道路绿化规划与设计规范》(CJJ 75—1997)的相关规定和原则。道路绿地率应符合下列规定:园林景观路绿地率不得小于 40%;红线宽度大于 50 m 的道路绿地率不得小于 30%;红线宽度在 40～50 m 的道路绿地率不得小于 25%;红线宽度小于 40 m 的道路绿地率不得小于 20%。

五、城市道路绿化的横断面布置形式

1. 一板二带式

1 条车行道,2 条绿化带(图 7-10)。

这是道路绿地中最常用的一种形式。仅在车行道两侧人行道绿带上种植行道树。简单整齐,用地经济,管理方便。但当车行道过宽时,行道树的遮阴效果较差;机动车与非机动车混杂,交通管理难。

2. 二板三带式

2 条车行道,3 条绿化带(图 7-11)。

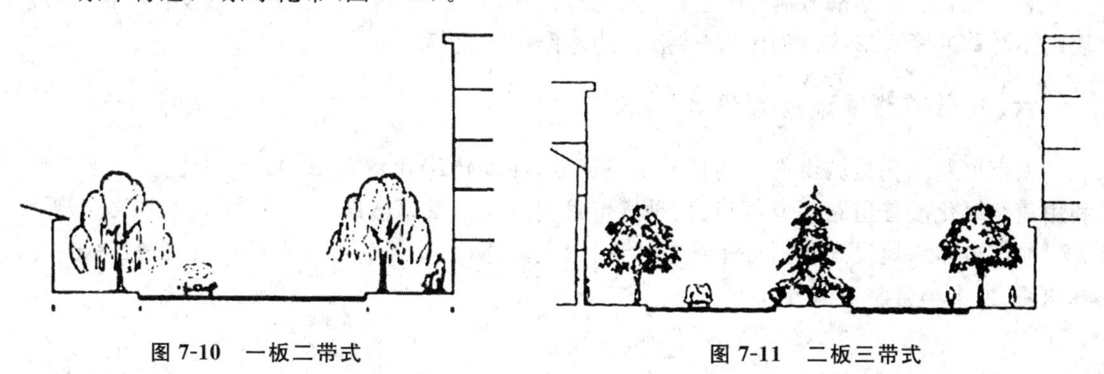

图 7-10 一板二带式　　图 7-11 二板三带式

即在上面布置形式的基础上，再分隔单向行驶的两条车行道中间绿化。解决了对向车流相互干扰的矛盾，且生态效益较好，景观较好。但机动车辆与非机动车辆混合行驶的安全隐患较大。多用于高速公路和入城道路。

3. 三板四带式

3 条车行道，4 条绿化带(图 7-12)。

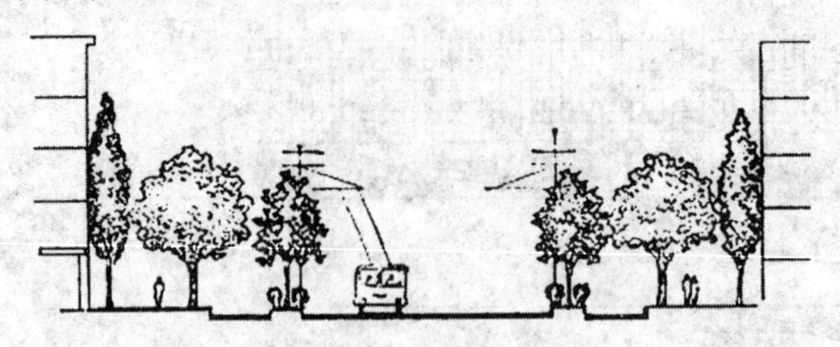

图 7-12　三板四带式

利用 2 条分隔带把车行道分成 3 块，中间为机动车道，两侧为非机动车道，连同行道树共为 4 条绿带。这种形式绿化量大，夏季遮阴效果较好，组织交通方便，安全可靠，解决了各种车辆混合干扰的矛盾，是城市道路绿地较理想的形式，但占地面积大。

4. 四板五带式

4 条车行道，5 条绿化带(图 7-13)。

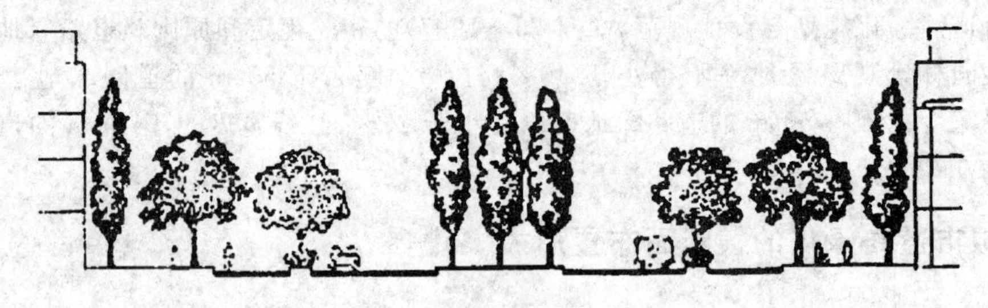

图 7-13　四板五带式

即利用 3 条分隔带将车道分为 4 条，共 5 条绿化带。如果道路宽度不宜布置 5 带，则可用栏杆分隔。机动车与非机动车各行其道，互不干扰，保证行车速度和安全。但是用地面积大，建设投资高。

5. 其他形式

利用现状和地形的限制，按道路所处地理位置、环境条件特点，因地制宜设置绿带，形成不规则不对称的断面形式。如山坡道路、水边道路的绿化等。

六、城市道路绿地规划设计

城市道路绿化是城市道路的重要组成部分，在城市绿化覆盖率中占较大比例。不仅可以利用道路绿化改善道路环境，而且也是城市景观风貌的重要体现。

城市道路绿地设计包括分车绿带的设计、交叉路口、交通岛绿地设计、人行道绿化带、花园林荫路、街头小游园等部分。

(一)基本原则

为发挥道路绿化在改善城市生态环境和丰富城市景观中的作用,避免绿化影响交通安全,保证绿化植物的生存环境,使道路绿化规划设计规范化,提高道路绿化规划设计水平,在规划设计时应遵循以下几点(适用于城市的主干路、次干路、支路、广场和社会停车场的绿地规划与设计):

(1)道路绿地设计应与城市道路的性质、功能相适应。

(2)应满足交通组织的需要,符合行车视线和行车净空要求。

(3)应充分发挥生态功能。以乔木为主,乔木、灌木、地被植物相结合,不得裸露土壤;应适地适树,并符合植物间伴生的生态习性;不适宜绿化的土质,应改善土壤进行绿化;宜保留有价值的原有树木,对古树名木应予以保护。

(4)应体现道路景观特色。在城市绿地系统规划中,应确定园林景观路与主干路的绿化景观特色。园林景观路应配置观赏价值高、有地方特色的植物,并与街景结合;主干路应体现城市道路绿化景观风貌;同一道路的绿化宜有统一的景观风格,不同路段的绿化形式可有所变化;同一路段上的各类绿带,在植物配置上应相互配合,并应协调空间层次、树形组合、色彩搭配和季相变化的关系;毗邻山、河、湖、海的道路,其绿化应结合自然环境,突出自然景观特色。

(5)应考虑市政设施安排的需要。绿化树木与市政公用设施的位置应统筹安排,并应保证树木有需要的立地条件与生长空间;应根据需要配备灌溉设施;道路绿地的坡向、坡度应符合排水要求并与城市排水系统结合,防止绿地内积水和水土流失。

(6)应考虑远近期结合。

(二)人行道绿化设计

在道路侧方,布设在人行道边缘至道路红线之间的绿带。它是道路绿化中的重要组成部分,在道路绿地中往往占较大的比例,它包括行道树、基础绿带和防护绿带。

人行道绿化设计形式有单排行道树、双排行道树、花坛内间植行道树、行道树与小花园和花园林荫路。

行道树是有规律地在道路两侧种植,形成浓荫的乔木。行道树种植是街道绿化中最普遍、最常见的一种形式。

1. 行道树种植方式

行道树的种植方式有树池式(图 7-14)和树带式(图 7-15)。

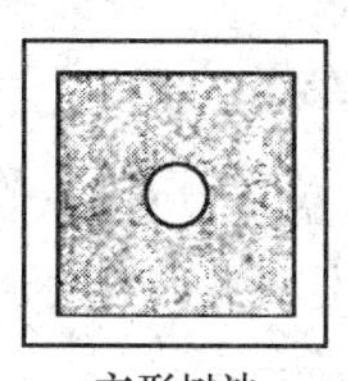

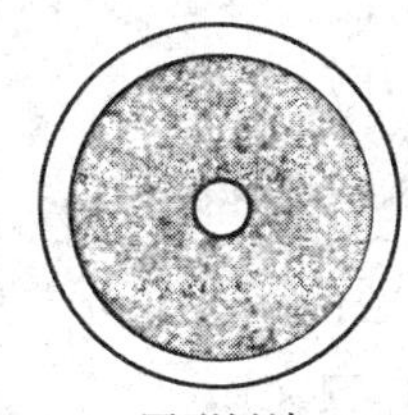

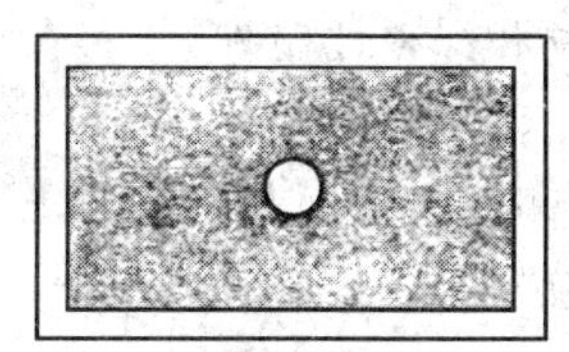

图 7-14　树池式行道树种植方式

树池式是在人行道与车行道之间留出的几何形的种植池,一般设置在交通量大,行人多而人行道窄的街道。以 1.5 m×1.5 m 方形,1.2 m×2 m 长形或直径不小于 1.5 m 圆形最常见。在人流量较大的街道树池上方可覆盖特制混凝土盖板石或铁花盖板或其他防止土壤被踩踏的有效设施。树池边缘可高出人行道 8～10 cm。

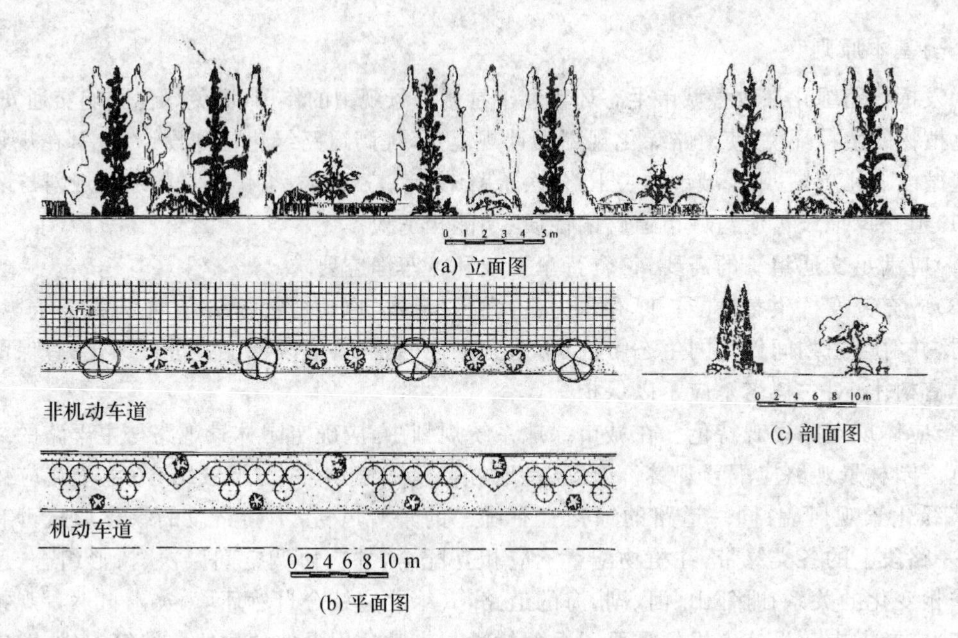

(a) 立面图

(b) 平面图

(c) 剖面图

图 7-15 树带式行道树种植示意图

树带式是在人行道与车行道之间留出的种植带，一般设置在交通量、人流量不大的街道，宽度不小于 1.5 m，以 4～6 m 为宜。种植带树下铺设草坪，在适当的距离留出铺装过道，以便人流通行或汽车停站。有利于树木生长。

2. 行道树株距

正确确定行道树的株行距，有利于充分发挥行道树的作用，合理使用苗木及管理。一般来说，株行距要根据树种壮年期树冠大小来决定。棕榈树常为 2～3 m，阔叶树最小为 3～4 m，一般为 5～6 m。南方主要行道树种悬铃木(法国梧桐)生长速度快，树冠浓荫，若种植干径为 5 cm 以上的树苗，株距定为 6～8 m 为宜。

3. 行道树树种选择

适应性强，易成活，生长迅速而健壮、苗木来源容易的树种(乡土树种尤佳)；管理粗放、分支点高、可耐强度修剪、愈合能力强、抗病虫害能力强的树种；树龄长，树干通直，树姿端正，体形优美，冠大荫浓的树种；春季发芽早，秋季落叶晚且整齐的树种；花果无异味，无飞絮、飞毛、落果等；选择无刺和深根性树种。

4. 行道树定干高度

行道树定干高度应根据其功能要求、交通状况、道路性质、宽度以及行道树与车行道的距离、树木分级等确定。苗木胸径在 12 ～15 cm 为宜，其分支角度较大的，干高不得小于 3.5 m；分支角度较小者，也不能小于 2 m，否则会影响交通。

5. 防护绿带和基础绿带的设计

街道加宽，人行道绿化带也就相应加宽，这时人行道绿化带上除布置行道树外，还可设置防护绿带。若绿化带与建筑相连，则称为基础绿带。一般防护绿带宽度小于 5 m，均称为基础绿带，宽度大于 8 m 以上的，可以布置成花园林荫道。防护绿带的设计可参考行道树设计，与之相对应。基础绿带的主要作用是保护建筑内部的环境及人的活动不受外界干扰，可种植灌木、绿篱及攀缘植物以美化建筑物，保证室内的通风与采光。

(三)分车绿带的设计

在分车带上的绿化带,称为分车绿带,也称为隔离绿带。在车行道上设立分车带的目的是将人流与车流分开,机动车与非机动车分开,保证不同速度的车辆安全行驶。

1. 分车绿带的宽度

分车绿带的宽度,依车行道的性质和街道总宽度而定,高速公路分车带的宽度可达5～20 m,一般也要4～5 m,但最低宽度也不能小于1.5 m。

2. 分车绿带的植物配置(表7-5)

(1)分车带以种植草皮与灌木为主,尤其在高速干道上的分车带更不应该种植乔木,以使司机不受树影、落叶等的影响,以保持高速干道行驶车辆的安全。在一般干道的分车带上可以种植70 cm以下的绿篱、灌木、花卉、草皮等。

(2)分车绿带的植物配置应形式简洁,树形整齐,排列一致。乔木树干中心至机动车道路缘石外侧距离不宜小于0.75 m。

(3)中间分车绿带应阻挡相向行驶车辆的眩光,在距相邻机动车道路面高度0.6～1.5 m之间的范围内,配置植物的树冠应常年枝叶茂密,其株距不得大于冠幅的5倍。

(4) 两侧分车绿带宽度大于或等于1.5 m的,应以种植乔木为主,并宜乔木、灌木、地被植物相结合。其两侧乔木树冠不宜在机动车道上方搭接。分车绿带宽度小于1.5 m的,应以种植灌木为主,并应灌木、地被植物相结合。

(5)被人行横道或道路出入口断开的分车绿带,其端部应采取通透式配置。

(6)同一路段分车绿带的绿化要有统一的景观风格,不同路段的绿化形式要有所变化;同一路段各条分车绿带在植物配置上应遵循多样统一,既要在整体风格上协调统一,又要在各种植物组合、空间层次、色彩搭配和季相上变化多样。

表7-5 分车绿带植物配置形式

绿带宽度/m	植物配置形式	特 征
1.5	草坪和花卉	分车带上土层瘠薄
1.5～2.5	乔木为主,配以草坪	成行种植高大的乔木,遮阴效果好
2.5～6	乔木和常绿灌木	乔木与灌木间种,有节奏感和韵律感,有季相变化
6	常绿乔木配以草坪、草花、绿篱和灌木	植物层次丰富,四季常绿,季相景观效果丰富

3. 分车绿带的分段

为了便于行人过街,分车带应进行适当分段,一般以75～100 m为宜,尽可能与人行横道、停车站、大型商店和人流集散比较集中的公共建筑出入口相结合。

(四)交叉路口的绿化设计

1. 交叉口

交叉路口是指平面交叉路口,即两条或者两条以上道路在同一平面相交的部位。这里的道路,就是指《道路交通安全法》附则中解释的所有道路,包括城市道路、胡同、里巷和公路。但是,胡同、里巷与城市街道两侧人行道平面相交不属于交叉路口;公路与未列入公路范围的乡村小路的平面交叉点,也不属于交叉路口;铁路与道路平面交叉的也不属于这里规范的交叉路口。

为了保证行车安全，在进入道路的交叉口时，必须在路转角处空出一定的距离，使司机能在看到对面来车时有充分的刹车停车时间。这个从发现对面来车立即刹车而能确保停车不发生事故的距离，被称为“安全视距”。视距的大小，随不同道路的行驶速度、道路坡度、路面质量情况而定，一般采用 30～35 m 的安全视距为宜。根据两相交道路的两个最短视距，可在交叉口平面上绘出一个三角形，这个三角形被称为“视距三角形”。在此范围内，不能有建筑物、构筑物、树木、广告牌等遮挡司机视线的物体。如需布置植物，其高度不能超过 0.65 m。

2. 交通岛

交通岛指的是为控制车辆行驶方向和保障行人安全，在车道之间设置的高出路面的岛状设施。包括导向岛、中心岛、安全岛等。目前，我国大中城市所采用的圆形中心岛直径一般为 40～60 m，一般城镇的中心岛直径也不能小于 20 m。交通岛绿地设计时注意交通岛周边的植物配置宜增强导向作用，在行车视距范围内应采用通透式配置；中心岛绿地应保持各路口之间的行车视线通透，布置成装饰绿地；立体交叉绿岛应种植草坪等地被植物。草坪上可点缀树丛、孤植树和花灌木，以形成疏朗开阔的绿化效果。桥下宜种植耐阴地被植物。墙面宜进行垂直绿化。导向岛绿地应配置地被植物。

(五)花园林荫路设计

花园林荫道是与道路平行而且具有一定宽度的带状绿地，也可称为带状街头休息绿地。林荫道利用植物与车行道隔开，在其内部不同地段辟出各种不同休息场地，并有简单的园林设施，供行人和附近居民作短时间休息之用。目前在城镇绿地不足的情况下，可起到小游园的作用。它扩大了群众活动场地，同时增加了城市绿地面积，对改善城市小气候、组织交通、丰富城市街景作用大。

1. 花园林荫路类型

(1)设在街道中间的林荫道　即两边为上下行的车行道，中间有一定宽度的绿化带，这种类型较为常见。多在交通量不大的情况下采用，出入口不宜过多。

(2)设在街道一侧的林荫道　傍山、一侧滨河或有起伏的地形时，可利用借景将山、林、河、湖组织在内，创造了更加安静的休息环境。在交通比较频繁的街道上多采用此种类型。

(3)设在街道两侧的林荫道　可以使附近居民不用穿过道路就可达林荫道内，既安静，又使用方便。街道有较大宽度和面积的绿地，目前使用较少。

2. 花园林荫路设计要点

(1)布置形式　要因地制宜，形成特色景观，宽度较大的林荫道宜采用自然式布置，宽度较小的则以规则式布置为宜。

(2)游步道的设置　一般 8 m 宽的林荫道内，设一条游步道；8 m 以上时，设两条以上为宜。

(3)设置绿色屏障　车行道与林荫道绿带之间要有浓密的绿篱和高大的乔木组成的绿色屏障相隔，立面上布置成外高内低的形式较好。

(4)建筑小品的设置　如小型游乐场、休息座椅、花坛、喷泉、阅报栏、花架等建筑小品。

(5)设置出口　林荫道可在长 75～100 m 处分段设立出入口，人流量大的人行道，大型建筑处应设出入口。出入口布置应具有特色，作为艺术上的处理，以增加绿化效果。

(6)植物配置　道路广场不宜超过林荫道总面积 25%，乔木占 30%～40%，灌木占20%～

25%,草地占10%~20%,花卉占2%~5%。南方天气炎热需要更多的浓荫,故常绿树占地面积可大些,北方则落叶树占地面积大些。

(六)街头小游园设计

街道小游园是在城市干道旁供居民短时间休息用的小块绿地,又称街道休息绿地、街道花园。可设置若干个出入口,便于游人集散。应设置若干游步道,在人流较大的区域设集散广场、健身活动或游憩广场。街道小游园以植物为主,可用树丛、树群、花坛、草坪等布设;乔灌木、常绿或落叶树相互搭配,层次要有变化。还可设一些建筑小品,如亭廊、花架、园灯、小池、喷泉、假山、座椅、宣传廊等(图7-16)。

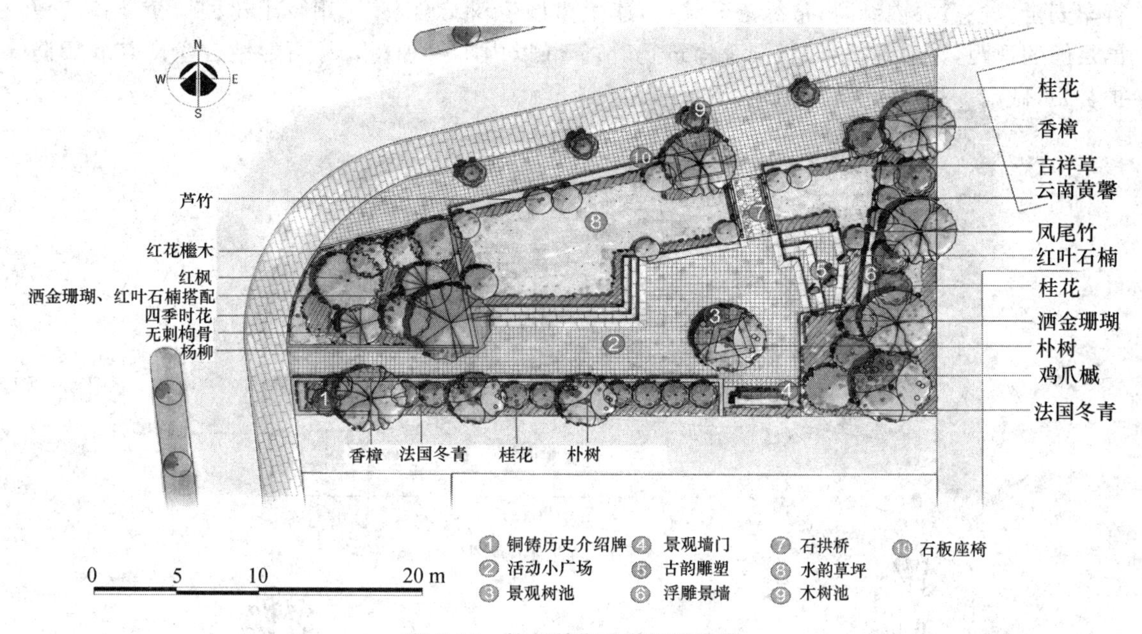

图7-16 杭州某街头游园平面图

街道小游园绿地大多地势平坦,或略有高低起伏,最好结合周边地形作规则或自然的调整和变化。布局形式因地制宜,可设置为规则对称式、规则不对称式、自然式、混合式等多种形式。

小游园的外围应根据周边的环境作开敞通透或密集屏蔽的处理。与城市干道相邻的一侧,应适当密植植物,屏蔽干扰;与内部游步道相邻的一侧,应有一定的通透性,植物配置疏密有致。

(七)步行街绿化设计

在市中心地区的重要公共建筑、商业与文化生活服务设施集中的地段,设置专供人行而禁止一切车辆通行的道路称步行街道,如北京王府井大街、上海南京路、广州北京路等。步行街绿化是指位于步行街道内的所有绿化地段。

步行街绿化要与环境、建筑协调一致,空间尺度亲切、和谐满足功能与艺术的景观。人们可以感受自我,得到较好的休息和放松。可适当布置花坛、雕塑、装饰性花纹地面,增加趣味性、识别性和特色。设置服务设施与休息设施,如座椅、休息亭等,缓解疲劳。

(八)对外交通绿地规划设计

城市对外交通绿地为公路、铁路、管道运输、港口和机场等城市对外交通运输及其附属设施用地内的绿地。它们联系着各城市、乡、社队以及通向风景区的交通网。对外交通的道路距居民区较远，常常穿过农田、山林，又没有城市复杂的地上、地下管网和建筑物等影响，人为的损伤也较少，绿化成效显著。本情境主要讨论公路绿地和铁路绿地的规划设计。

1. 公路

公路绿化是根据公路的等级、路面的宽度来决定绿化带的宽度及树木的种植位置。路面的宽度在 9 m 或者 9 m 以下时，公路植树不宜种在路肩上，要种在边沟以外，距边缘 50 cm 处为宜。路面的宽度在 9 m 以下时，可种在路肩上，距边沟内径不小于 50 cm 为宜，以免树木继续生长，地下部分破坏路基。2～3 km 变换树种，避免单调、病虫害蔓延，增加景色变化，保证行车安全。注意乔灌结合，常绿落叶结合，速生树慢生树结合，多采用乡土树种。交叉口应留出足够的视距，在遇到桥梁、涵洞等构筑物时，5 m 以内不得种树。尽可能结合生产与农田防护林带，做到一林多用，节省用地(图 7-17)。

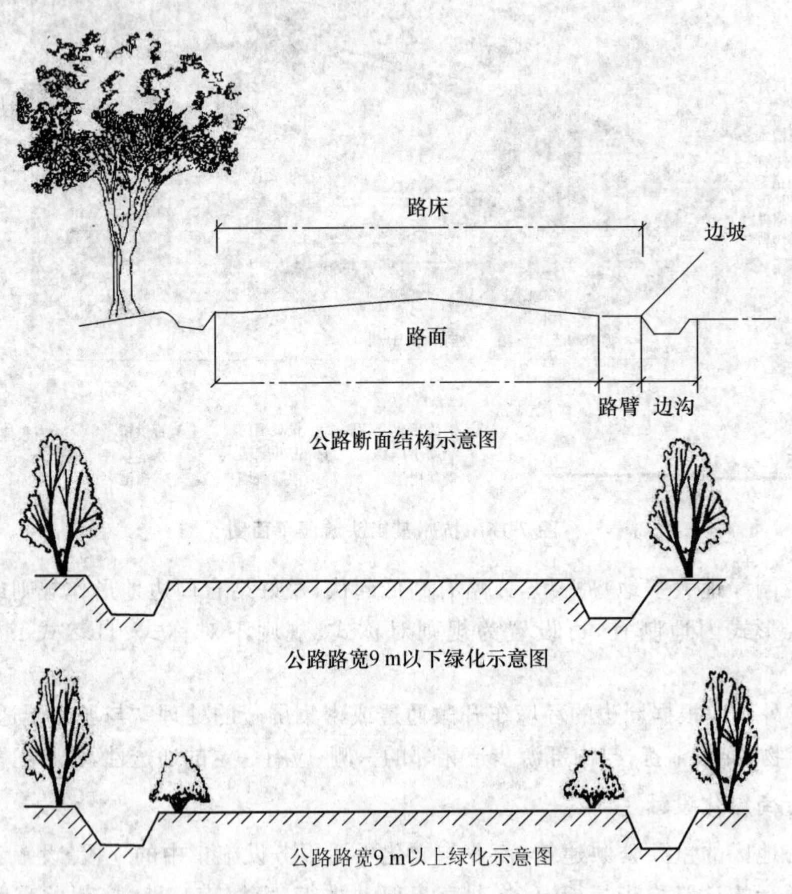

图 7-17　公路绿化断面结构示意图

2. 高速公路绿化设计

高速公路有中央隔离带和四个以上车道立体交叉、完备的安全防护设施，专供快速行驶的现代公路。高速公路的横断面包括中央隔离带、行车道、路肩、护栏、边坡、路旁安全地带和护网。不允许行人与非机动车穿行，需考虑安装自动或遥控喷灌或滴灌装置。路肩一般 3.5 m 以下不能种植树木，边坡及安全地带种植大乔木时不可使树影投射到车道上。一般直线距离不应大于 24 km,在直线下坡拐弯的路段应在外侧种植树木,以增加司机的安全感,并可引导视线。中央隔离带宽度最少 4 m,种植要因地制宜,作分段变化处理。若较窄处,增设防护栏。较宽处可设置花灌木、草皮、绿篱、矮性整形常绿树,形成间接、有序和明快的景观效果。边坡绿化必须因地制宜,可推行挂网植草、液压喷播、土工格网、喷混植生,以及乔灌草、多草种配置等坡面快速绿化新技术。一般 50 km 左右设一休息站。包括减速车道、加速车道、停车场、加油站、汽车修理房、食堂、小卖部、厕所等服务设施。配合需要进行绿化设计,如停车场用花坛或树坛分隔,种植具有浓荫的乔木。穿越市区时应设立交设施。在干道的两侧要留出 20～30 m 安全防护地带,可种植草坪、宿根花卉、灌木和乔木,林型由低到高(见彩图 7-1)。

3. 铁路绿地规划设计

铁路旁的绿地可使铁路免受风、沙、雪、雨等的侵袭,保护路基。种植乔木距离铁轨至少 10 m;种植灌木距离铁轨 6 m 以上。铁路边坡适宜种植草本或矮灌木,防止水土冲刷,但不能种植乔木。转弯处直径 150 m 以内不得种乔木,可适当种植矮小的灌木和草皮。在机车信号灯 1 200 m之内不得种植乔木,只能种植小灌木、草本花卉和草皮。通过市区或居住区时应留出较宽的地带,种植乔灌木作为防护带。铁路与公路平交时距铁路 50 m,距公路中心向外 400 m 之内不可种植遮挡视线的乔灌木。以平交点为中心构成 100 m×800 m 的安全视域,确保安全。

【任务实施】

一、对设计实例进行分析

接到任务后,根据相关知识中所涉及的内容,对图 7-1 所列示的设计实例进行分析如下:

该道路绿地设计实例分区明确,包括人行道、分车带、交通岛、交叉口、小游园。

人行道绿带是道路绿化中的重要组成部分,在道路绿地中往往占较大的比例,它包括行道树、基础绿带和防护绿带。人行道绿化设计形式有单排行道树、双排行道树、花坛内间植行道树、行道树与小花园和花园林荫路。行道树的种植方式有树池式和树带式。株行距要根据树种壮年期树冠大小来决定,一般为 5～6 m,南方定为 6～8 m 为宜。

分车带以种植草皮与灌木为主,尤其在高速干道上的分车带更不应该种植乔木,以使司机不受树影、落叶等的影响,以保持高速干道行驶车辆的安全。在一般干道的分车带上可以种植 70 cm 以下的绿篱、灌木、花卉、草皮等。植物配置应形式简洁,树形整齐,排列一致。乔木树干中心至机动车道路缘石外侧距离不宜小于 0.75 m。

中间分车绿带应阻挡相向行驶车辆的眩光,在距相邻机动车道路面高度 0.6～1.5 m 之间的范围内,配置植物的树冠应常年枝叶茂密,其株距不得大于冠幅的 5 倍。

两侧分车绿带宽度大于或等于 1.5 m 的,应以种植乔木为主,并宜乔木、灌木、地被植物相结合。其两侧乔木树冠不宜在机动车道上方搭接。分车绿带宽度小于 1.5 m 的,应以种植灌木为主,并应灌木、地被植物相结合。被人行横道或道路出入口断开的分车绿带,其端部应采取通透式配置。

同一路段分车绿带的绿化要有统一的景观风格,不同路段的绿化形式要有所变化;同一路段各条分车绿带在植物配置上应遵循多样统一,既要在整体风格上协调统一,又要在各种植物组合、空间层次、色彩搭配和季相上变化多样。

交叉路口绿地设计要注意“安全视距”。一般采用 30～35 m 的安全视距为宜。根据两相交道路的两个最短视距，可在交叉口平面上绘出一个三角形，这个三角形被称为“视距三角形”。在此范围内，不能有建筑物、构筑物、树木、广告牌等遮挡司机视线的物体。如需布置植物，其高度不能超过 0.65 m。

交通岛直径为 20 m，设计时注意交通岛周边的植物配置宜增强导向作用，在行车视距范围内应采用通透式配置；中心岛绿地应保持各路口之间的行车视线通透，布置成装饰绿地，草坪上可点缀树丛、孤植树和花灌木，以形成疏朗开阔的绿化效果。

街道小游园宽 15 m，位于交叉口东南角。可设置若干个出入口，便于游人集散。应设置游人步道、健身活动或游憩广场。以植物绿化为主，可用树丛、树群、花坛、草坪等布置；乔灌木、常绿或落叶树相互搭配，层次要有变化。也用一些建筑小品，如亭廊、花架、园灯、小池、喷泉、假山、座椅、宣传廊等布置。

二、理论教学，布置设计任务

讲解国内外城市道路绿地设计优秀案例及最新设计理念；下达设计作业，使学生明确要完成的图纸数量、质量、时间等要求，协助学生列出设计计划。

三、分组进行设计

(1)草图设计与选择(每个组员独立进行草图设计，进行多方案比较，从中选一，以组为单位对此进行深化设计)。

(2)方案草图修改与定稿。

(3)图纸效果表现，出图。

四、方案评议，教学反馈

(1)学生自评(模拟规划设计汇报)、学生互评，教师点评。

(2)学生对教学进行反馈评价。

第八章　广场规划设计

任务一　认识城市广场

【学习目标】

1. 了解城市广场的功能、城市广场的景观组成；

2. 熟悉城市广场的概念及类型；

3. 能够根据广场的现状分析城市广场的性质、功能及绿化设计特点。

【任务提出】

参观分析所在城市或全国知名的城市广场的类型、布局形式和功能特点；掌握各类型城市广场绿化特点及设计注意事项，了解各类广场的规划设计、绿化设计的特点。

【任务分析】

随着生产力发展、社会进步，城市内容、功能、结构和形态发生了巨大的变化，无论从最初的聚落，还是工业革命后因人口涌入而迅速发展起来的现代城市，都包含有组成城市的“硬件”——物质环境，“软件”——社会文化、行为、历史、意识，及作为“软硬件”主体的——人。经过历史的演变和社会的发展，人类生活活动的内容更加丰富，更加多样化了，城市机能也随之日新月异，不同性质和不同类型的城市广场不断涌现。

纵观城市广场的发展，广场从最初作为宗教与君权的产物出现，到人性生活逐渐成为广场的主要内容，直到今天的以人为本，珍视文化传统，保护历史遗迹，综合考虑环境质量。这使得注重文化传统、环境质量、以人为本的城市广场，成为市民的“起居室”、城市的“客厅”。

城市广场是城市中由建筑、道路或绿化带等围合而成的开敞空间，是城市公众社会生活的中心，又是集中反映城市历史文化或艺术面貌的建筑空间。

那么，城市广场有什么特点？各类城市广场的主要功能作用、布局形式及绿化有何不同？

【基础知识】

一、城市广场的功能

广场是由于城市功能上的要求而设置的，是供人们活动的空间。城市广场通常是城市居民社会生活的中心，广场上可进行集会、交通集散、居民游览休憩、商业服务及文化宣传等。如北京的天安门广场,既有政治和历史的意义,又有丰富的艺术面貌,是全国人民向往的地方;上海市人民广场是市民生活、节日集会和游览观光的地方。

良好的城市广场规划建设可以调整城市建筑布局,加大生活空间,改善城市居民生活环境质量。街道的轴线,可与广场相互连接,加深了城市空间的相互穿插和贯通,增加了城市空间的深度和层次。广场内配置绿化、小品等,有利于在广场内开展多种活动,增强了城市生活的情趣。满足人们日益增长的艺术审美要求。优秀的城市广场会成为城市居民社会生活的中心,被誉为“城市客厅”。

城市广场尤其是中心广场,突出城市个性和特色,给城市增添魅力,常常是城市的标志和名片。它不仅是城市的象征,也是融合城市历史文化、塑造自然美和艺术美的环境空间。使人们在休憩中获得知识,了解城市的历史文脉。

城市广场还是火灾、地震等灾害发生时方便的避难场所。

随着社会的发展,现代城市广场的功能也越来越多样化,因为广场主要是为了满足人们户外活动的需要,人是社会的主体,广场也逐渐演化成带有多种性质和功能的综合广场,我们可以称之为市民广场。

二、城市广场的特点

随着城市的发展,各地大量涌现出的城市广场,已经成为人们户外活动重要的场所之一。城市广场不仅丰富了市民的社会文化生活,改善了城市环境,同时也折射出当代特有的城市广场文化现象,成为城市精神文明的窗口。在现代社会背景下城市广场表现出以下基本特点。

1. 性质上的公共性

城市广场作为现代城市户外公共活动空间系统中的一个重要组成部分,应具有公共性的特点。随着工作、生活节奏的加快,传统封闭的文化习俗逐渐被现代文明开放的精神所代替,人们越来越喜欢丰富多彩的户外活动。

2. 功能上的综合性

城市广场应满足的是现代人户外多种活动的功能要求。年轻人聚会、老人晨练、歌舞表演、综艺活动、休闲购物等,都是过去以单一功能为主的专用广场所无法满足的,取而代之的必然是能满足不同层次、诉求的各种人群(包括残疾人)的多种功能需要,具有综合功能的现代城市广场。

3. 体现在空间场所上的多样性

城市广场功能上的综合性,必然要求其内部空间场所具有多样性特点,以达到不同功能实现的目的。综合性功能如果没有多样性的空间创造与之匹配,是无法实现的。

4. 文化休闲性

现代城市广场的文化性特点,主要表现为:其一是城市已有的历史、文化进行反映。其二是现代人的文化观念创新,现代城市广场既是当地自然和人文背景下的创作作品,又是创造新文化、新观念的手段和场所,是一个以文化造广场,又以广场创造文化的双向互动过程。而城市广场作为城市的“客厅”或城市的“起居室”,是反映现代城市居民生活方式的重要“窗口”,注重舒适、追求放松是人们对现代城市广场的普遍要求,从而表现出休闲性特点。

三、城市广场的类型

分类仅是从某一个角度进行的，在实际工作中我们可以综合起来应用，这就是广场类型的复合性，如北京西单文化广场是下沉广场，也可列为商业广场。功能是影响城市广场的重要因素，下面将主要依据广场的功能性质介绍工作中常见的几种广场。

1. 市政广场

市政广场属于集会性广场，一般位于城市中心位置，通常是市政府、城市行政区中心、或旧行政厅所在地。它往往布置在城市主轴线上，成为一个城市的象征。在市政广场上，常有表现该城市特点或代表该城市形象的重要建筑物或大型雕塑等，市政广场的特点是：

(1)市政广场应具有良好的可达性和流通性，故要合理有效地解决好人流、车流问题，有时甚至用立体交通方式，如地面层安排步行区，地下安排车行、停车等，实现人车分流。

(2)市政广场一般面积较大，为了让大量的人群在广场上有自由活动、节日庆典的空间，一般多以硬质材料铺装为主，如北京天安门广场；也有以软质材料绿化为主的，如美国华盛顿市中心广场，其整个广场如同一个大型公园，配以座凳等小品，把人引入绿化环境中去休闲、游赏。

(3)市政广场布局形式一般较为规则，甚至是中轴对称的。标志性建筑物常位于轴线上，其他建筑及小品对称或对应布局，广场中一般不安排娱乐性、商业性很强的设施和建筑，以加强广场稳重严整的气氛。

2. 纪念广场

城市纪念广场题材非常广泛，涉及面很广，可以是纪念人物，也可以是历史事件。通常广场中心或轴线以纪念雕塑、纪念碑、纪念塔、纪念物和纪念性建筑作为标志物，按一定的布局形式，主体标志物应位于整个广场构图的中心位置，满足纪念氛围象征的要求。

纪念广场的大小没有严格限制，只要能达到纪念效果即可。因为通常要容纳众人举行缅怀纪念活动，所以应考虑广场中具有相对完整的硬质铺装地，而且与主要纪念标志物保持良好的视线或轴线关系，见图 8-1。

图 8-1　哈尔滨防洪纪念广场

纪念广场的选址应远离商业区、娱乐区等，严禁交通车辆在广场内穿越，以免对广场造成干扰，并注意突出严肃的文化内涵和纪念主题。宁静和谐的环境气氛会使广场的纪念效果大大增强。由于纪念广场一般保存时间很长，所以纪念广场的选址和设计都应紧密结合城市总体规划统一考虑。

3. 交通广场

交通广场的主要目的是有效地组织城市交通，包括人流、车流等，是城市交通体系中的有机组成部分。它是连接交通的枢纽，起交通集散、联系、过渡及停车的作用。通常分两类：

(1)站前广场　火车站等交通枢纽前广场的主要作用一是集散旅客。二是为旅客提供室外活动场所。旅客经常在广场上进行多种活动，如作室外候车、短暂休息；购物、联系各种服务设施；等候亲友、会面、接送等。三是公共交通、出租、团体用车、行李车和非机动车等车辆的停放和运行。四是布置各种服务设施建筑，如厕所、邮电局、餐饮、小卖部等。

站前广场绿化可起到分隔广场空间以及组织人流与车辆的作用；为人们创造良好的遮阴场所；提供短暂逗留休息的适宜场所；绿化可减弱大面积硬质化的地面受太阳照射而产生的辐射热，改善广场小气候；与建筑物巧妙地配合，衬托建筑物，以达到美好的景观效果。

广场绿化包括集中绿地和分散种植。集中成片绿地不宜小于广场总面积的10%。民航机场前、码头前广场集中成片绿地宜在10%～15%。风景旅游城市或南方炎热地区，人们喜欢在室外活动和休息，如南京、桂林火车站前广场集中绿地达16%。绿化布置一般沿周边种植高大乔木，起到遮阴、减噪的作用。供休息用的绿地不宜设在被车流包围或主要人流穿越的地方。

步行场地和通道种植乔木遮阴。树池加格栅，保持地面平整，使人们行走安全、保持地面清洁和不影响树木生长。

(2)道路交通广场　交通广场主要是通过几条道路相交的较大型交叉路口，其功能是组织交通。由于要保证车辆、行人顺利及安全地通行，组织简捷明了的交叉口，现代城市中常采用环形交叉口广场。

这种广场不仅是人流集散的重要场所，往往也是城市交通的起、终点和车辆换乘地，在设计中应考虑到人与车流的分隔，进行统筹安排，尽量避免车流对人流的干扰，要使交通线路简易明确。

交通广场绿地设计要有利于组成交通网，满足车辆集散要求，种植必须服从交通安全，构成完整的色彩鲜明的绿化体系；交通广场绿地设计的形式有绿岛、周边式与地段式三种绿地形式。

4. 文化娱乐休闲广场

任何传统和现代广场均有文化娱乐休闲的性质，文化广场是为了展示城市深厚的文化积淀和悠久历史，经过深入挖掘整理，从而以多种形式在广场上集中地表现出来。因此，文化广场应有明确的主题，一个好的文化广场应让人们在休闲中了解该城市的文化渊源，从而达到热爱城市、激励上进的目的。在广场文化塑造方面，利用小品，雕塑及具有传统文化特色的铺地图案、座椅，特别是具有鲜明的城市特征的市花、市树等元素烘托广场的地方文化特色，使广场达到文化性、趣味性、识别性、功能性、生态性等多层意义，见图8-2所示。

休闲广场的布局不像市政广场和纪念性广场那样严肃，往往灵活多变，空间多样自由，规模可大可小，主要根据现状环境来考虑。另外，休闲广场以让人轻松愉快为目的，因此广场尺

图 8-2 大连海之韵广场

度、空间形态、环境小品、绿化、休闲设施等都应符合人的行为规律和人体尺度要求。功能应明确,每个空间的联系应方便。总之,以舒适方便为目的,让人乐在其中。

5. 商业广场

商业广场包括集市广场、购物广场。用于集市贸易、购物等活动,或者在商业中心区以室内外结合的方式把室内商场与露天、半露天市场结合在一起。

随着城市主要商业区和商业街的大型化、综合化和步行化的发展,商业区广场的作用越来越显得重要,人们在长时间的购物后,往往希望能在喧嚣的闹市中找一处相对宁静的场所稍做休息。因此,商业广场这一公共开敞空间要具备广场和绿地的双重特征。所以在注重投资的经济效益的同时,应兼顾环境效益和社会效益,从而促进商业繁荣的目的。

商业广场的形态空间和规划布局没有固定的模式可言,它总是根据城市道路、人流、物流、建筑环境等因素进行设计的,可谓"有法无式"。但是商业广场必须与其环境相融、功能相符、交通组织合理,同时商业广场应充分考虑人们购物休闲的需要。例如:交往空间的创造、休息设施的安排和绿化上应考虑遮阴等。

6. 古迹广场

古迹广场是结合城市的历史文化遗产保护和利用而设的城市广场,生动地代表了一个城市的古老文明程度。可根据古迹的体量高矮,结合城市改造和城市规划要求来确定其面积大小。古迹广场是表现古迹的舞台,所以其规划设计应从古迹出发组织景观。如果古迹是一幢古建筑,如古城楼、古城门等,则应在有效地组织人车交通的同时,让人在广场上逗留时能多角度地欣赏古建筑,登上古建筑又能很好地俯视广场全景和城市景观,见图 8-3。

【任务实施】

通过对各类城市广场调查分析和相关知识的学习,分别从广场主要功能作用、布局形式、广场特点、绿化设计要点等方面进行对比分析,可得出各类城市广场对比分析表(表 8-1)。

图 8-3　西安鼓楼广场

表 8-1　常见的城市广场对比分析

广场类型	主要功能作用	布局形式	特点分析	设计要点
市政广场	政治、文化、集会、庆典、礼仪、民间传统节日等	多规则式	中心位置、轴线突出、交通便利、多具标志物	较大的铺装面积，注意周边围合，多配置乔木树种，强化生态和植物空间效果
纪念性广场	缅怀历史事件或人物	多规则式或混合式	突出某一主题，有纪念性标志物	绿化和小品设计要有利于营造纪念性氛围和教育氛围
交通广场	交通、集散、联系、过渡及停车	规则式或混合式	人流、车流量大，多分区、分出入口，是城市的窗口	交通便利、服务设施齐全、多种信息汇集，绿化要创造优美的空间，为短期休息提供场所
文化娱乐休闲广场	文化娱乐、休息、健身、交流等	自然式或混合式	舒适方便，景观丰富多样，空间灵活多变，还应注重参与性、生态性，寓教于乐	植物景观为主，多空间、多设施，文化广场应具有地方特色，休闲广场则应突出环境效益和人文关怀
商业广场	购物、休息、娱乐、观赏、饮食、社交	规则式或混合式	多空间、建筑物内外的结合、步行设计	突出商业氛围，利用多种绿化手段，形成宜人的游览、购物及娱乐环境
古迹（古建筑）广场	古迹或古建筑保护，传承文化，教育、休闲	规则式或混合式	保护性、生态性、历史性和融合性	绿化设计以营造环境氛围，突出装饰为主

【知识链接】

典型案例——青岛五四广场

（引自《城市环境绿化与广场规划》）

青岛五四广场（见彩图8-1）融汇了一种具现代化国际城市风采的“广场文化”，它以浓厚的城市文化含量而受到国内外人士的瞩目。该广场融绿化草坪、小品、露天音乐广场、喷泉及大型城标于一体，已成为青岛市新的象征。

一、广场布局

青岛五四广场（见彩图8-1）位于新市府大楼以南，香港中路与东海路之间的部分。广场总面积约10 hm^2，由中心广场、绿荫广场及滨海公园等三部分内容组成。

五四广场从市政府大楼的中轴线往南延伸形成约720 m的广场中轴线，构成五四广场的中央轴线，中心广场的横向东西轴线与中央主轴形成严整的十字形构架。

在香港中路与东海路之间的广场部分统称为北广场，由长约330 m、宽90 m的南北主轴与长290 m、宽70 m的东西副轴构成十字形的中心广场与绿荫广场，力求表达“宁静、典雅”与“浓烈、安逸”的优美境界。

在东海路与环海路之间的部分形成海滨公园（也称为南广场）。以直径115 m的雕塑广场形成视觉中心，“五月的风”主题雕塑已成为青岛市的标志性城市雕塑。南北轴线220 m，东西曲线420 m为构架组成的滨海开放式绿地。与海滨风貌相融合，展现一派“自然旷观”的海、天、浪、鸥景色。同时设计有观演台及点阵式隐蔽喷泉，已形成节假日岛城人们必去的场所和展示文明的舞台。

二、功能分区及规划设计理念

1. 中心广场（位于南北主轴上的北广场）：宁静、典雅

由于位于整个广场的开端及与新市府大楼环境的呼应，中心广场以方整及大尺度构图为主，其南北主轴与东西副轴构成严谨、稳定的结构。长330 m、宽90 m形成的绿色草坪景观创造并表现了“宁静、典雅”的园林空间艺术效果。通视的大草坪与两旁整齐的银杏、水杉行道树形成绿荫长廊。

入口大草坪两侧，高大的八棵雪松及银杏、水杉、紫杉、龙柏组成的大片绿块（每块726 m^2），以竖向和水平起变的手法创造完美的园林空间构图。

中心广场的视觉焦点设计——圆形喷泉，水池底部呈拱形，全部采用天然花岗石铺装，为整个宁静的北广场带来动感和生机。

2. 绿荫广场（位于东西副轴上的北广场）：浓烈、安逸

在东西副轴线上，置以3个直径约45 m圆形图案。中心喷泉为整个北广场的构图重心。

东西两侧方形绿荫广场，天圆地方，规整有序，巨型花坛斜坡草坪自然形成两个副中心，可于早春及重要节日以不同的花卉装饰。如在国庆节，两边布置以25 m^2 纯红色的一串红巨型花坛，远望、近观均可呈现一派“浓烈”的节日气氛。

这种在东西副轴线上采用色彩艳丽的花卉布置，正与南北主轴线的“宁静”氛围，形成强烈对比，起到“变调”的作用。在色彩及材质上加以变化，给人们带来强烈的视觉冲击。

两边方形绿荫广场植以合欢树，夏日里粉红色的芙蓉花，细腻柔美宛若片片彩云，成为一道亮丽的风景，浓荫下市民们将得到良好的休憩空间。冬天，落叶的树景让人们享受和煦阳光的温暖，谈心、晨练，居民将享“安逸”的绿色环境之美。

3. 滨海公园(南广场)：自然、旷观

滨海公园以雕塑广场为构图中心，南北、东西轴线编织出大自然缓坡草地为主要特色的新境界。雕塑广场直径 115 m，为人们提供观海赏月及聚会的场所。面向海面布置的绿色草坪、观海迎月台为园林形式上的创新。两翼缓坡草坪在绿树背景中产生一派自然、闲逸的情趣。主题雕塑“五月的风”已成为青岛市的标志性城市雕塑。

两旁圆形小广场，供局部游人聚合，并增添构图情趣。弧线状林荫小道在樱花盛开季节，盛放的樱花给热闹的广场增添一派春意盎然。夏末秋初紫薇迎来百日花红，令人沉醉在迷人的金秋中，冬日里雪松、龙柏、黑松、白皮松在白雪皑皑的大地上将银装素裹。

临近东海路的部分设计草坪与灌木围合成的图案，作为与北广场的过渡和呼应。圆形表演舞台、半圆形嵌草式宽台阶及方形隐蔽式点阵喷泉为设计中极富创意的部分。

三、树种配置

五四广场的绿化树种选择原则以当地树种为主，考虑较强的挡风性以及景观效果。种植设计重视草坪的应用，体现时代气息。在整体种植设计上，力求简洁大方，追求群体美，做到自然、朴素、大气。植株选择力求高大、健壮、无病虫害，树态端庄、整洁、色彩纯正。如广场上的雪松要求至少 6 m 以上高度，八棵雪松力求大小一致，乔木种植一定要求胸径在 10～12 cm 以上等。

主要树种：

常绿乔木：雪松、龙柏、黑松、白皮松、紫杉、桧柏等。

落叶乔木：银杏、法桐、合欢、黄山栾、樱花、五角松、紫薇。

常绿灌木：龟甲冬青、石岩杜鹃、耐冬、金叶女贞、小龙柏地被、千首兰。

花卉：一串红、万寿菊、月季、玫瑰、丰花月季等。

草坪：混播草。

四、喷泉设计

本工程在喷泉设计上有所创新，在中轴线上分别于南北广场设置了两座喷泉，均为隐蔽式电脑程控音乐彩色喷泉。

北广场设置中心喷泉，采用下沉式圆形水池，环状水槽。水池底部成拱形，全部采用天然花岗石铺装。几何形体的造型图案美观大方，使水池本身成为一件漂亮的艺术品，加之变化多端的水形，辉煌的水下灯光、优美动听的音乐，创造出富有吸引力的新景观，使人仿佛置身于诗与画之中。

南广场设置隐蔽式点阵喷泉，方格形水槽纵横交叉，喷泉与四周硬地保持同一平面，利用水槽，内藏各类喷泉嘴和水下彩灯，上面用磨砂钢化玻璃封盖，均可上人。喷泉关闭，人们可在其上集会、娱乐、游览，结合北面的舞台，进行各种大型的文娱活动。

两座喷泉在设计上避免了通常的喷水池占用大片地面，以及池水脏臭、冬季管道外露等弊端。泵房配电房和管理房全部进入地下，保证了广场整洁、美观，充分发挥了广场的游览观光功能。

五、亮化设计

广场亮化不仅仅是照明的效果，而且是充分实现环境因素在夜间的美感。这要求我们挖掘广场各环境因素的特征，并以适宜的手段加以表达。

道路照明考虑以装饰性道路照明灯为主，照明灯具选用不截光型照明器，使道路有良好的亮度和均匀度，注意照明器的布置与道路的方向、线型相结合。

对于自然景观及休息娱乐为主的公园、绿地部分照明力求表现出夜间景色及气氛，注意明、暗对比。在某些部位考虑照射产生的光环，使丛林、草坪、花坛形成有韵律的图案。

对于喷泉照明，应能够明快地显示出水柱及喷水端部及水花散落的景象。利用过滤色片取得各种彩色光，再加上由程序控制的动感照明使喷泉水更加多姿多彩，绚丽无比。

对于雕塑照明采用投光照明的方法照亮整个目标，利用局部照明产生阴影和不同亮度，创造出一个轮廓鲜明的效果。

任务二　城市广场的规划设计

【学习目标】

1. 了解城市广场规划设计的原则及设计程序；

2. 根据设计要求和现状条件，能合理完成广场的功能分区；

3. 能够根据广场设计的原理进行初步的景观设计构思；

4. 能够按照园林制图规范绘制相关图样。

【任务提出】

在学习掌握了城市广场规划设计的相关知识后，根据规划设计程序，来分步完成某一城市广场的规划设计。呼市某郊县计划在其道路南面建设一休闲广场，根据图 8-4 所示，结合周边环境，对该广场作出设计方案。

任务要求：

(1)结合当地环境特点，巧妙构思，广场主题明确，设计能够体现出文化内涵和地方特色。

(2)广场设计指导思想明确，立意新颖，格调高雅，具有时代气息。

(3)设计能够满足城市广场的不同功能要求，布局合理。

(4)因地制宜地确定广场中的主要景观和内容设施，体现多种功能并突出主要功能。

(5)植物选择合理并能正确运用合理的植物种植形式，符合构图规律，造景手法丰富，注意色彩、层次变化，能与道路、建筑相协调，空间效果较好。

(6)按要求完成设计图样，能满足施工要求；图面构图合理，整洁美观；线条流畅，墨色均匀；图例、比例、指北针、设计说明、文字和尺寸标注、图幅等要素齐全，且符合制图规范。

【任务分析】

依据功能和特点不同城市广场分为很多类型，但各类城市广场的规划设计大的原则和程序是一样的，只是在设计时应根据不同的功能要求和环境特点，做出具体的设计方案。要完成本课题必须结合现场分析和广场具体要求，根据规划设计程序，广场设计应该从宏观到微观、

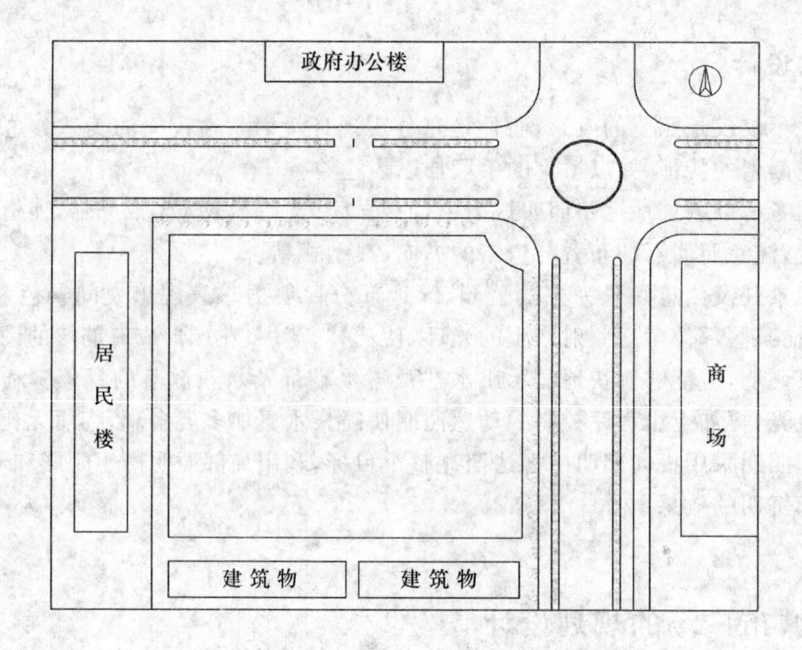

图 8-4 某休闲广场设计任务图

从整体到局部、从功能形态到具体构造，因此，需要把工作分为以下几个阶段：

一、广场设计的准备阶段

了解并掌握各种有关广场的外部条件和客观情况，收集相关图样和设计资料，确定广场规划设计的目标。

二、广场总体规划阶段

总体规划阶段是广场设计过程中关键性的阶段，也是整个设计思路基本成型的阶段。主要完成以下几项工作：

(1)广场的布局形式和出入口的设计；

(2)广场功能分区的规划设计；

(3)广场标志物的规划设计；

(4)地方特色的规划设计。

三、广场详细规划设计阶段

在总体规划设计的基础上，详细设计确定整个广场和各个局部的具体做法，如地形设计、铺装设计、水景设计等各部分确切尺寸关系、结构方案等具体内容，主要表现为详细设计图和施工设计图。

四、广场规划设计文本编制阶段

根据详细设计方案和施工图，编制设计文本，包括设计说明书和工程量清单(或概算)两部分。

【基础知识】

一、城市广场规划设计的原则

(一)系统性原则

城市广场是城市开放空间体系中的重要节点。通常分布于城市人口密集处、城市核心区、街道空间序列中或城市轴线的节点处、城市与自然环境的接合部、城市不同功能区域的过渡地带、居住区内部等。由于城市广场在城市中的区位及其功能、性质、规模、类型等都有所区别,各自有所侧重,所以每个广场都应根据周围环境特征、城市现状和城市总体规划的要求,确定其主要性质、规模等,只有这样才能使多个城市广场相互配合,共同形成城市开放空间体系中的有机组成部分。因此,城市广场必须在城市空间环境体系中进行系统分布的整体把握,做到统一规划、合理布局。

(二)完整性原则

基于城市广场是城市空间的组成部分的认识。城市是一个整体,各元素之间是相互依存的。城市广场作为城市的一个重要元素,在空间上与街道相联系,与建筑相互依存,并注重自身各元素之间的统一和协调,它又体现城市文脉,成为城市人文环境的构成要素。因此,广场的园林绿化,应体现功能与环境两方面的整体协调。

功能的完整是指一个广场应有其相对明确的功能。在这个基础上,辅之以相配合的次要功能,做到主次分明、重点突出。从趋势看,大多数广场都在从过去单纯为政治、宗教服务转向为市民服务。即使是天安门广场,也改变了以往那种单纯雄伟广阔的形象而逐渐贴近生活,其周边及中部还增加了一些绿化、环境小品等。

环境完整主要考虑广场环境的历史背景、文化内涵、时空连续性、完整的局部、周边建筑的协调和变化等问题。城市建设中,不同时期留下的物质印记是不可避免的,特别是在城市改造、更新历史上遗留下来的广场时,更要妥善处理好新老建筑的主从关系和时空连续等问题,以取得统一的环境完整效果。图 8-5 是大雁塔北广场,可以看到,该广场在建设过程中遵循了

图 8-5 西安大雁塔北广场

时空连续性并且在设计时充分考虑到与周边环境的协调。

(三)尺度适配原则

尺度适配原则是根据广场不同使用功能和主题要求,确定广场合适的规模和尺度。如市政广场和一般的休闲广场尺度上就应有较大区别,从国内外城市广场来看,政治性广场的规模与尺度较大,形态较规整。而市民广场规模与尺度较小,形态较灵活。

此外,广场的尺度除了具有自身良好的绝对尺度和相对的比例以外,还必须适合人的尺度,而广场的环境小品布置则更要以人的尺度为设计依据。

(四)适应自然的原则

城市广场是一个从自然中限定又比自然更有意义的城市空间。它不仅是改善城市环境的节点,也是市民所向往的一个休闲的自然所在。追求自然是城市广场得以为市民所接受的根本。由于过去的广场设计只注重硬质景观效果,大而空,植物仅仅作为点缀、装饰,甚至没有绿化,疏远了人与自然的关系,缺少与自然生态的紧密结合。因此,现代城市广场设计应从城市生态环境的整体出发,一方面应运用园林设计的方法,通过融合、嵌入、美化和象征等手段,在不同层次的空间领域中,引入自然,再现自然,并与当地特定的生态条件和景观特点相适应,使人们在有限的空间中,领略和体会自然带来的自由、清新和愉悦。另一方面应特别强调其小环境生态的合理性,既要有充足的阳光,又要有足够的绿化,冬暖夏凉,为居民的各种活动创造宜人的生态环境。

(五)空间多样性原则

由于城市广场功能上的综合性,必然要求其内部空间场所具有多样性特点,现代城市广场虽应有一定的主导功能,却可以具有多样化的空间表现形式和特点。城市广场是人们共享城市文明的舞台,所以它要反映作为群体的人的需要,要综合兼顾社会各阶层人群的使用要求。同时,服务于广场的设施和建筑功能也应多样化,将纪念性、艺术性、娱乐性和休闲性兼容并蓄。

(六)个性特色原则

基于城市广场是一个历史过程的认识,历史积淀而成的作为城市象征的城市广场,它通过人们的生活参与不断发展完善。具有生命力的可识别的城市广场应是一个市民记忆的场所,一个容纳或隐喻历史变迁、文化背景、民俗风情的场所,一个可持续发展的场所。它理所应当反映时代、地域的特征。

二、城市广场设计原理

(一)广场的面积

城市广场是城市空间形态中的节点,它突出地代表了城市的特征。与周围建筑及其间的标志物有机地统一着城市的空间构成。城市广场是某种用途和特征的焦点,道路的交汇点,也是城市结构的变换处。广场设计首先要研究确定广场的位置、用地规模和形状。城市广场面积的大小和形状的确定,与广场类型、广场建筑物性质、广场建筑物的布局及交流通量有密切关系。城市越大,城市中心广场的面积也越大。小城市的市中心广场不宜规划得太大。片面地追求大广场,不仅在经济上不合理,而且在使用上不方便,也不会产生好的空间艺术效果。

小城市中心广场的面积一般不小于 1～2 hm^2。大中城市广场面积 3～4 hm^2，如有需要还可以大一些，城市广场面积还应考虑各种因素和使用需要确定。

(二)广场的空间处理

广场应按照城市总体规划确定的性质、功能和用地范围，结合交通特征、地形、自然环境等进行空间设计，并处理好与毗邻道路及主要建筑物出入口的衔接，以及和周围建筑物的协调。

1. 利用地形组织广场空间

广场场地在空间上宜采用多种手法，以满足不同功能及环境美学的要求。主要有：平面型(平面型最为常见和多见，如北京天安门广场)和空间型(下沉式、上升式以及坡地式的处理方法)。

上升式是将车行放在较低的层面上，而把人行和非机动车放在较高的层面上。下沉式广场在现代城市建设中应用更多，相对上升式广场它不仅能解决交通分流问题，还能使人们在喧嚣嘈杂的城市环境中取得安静、安全和较强的归宿感。营口经济技术开发区月亮广场(见彩图 8-2)，临海是一个下沉空间，这是广场的核心，看台面向大海，给人以独立、开阔的感觉；连接周围的铺地、台阶、平台，有效地组织空间，分隔人流，提供休闲、娱乐场所。

2. 利用植物配置的层次关系，丰富广场空间变化

锦州花卉宝石广场就是以植物造园为主、广场大理石铺装为辅营造广场空间的，共分三个功能区：南部植物观赏区、中部文化广场区、北部花展服务区，见图 8-6。

图 8-6 锦州花卉宝石广场

3. 利用建筑物、廊柱等进行围合或半围合

四面围合：广场封闭性强，具有强的向心性和领域性。

三面围合：广场封闭性好，有一定的向心性和方向性。

两面围合：广场领域感弱，空间有一定的流动性。

一面围合：广场封闭性差。

如曼哈顿雅各布贾维茨广场(图 8-7)，经常汇集大量的上班族前来休憩和用餐，因此大量使用了前后相倚的双股鲜绿色座椅，丰富广场空间的同时，提供了大量的座位。座椅被组织成若干或前或后、大小不一的环状，从而具有了特别的视觉感召力。人们根据个人需要选择或公共、或私密、或开敞、或围聚的任一适宜位置。空间自由度极强。

4. 利用地面铺装丰富空间形式

地面铺装的材料、质感、色彩、造型等因素，会给人们带来不同的感受，应根据地方特点，通过铺装材料或样式的变化体现空间界面线，在人的心理上产生不同暗示，达到空间分隔及功能变化的效果。场地纹理变化还可刺激人的视觉和触觉、暗示表面活动方式，划分人、车、休息、游戏等功能。

图 8-7 曼哈顿雅各布贾维茨广场

(三)广场的布局

广场的总体布局应有全局观点，综合考虑、预想广场实质空间形态的各个因素，作出总体设计。广场的功能和艺术处理与城市规划等各个因素应彼此协调，使之形成一个有机的整体。在设计中使广场在空间尺度感、形体结构、色彩方面与交通和周围环境协调一致。

在广场总体设计构思中，既要考虑使用的功能性、经济性、艺术性以及坚固性等内在因素，同时还要考虑当地的历史、文化背景、城市规划要求、周围环境、基地条件等外界因素。

(四)广场的功能分区

广场的功能是随着社会的发展和生活方式的变化而发展变化的。各种广场设计的基本出发点就是充分发挥和体现人们习惯、爱好、心理和生理等需求，这些需求影响到广场的功能设计。

一般广场由几个部分组成，设计广场是要根据各部分功能要求的相互关系，把它们组合成若干个相对独立的单元，每个单元又有其活动的主题，同时要安排好交通流线，使各个部分的相互联系方便、简捷。从而保证广场布局分区明确、使用方便。石家庄政府广场(见彩图 8-3)是一个综合性的城市广场，广场中心利用大面积的铺装形成了一个供市民集会和开展公共活动空间，东、西、北三面均采用自然式植物种植，形成各具特色的多种活动空间，可满足不同人群的休闲活动。

(五)广场的客体要素设计

城市广场是为满足城市多种社会生活需要而建设的，是以建筑、水体、植物、道路等组合而成的一个具有多景观、多效益的室外公共活动场所，它集中表现了城市的面貌和城市居民的精神生活，因此，现代城市广场设计的一个重点就是它的客体要素设计。

1. 地面铺装

对地面铺装的图案处理可分为以下几种：

(1)规范图案重复使用　采用某一标准图案，重复使用，这种方法有时可取得一定的艺术效果。其中方格网式的图案是使用最简单的一种图案，这种铺装设计虽然施工方便、造价较低，但在面积较大的广场中亦会产生单调感。这时可适当插入其他图案，或用小的重复图案再组织起较大的图案，使铺装图案较丰富些。

(2)整体图案设计　指把整个广场作一个整体来进行整体性图案设计。把广场铺装设计成一个大的整体图案,将取得较佳的艺术效果,并易于统一广场的各要素和广场空间感。

(3)广场边缘的铺装处理　广场空间与其他空间的边界处理是很重要的。在设计中,广场与其他地界,如人行道的交界处应有较明显的区分,这样可使广场空间更为完整,人们亦对广场图案产生认同感;反之,如果广场边缘不清,尤其是广场与道路相邻时,将会给人产生到底是道路还是广场的混乱与模糊感。

(4)广场铺装图案的多样化　单调的图案难以吸引人们的注意力,过于复杂的图案则会使人们的视觉系统负荷过重而停止对其进行观赏。因而广场铺装图案应多样化,给人们以更多的美感,同时,追求过多的图案变化也是不可取的,会使人眼花缭乱而产生视觉疲倦,从而降低了观赏的注意力与兴趣。

合理选择和组合铺装材料也是保证广场地面效果的主要因素之一。

2. 水体

水体在广场空间中是游人观赏的重点,它的静止、流动、喷发、跌落都成为引人注目的景观。因此,水体常常在闲静的广场上创造出跳动、欢乐的景象,成为生命的欢乐之源。那么在广场空间中水是如何处理的呢?水体可以是静止或滚动的:静止的水面,物体产生倒影,可使空间显得格外深远,特别是夜间照明的倒影,在效果上使空间倍加开阔;动的水体有流水及喷水,流水可在视觉上保持空间的联系,同时又能划定空间与空间的界限,喷水丰富了广场空间的层次,活跃了广场的气氛。

水体在广场空间的设计中有3种:

(1)作为广场主题,水体占广场的相当部分,其他的一切设施均围绕水体展开。

(2)局部主题,水景只成为广场局部空间领域内的主体,成为该局部空间的主题。

(3)辅助、点缀作用,通过水体来引导或传达某种信息。

设计水体时应先根据实际情况,确定水体在整个广场空间环境中的作用和地位后再进行设计,这样才能达到预期效果。

3. 建筑小品

建筑小品设计首先应与整体空间环境相谐调,在选题、造型、位置、尺度、色彩上均要纳入广场环境的综合考虑因素中加以权衡,既要以广场为依托,又要有鲜明的形象,能从背景中突出;其次,小品应体现生活性、趣味性、观赏性,不必追求庄重、严谨、对称的格调,可以寓乐于形,使人感到自然、轻松、愉快;再次,小品设计宜精不宜多,体量要适度。

在广场空间环境众多建筑小品中,街灯和雕塑所占的分量愈来愈重。街灯的存在不仅给市民在夜间活动提供方便,而且是形成广场夜景甚至城市夜景的重要因素。因此,广场环境中,必须设置街灯,或有此类功能的设施。在设计上要注意白天和夜晚,街灯的景观不同,在夜间必须考虑街灯发光部的形态以及多数街灯发光部形成的连续性景观,在白天则必须考虑发光部的支座部分形态与周围景观的协调对比关系。

随着时代的进步和社会文明的发展,现代雕塑向着大众化、生活化、人性化、多功能和多样化的方向发展,赋予了广场空间精神内涵和艺术魅力,已成为广场空间环境的重要组成内容之一。广场中的雕塑设计应注意以下几点:

(1)雕塑是供人们进行多方位视觉观赏的空间造型艺术。雕塑的形象是否能直接地从背景中显露出来,进入人们的眼帘,将影响到人们的观赏效果。如果背景混杂或受到遮蔽,雕塑便失去了识别性和象征性的特点。

(2)雕塑总是置于一定的广场空间环境中,雕塑与环境的尺度对比会影响到雕塑的艺术效果。雕塑通常通过具体形象或象征手法表达一定主题,如果不与特定的环境发生一定的联系,则不易唤起人们普遍的认同,容易造成形单影孤。

(3)一般来说,一座雕塑总有主要观赏面和次要观赏面,不可能各个方位角度都具有同质的形态,但在设计时,应尽可能地为人们多方位观赏提供良好的造型。

(4)一件完美的雕塑作品不仅依靠自身的形态使广场有了明显的个性特征。增添了广场的活力和凝聚力,而且对整体空间环境起到了烘托、控制的作用。

4. 色彩

色彩可用来表现广场空间的性格和环境气氛,创造良好空间效果的重要手段之一。一个有良好色彩处理的广场,将给人带来无限的欢快与愉悦。如商业性广场及休息性广场可选用较为温暖而热烈的色调,使广场产生活跃与热闹的气氛,加强广场的商业性和生活性;而在纪念性广场中便不能有过分强烈的色彩,否则会冲淡广场的严肃气氛。南京中山陵纪念广场建筑群采用蓝色屋面、白色墙体、灰色铺地和牌坊梁柱,建筑群以大片绿色的紫金山作为背景衬托,这一空间色彩处理既突出了肃穆、庄重的纪念性环境的性格,又创造了明快、典雅、亲切的氛围。由此可以看出,色彩处理得当可使空间获得和谐、统一效果。

在广场色彩设计中,如何协调、搭配众多的色彩元素,以免造成广场的色彩混乱,失去广场的艺术性是很重要的。如在一灰色调的广场中配置一红色构筑物或雕像,会在深沉的广场中透出活跃的气氛;在一白色基调的广场中配置一绿色的草地,将会使广场典雅而富有生气。每一个广场本身色彩不能过于繁杂,应有一个统一的主色调,并配以适当的其他色彩点缀即可,使广场色调在统一的基调中处于协调,形成特色,切忌广场色彩众多而无主题。

5. 绿化

绿色空间是城市生态环境的基本空间之一,它使人们能够重新认识大自然,拥护大自然,以补偿工业化时代和高密度开发对环境的破坏。因此,任何一个广场的设计都应当有一定的绿色空间,而且应尽可能使绿色面积多一些。对于像火车站、汽车站站前广场、体育馆前广场等专供集散的广场,绿化面积也不能低于10%。现代城市寸土寸金,应充分发挥绿色是城市空间柔化剂的作用,使植物成为城市广场建设的主力军。

在广场绿化的设计手法上,一方面,在广场与道路的相邻处,可利用乔木、灌木或花坛起分隔作用,减少噪声、交通对人们的干扰,保持空间的完整性;还可利用绿化对广场空间进行划分,形成不同功能的活动空间,满足人们的需要;同时,由于我国地域辽阔,气候差异大,不同的气候特点对人们的日常生活产生很大影响,造就了特定的城市环境形象和品质。因此,广场中的绿化布置应因地制宜,根据各地的气候、土壤等不同情况采用不同的设计手法。例如,在天气炎热、太阳照射强的南方,广场应多种能够遮阳的乔木,辅以其他的观赏树种;北方则可以用大片草坪来铺装,适当点缀其他绿化。另一方面,则可利用高低不同、形状各异的绿化构成多种多样的景观,使广场环境的空间层次更为丰富,个性得到应有的展示。此外,还可以用绿化本身的内涵,既起陪衬、烘托主题的作用,又可成为主体控制整个空间,如三亚海月广场(见彩图8-4)。

6. 广场夜景

21世纪伊始,中国城市化进程不断加快,经济和贸易开始与世界接轨,人民对城市环境的要求越来越高，“艺术地生活”、“回归自然”已成为现代人美好的向往和追求。因此，作为城市公共空间最重要的组成部分——城市广场的夜景愈来愈受到广大市民的青睐。而照明设计的好坏直接影响夜景质量的高低。

在上海外滩，闪烁的霓虹灯光彩与黄浦江相映生辉，夜幕中亭亭玉立的“东方明珠”，以其特有的光璨，与阑珊的夜色一道展现着现代都市的繁荣；大连的星火湾广场，在海天之间洋溢着俄、日风情的神韵。灯饰文化蕴含着华夏民族的千古精华，体现了东西方文化的交融，照明设计中，要以结合环境、烘托气氛为主链条，促使不同空间、场地的灯具形式与布局相吻合；另一方面应针对不同功能的空间创造相应的照明艺术氛围，如繁华商业广场的热闹气氛、生活小区广场幽雅的田园气息、聚会广场的壮阔气势等。

灯光文化一个很重要的特点是，必须体现城市环境的文脉、地脉特色。灯饰造型应具有强烈的地方、区域、民族的特点，恰当地提取代表地方文脉的符号、标志，展现其独特的地理与人文气息。

(1)广场照明　广场是城市居民工作之余聚会、庆典、娱乐、游憩的空间，是城市中最具魅力的公共场所之一。今天，广场已趋于多功能化，被赋予更具体、丰富而鲜活的含义，很多著名的广场已成为所在城市的象征。城市广场的照明设计是复杂的边缘课题。随着人们生活质量要求的提高和城市夜生活形式的丰富多彩，城市广场的照明设计就显得格外重要了。其中明暗的适度是有亲和力的光照条件，赏心悦目的景观、轻松舒适的环境氛围，迫切要求广场照明设计具有新时代的气息。广场照明常常采用路灯、地灯、水池灯、霓虹灯以及艺术灯相结合的方式，有些处于交通枢纽地段的广场也常常设置高柱的塔灯等。

广场照明应突出重点(图 8-8 和图 8-9)，许多广场中央设纪念碑或喷泉、雕塑等趣味中心，照明设置既要照顾整体，又应在这些重点部位加强照明，以取得独特效果。再如伦敦的特拉法加广场喷泉、纪念碑周围环境采用低调照明，而本身采用泛光照明，亮度为 5～18 cd/m^2，因此成功地突出了广场的中心。城市广场千姿百态，其照明设计应根据广场的形状、大小及周围环境合理布局，巧妙地限定空间。照明灯饰既可以根据广场的形状来强调形状，也可采用自由布局淡化形状。如在圆形广场中，灯饰可以多层环绕或自圆心向外放射而突出圆形，也可采用无中心系列使人难以辨清圆形。将灯具加以系列组织，可以巧妙地限定，围合不同性质领域。大型广场应采用光源强度大的灯具，布置也应秩序井然；小型休息广场可选择田园式布局，采用比较低矮的灯具，作自由布局，灯光的布置也要注意灯具的尺度合宜，材料运用恰当，高低相伴。

图 8-8　大雁塔北广场夜景

图 8-9　五四广场夜景

广场是城市的“客厅”，因此灯饰造型应特别美观、精致，体现文脉与地脉特征，并反映时代特色，也常常寓意特殊哲理。由于总处在一定的环境之中，因此照明常常要注意背景烘托。广场总是利用周围的建筑形成围合，这些建筑就成为广场的背景。白天由于广场内景物的吸引，周围环境仅仅起到背景作用。夜幕下许多景色淹没在夜色之中，这时广场中的灯光与周围的灯光连成一片，形成都市特有的景观。建筑物垂直面的照明宛如舞台背景，可突出夜晚广场的围合，这些垂直面的照明一般宜采用地灯形成的泛光照明，不突出其中某一个点，把整个垂直面作为一个整面处理，以加强广场的围合感。

(2)水下照明　一般广场空间中设置有水池、喷泉等。灯光喷水池或音乐灯光喷泉可以呈现姹紫嫣红的美妙幻景，取得光色与水色相映生辉的效果。灯光喷泉系统由喷嘴、压力泵及水下照明灯组成。水下照明灯常用于喷水池中作为水面、水柱、水花的色彩反射，使夜色非常绚丽多彩。水下灯光常用红、黄、绿、蓝、透明五种滤色片灯，灯光通过滤色片传递色彩。可结合各种场所需要，并根据特定环境选择各种灯光搭配来组合灯光颜色。水下灯的光源一般采用220 V、150～300 W的自反射密封性白炽灯泡，并具有防水密封措施的投光灯，灯具的投光角度可随意调整，使之处于最佳投光位置，达到满意的光色效果。

(六)各景观要素的协调

1. 广场软、硬质景观的协调

广场空间的景色，一般应有三个层次：近景、中景、远景。中景一般为主景，要求能看清全貌，看清细部及色彩。远景作背景，起衬托作用，能看清轮廓。近景作框景、导景，增强广场景深的层次。静观时，空间层次稳定；动观时，空间层次交替变化。有时要使单一空间变为多样空间，使静观视线转为动观视线，把一览无余的广场景色转变为层层引导，开合多变的广场景色。

城市广场周围的建筑通常是重要建筑物，是城市的主要标志。应充分利用绿化来配合、烘托建筑群体，作为空间联系、过渡和分隔的重要手段，使广场空间环境更加丰富多彩和充满生气。广场绿地布置和植物配置要考虑广场规模、空间尺度，使绿化更好地装饰、衬托广场，美化广场，改善广场的小气候，为人们提供一个四季如画、生机盎然的休憩场所。在广场绿化与广场周边的自然环境和人造景观环境协调的同时，应注意保持自身的风格统一。

广场的地面要根据不同的要求进行铺装设计，如集会广场需有足够的面积容纳参加集会的人数，游行广场要考虑游行行列的宽度及重型车辆通过的要求。其他广场亦须考虑人行、车行的不同要求。广场的地面铺装要有适宜的排水坡度，能顺利地解决场地的排水问题。有时因铺装材料、施工技术和艺术处理等的要求，广场地面上须划分网格或各式图案，增强广场的尺度感。铺装材料的色彩、网格图案应与广场上的建筑，特别是主要建筑和纪念性建筑物密切结合，以起引导、衬托的作用。广场上主要建筑前或纪念性建筑物四周应作重点处理，以示一般与特殊之别。在铺装时，要同时考虑地下管沟的埋设，管沟的位置要不影响场地的使用和便于检修，绿化种植是美化广场的重要手段，它不仅能增加广场的表现力，还具有一定的改善生态环境的作用。在规整形的广场中多采用规则式的绿化布置，在不规整形的广场中宜采用自由式的绿化布置，在靠近建筑物的地区宜采用规则式的绿化布置，绿化布置应不遮挡主要视线，不妨碍交通，并与建筑组成优美的景观。绿化可以遮挡不良的视线，作局部地区的障景。应该大量种植草地、花卉、灌木和乔木，考虑四季色彩的变化，丰富广场的景观。

2. 广场的自然景观和人文景观

一个好的方案，应能够把优秀的绿化建设将人与大自然很好地协调，还应将历史文化内涵再现出来，对广场设计的植物配置把握得恰到好处。绿化树种又因有神奇的千姿百态和绚丽的流光溢彩，在营造自然氛围、装饰环境空间方面能演绎绿色的乐章。但是一些地方的绿化建设也存在效果不理想，有的植物配置不合理的现象；有的园林设计尽管景观层次很高，但建设成本和维护、管理费用高，与单位承受能力不相适应。因此，应将功能与审美，各项绿化指标对中长期及四季观赏效果，历史文脉的传承，建设成本及维护管理费用的计算等综合考虑。在植物的配置、与建筑物的协调、各项园林功能的发挥等问题处理得当。使城市广场真正成为改善城市居民生活环境质量，增强城市生活的情趣，满足人们日益增长的艺术审美要求的“城市客厅”；成为融合城市历史文化、塑造自然美和艺术美的环境空间；使游人身在其中，深深地感受到环境的美好，在休憩中获得知识，了解城市的历史文脉。

3. 广场上建筑物和设施的布置

建筑物是组成广场的重要因素。广场上除主要建筑外，还有其他建筑和各种设施。这些建筑和设施应在广场上组成有机的整体，主从分明。满足各组成部分的功能要求，并合理地解决交通路线、景观视线和分期建设问题。

广场中纪念性建筑的位置选择要根据纪念建筑物的造型和广场的形状来确定，纪念物是纪念碑时，无明显的正背关系，可从四面来观赏，宜布置在方形、圆形、矩形等广场的中心。广场为单向入口或纪念性建筑物为雕像时，则纪念性建筑物宜迎向主要入口。当广场面向水面时，布置纪念性建筑物的灵活性较大，可面水、可背水、可立于广场中央、可立于临水的堤岸上，或以主要建筑为背景，或以水面为背景，突出纪念性建筑物。在不对称的广场中，纪念性建筑物的布置应使广场空间构图取得平衡。纪念性建筑物的布置应不妨碍交通，并使人们有良好的观赏角度，同时其布置还需要有良好的背景，使它的轮廓、色彩、气氛等更加突出，以增强艺术效果。

广场上的照明灯柱与扩音设备等设施，应与建筑、纪念性建筑物协调。亭、廊、座椅、宣传栏等小品体量虽小，但与人活动的尺度比较接近，有较大的观赏效果。它们的位置应不影响交通和主要的观赏视线。

【任务实施】

一、广场设计的准备阶段

该阶段的主要任务是对设计广场的社会环境、人文环境、自然条件及周边环境进行调查，并搜集有关的图文资料。主要包括自然条件，地形、气候、地质、自然环境等；城市规划对广场的要求，包括广场用地范围的红线、广场周围建筑高度和密度的控制等，城市基础设施环境，包括交通、供水、供电等各种条件和情况；使用者对广场的设计要求，特别是对广场所应具备的各项使用功能要求；其他可能影响工程的客观因素。

通过现场踏勘、座谈、调查相关资料等，了解到广场位于该城开发区的发展中心，东侧、北侧分别临开发区的南北发展轴线和东西发展轴线。政府办公楼坐落于广场以北约 50 m 处，广场用地东西长约 110 m，南北长 100 m，场地平坦，规划面积约 11 000 m^2，该区域具有浓郁的民族文化氛围，民风淳朴，历史悠久。建设该广场的目的就是为群众提供生态健全，景观效果良好，服务设施完善，集休闲、娱乐、健身、活动为一体的场所。其他自然条件、社会经济条件略。

二、广场总体规划阶段

在上述调查分析的基础上，根据广场规划设计的程序，我们首先应该解决以下问题：

1. 功能定位

休闲娱乐、健身,展览,弘扬民族文化。

2. 广场布局形式的确定

本广场的设计主要是满足周围市民的休闲娱乐活动,同时考虑周边环境还要兼具商业展览、弘扬民族文化,因此确定该广场的总体布局形式为混合式,以政府办公大楼的中心线作为广场构图的主轴线,布局采用规划式;其余区域以自然式布局为主。

3. 出入口设计

根据广场周围环境,在临近东西向主干道一侧设置主出入口,在与商业建筑及其他两侧的建筑邻近的绿地边缘分别设置3个次要出入口。在东北角即两条干道的交叉口设一景观出入口。

4. 功能分区及其联系

根据广场设计的要求,广场拟建设娱乐活动区、文化展示区、休闲健身区及入口景观区四个部分。各功能区之间的联系即流线初步设计如图8-10所示,以政府办公大楼的中心线作为广场构图的主轴线,广场西南角与东北角环岛相连,发展成为一条次轴线,这两条轴线相交即成为广场中心景区一圆中心广场,东边靠南设一入口,发展一条横向的辅助轴线。这一条主轴线和两条辅助轴线划定了整块用地的空间结构,各个广场空间及道路沿着这几条轴线展开。

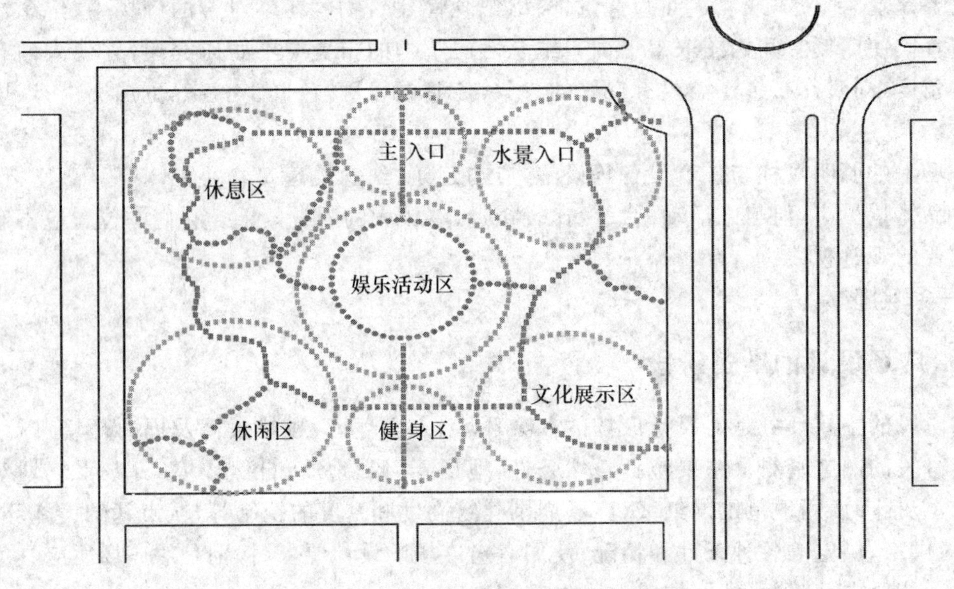

图8-10 广场功能分区及流线图

5. 广场景观设计

为打破地形规则平坦的现状,中心景区周围采用自然式布局,并使其在横断面、纵断面上都起伏有致。

主轴线空间序列为主入口—中心音乐旱喷泉广场—林荫广场,次轴线空间序列为水景入口—中心音乐旱喷泉广场—休闲广场。在各个空间序列上,开阔与闭合、简洁与丰富、大与小、虚与实、直线与曲线、动与静形成鲜明对比,而各个广场空间又统一在大的空间结构中,既对立又统一,使各个广场布局层次丰富,富有变化不凌乱。

另外，在植物配置方面，灵活运用植物材料，尤其是选用乡土植物种类，无论是周边围合，还是零星小块区域，利用多种植物配置形式，增加广场的绿地率及绿化覆盖率，增强广场的生态美化功能。

三、广场详细设计阶段

做出广场的总体规划方案后，要邀请有关的专家、领导对方案进行讨论和修改，方案中哪些是适宜的，哪些需要修改，还应该增加什么内容。甚至还可就方案的有关内容征求周围群众的意见，让群众从规划阶段就来参与广场建设。这样也会使方案更加完善，更加为群众所接受。

1. 详细设计内容

在上述工作的基础上，可以进入广场的详细设计阶段。该阶段就是将广场规划方案的具体化，形成广场设计的总平面布置图、详细设计图及施工设计图等。

(1)首先确定广场主入口的具体位置，主入口至中心音乐旱喷泉广场的轴线，并确定出轴线两旁布设的景观和设施类型及位置，确定出中心音乐旱喷泉广场的大小和范围，周边其他园林要素的配合与烘托等。

(2)具体确定出喷泉的喷水形式，尺度，以及周边的景物配合。

(3)确定出拟建下沉广场、及休闲广场的尺度、位置及配套设施。

(4)设计出健身场地以及休闲区域、健身区域和其他区域的具体位置、范围、设施及其他景观的配合。

(5)根据广场的总体设计，提出绿化设计的原则和景观要求(绿化设计见任务三)。

2. 技术设计内容

该阶段是在完成广场详细设计平面图的基础上，对平面图上所有园林要素所做的技术设计，往往需要有多方面的工程设计人员参加，比如有些桥梁、文化长廊、亭及其他一些建筑物就需要专业的建筑设计师去完成。

(1)建筑物的设计　广场上所有建筑物需要设计出具体尺寸、造型、材质结构等。

(2)水景的设计　设计出喷泉的具体尺寸，喷射花样，池底结构的处理，广场及道路的照明建议等。

(3)铺装设计　广场及道路铺装的材质、纹样图案、具体尺寸等。

(4)植物景观的设计　见相关内容。

上述不同园林要素的设计。还可用相应的立面图及效果图去表现和说明设计效果及各部分间的关系。

四、广场规划设计文本编制阶段

根据详细设计方案编制详细设计说明书，包括设计背景、设计依据、设计原则、功能分区、景观设计、单项设计等内容。

根据详细设计方案和相关施工图样，分别按建筑、水景、铺装、植物等不同的园林要素，列出各自的工程量清单，以便参照不同的定额，进行投资预算。例如对于广场设计中所用的铺装材料来讲，要统计出种类、规格要求、数量及其他标准等。

任务三 城市广场的绿化设计

【学习目标】

1. 了解城市广场绿地规划设计的原则；
2. 了解城市广场绿地规划设计的程序；
3. 掌握城市广场绿化树种选择的原则；
4. 了解城市广场植物配置的常见形式。

【任务提出】

如图 8-4 为某休闲娱乐广场的规划设计图。该广场地势平坦，广场位于城市东西主干道南侧，南北向干道的西侧，其余两面均有建筑物。广场规划设计了娱乐活动区、文化展示区、休闲健身区及入口景观区四个部分。现要求根据城市休闲广场的特点和相关绿地设计规范等要求，在充分满足群众文化、娱乐、休闲活动等功能要求的基础上，绿地设计要求具有地方特色，且又能有较高景观效果、生态效果的休闲广场。

【任务分析】

通过对图样和设计要求的分析，要完成某城市休闲广场绿地设计的任务，根据绿地规划设计的一般程序和相关设计规范，现将工作分为以下三个阶段进行。

一、调查研究阶段

(1)城市休闲娱乐广场规划特点及绿地现状调查。

(2)确定绿地规划设计的基本原则。

二、总体规划设计阶段

根据休闲娱乐广场各功能区的功能要求、景观主题、文化氛围、环境特点等，明确各绿地的功能和植物景观规划的设计理念。

三、详细设计阶段

(1)根据文化广场的景观要求，结合当地自然条件和植被类型，确定各区绿化景观的骨干树种和种植形式。

(2)根据详细设计的内容，完成文化广场绿地各组成部分的详细设计图样的绘制。

【基础知识】

一、广场绿地规划设计原则

(1)广场绿地布局应与城市广场总体布局统一，使绿地成为广场的有机组成部分，从而更好地发挥其主要功能，符合其主要性质要求。

(2)广场绿地的功能与广场内各功能区相一致，更好地配合和加强该区功能的实现。例如在入口区植物配置应强调绿地的景观效果，休闲区规划则应以落叶乔木为主，冬季的阳光、夏季的遮阳都是人们户外活动所需要的。

(3)广场绿地规划应具有清晰的空间层次，独立形成或配合广场周边建筑、地形等形成良好、多元、优美的广场空间体系。

(4)广场绿地规划设计应考虑到与该城市绿化总体风格协调一致，结合地理区位特征，物种选择应符合植物的生长规律，突出地方特色。

(5)结合城市广场环境和广场的竖向特点，以提高环境质量和改善小气候为目的，协调好风向、交通、人流等诸多因素。

(6)对城市广场上的原有大树应加强保护，保留原有大树有利于广场景观的形成，有利于体现对自然、历史的尊重，有利于对广场场所感的认同。

二、广场绿地种植基本形式

城市广场绿地种植主要有四种基本形式：行列式种植、集团式种植、自然式种植、花坛式(即图案式)种植。

1. 行列式种植

这种形式属于整形式，用于广场周围或者长条形地带，用于隔离或遮挡，或作背景，如天安门广场。单排的绿化栽植，可在乔木间加种灌木，灌木丛间再加种草本花卉，但株间要有适当的距离，以保证有充足的阳光和营养面积。在株间排列上近期可以密一些，几年以后可以考虑间移，这样既能使近期绿化效果好，又能培育一部分大规格苗木。乔木下面的灌木和草本花卉要选择耐阴品种。并排种植的各种乔灌木在色彩和体形上要注意协调。

2. 集团式种植

也属于整形式种植，是为避免成排种植的单调感，把几种树组成一个树丛，有规律地排列在一定的地段上。这种形式有丰富、浑厚的效果，排列得整齐时远看很壮观，近看又很细腻。可用草本花卉和灌木组成树丛，也可用不同的灌木或乔木和灌木组成树丛。

3. 自然式种植

这种种植形式与整形式不同，是在一定地段内，花木种植不受统一的株、行距限制，而是疏密有序地布置，从不同的角度望去有不同的景致，生动而活泼。这种布置不受地块大小和形状限制，可以巧妙地解决与地下管线的矛盾。自然式树丛布置要密切结合环境，才能使每一种植物茁壮生长。

4. 花坛式(图案式)种植

花坛式种植即图案式种植，是一种规则式种植形式，装饰性极强，材料选择可以是花、草，也可以是可修剪整齐的树木，可以构成各种图案。它是城市广场最常用的种植形式之一。

花坛或花坛群的位置及平面轮廓应该与广场的平面布局相协调，如果广场是长方形的，那么花坛或花坛群的外形轮廓也以长方形为宜。当然也不排除细节上的变化，变化的目的只是为了更活泼一些，过分类似或呆板，会失去花坛所渲染的艺术效果。

在人流、车流交通量很大的广场，或是游人集散量很大的公共建筑前，为了保证车辆交通的通畅及游人的集散，花坛的外形并不强求与广场一致。例如，正方形的街道交叉口广场上、三角形的街道交叉口广场中央，都可以布置圆形花坛，长方形的广场可以布置椭圆形的花坛。

花坛还可以作为城市广场中的建筑物、水池、喷泉、雕像等的配景。作为配景处理的花坛，总是以花坛群的形式出现的。花坛的装饰与纹样，应当和城市广场或周围建筑的风格取得一致。

花坛表现的是平面图案，由于人的视觉关系，花坛不能离地面太高。为了突出主体，利于排水，同时又不致遭行人践踏，花坛的种植床位应该稍稍高出地面。通常种植床中土面应高出平地 7～10 cm。为利于排水，花坛的中央拱起，四面呈倾斜的缓坡面。种植床内土层约 50 cm 厚以上，以肥沃疏松的沙壤土、腐殖质土为好。

为了使花坛的边缘有明显的轮廓，并使种植床内的泥土不因水土流失而污染路面和广场，也为了不使游人因拥挤而践踏花坛，花坛往往利用缘石和栏杆保护起来，缘石和栏杆的高度通常为 10～15 cm。也可以在周边用植物材料作矮篱，以替代缘石或栏杆。

三、广场树种选择

在进行城市广场树种选择时，应遵循以下原则：

1. 冠大荫浓

枝叶茂密且树冠大的树种夏季可形成大片绿荫，能降低温度，避免行人受到暴晒。如槐树中年期时冠幅可达 5 m 多，悬铃木更是冠大荫浓。

2. 耐瘠薄土壤

城市中土壤瘠薄，树木多种植在道旁、路肩、场边，受各种管线或建筑物基础的限制影响，树体营养面积很少，补充有限。因此，选择耐瘠薄土壤习性的树种尤为重要。

3. 深根性

营养面积小，而根系生长很强，向较深的土层伸展仍能根深叶茂。因根深不会因践踏造成表面根系破坏而影响正常生长，特别是在一些沿海城市选择深根性的树种能抵御暴风袭击而巍然不受损害。而浅根性树种，易风倒，或根系易拱破场地的铺装。

4. 耐修剪

广场树木的枝条要求有一定高度的分支点(一般在 2.5 m 左右)，侧枝不能刮、碰过往车辆，并具有整齐美观的形象。因此，每年要修剪侧枝，树种需有很强的萌芽能力，修剪以后能很快萌发出新枝。

5. 抗病虫害与污染

病虫害多的树种不仅管理上投资大、费工多，而且落下的枝、叶，虫子排出的粪便，虫体和喷洒的各种灭虫剂等，都会污染环境，影响卫生。所以，要选择能抗病虫害，且易控制其发展和有特效药防治的树种，选择抗污染、消化污染物的树种，有利于改善环境。

6. 落果少，无飞毛、无飞絮

经常落果或有飞毛、飞絮的树种，容易污染行人的衣物，尤其污染空气环境，并容易引起呼吸道疾病。所以，应选择一些落果少、无飞毛的树种。

7. 发芽早、落叶晚且落叶期整齐

选择发芽早、落叶晚的阔叶树种。另外，落叶期整齐的树种利于保持城市的环境卫生。

8. 抗逆性强、寿命长

选择耐旱、耐寒的树种可以保证树木的正常生长发育，减少管理上的投入。北方大陆性气候，冬季严寒，春季干旱，致使一些树种不能正常越冬，必须予以适当防寒保护。

树种的寿命长短影响到城市的绿化效果和管理工作。所以，要延长树的更新周期，必须选择寿命长的树种。

【任务实施】

在掌握了必要的基本理论知识之后，根据园林规划设计的程序以及文化广场绿地规划设计的特点，来完成某城市休闲广场的绿地规划设计任务。

一、调查研究阶段

1. 该城市广场规划特点及绿地现状调查

通过现场踏勘、座谈、收集相关资料等，了解到本广场的设计主要是满足周围市民的休闲娱乐活动，同时考虑周边环境还要兼具商业展览、弘扬民族文化，为市民提供生态健全，景观效果良好，服务设施完善，集休闲、娱乐、健身、活动为一体的高品位休闲场所。该广场总体布局形式为混合式，以政府办公大楼的中心线作为广场构图的主轴线，布局采用规划式；其余区域以自然式布局为主。出入口的设计是在临近东西向主干道一侧设置主出入口，在与商业建筑及其他两侧的建筑邻近的绿地边缘分别设置 3 个次要出入口。在东北角是两条干道的交叉口设一景观出入口。另根据广场中各功能区的景点及设施(见任务二)情况，来确定绿化设计。

2. 绿地规划设计的基本原则

根据广场的总体规划和景观主题，结合绿地现状，确定以下规划设计原则：

(1)乔、灌、草结合，生态优先；

(2)功能区明确，以人为本；

(3)适地适树，因地制宜。

二、总体规划设计阶段

根据广场各功能区的功能要求、景观主题、文化氛围、环境特点等，结合广场绿地规划设计的基本原则，进一步明确各功能区绿地的功能和植物景观规划的设计理念。

1. 娱乐活动区

该区在广场中部，有露天舞台、旱喷泉、活动广场及配套设施，是为群众提供商品展览、小型集会、娱乐的场所。该区广场铺装面积较大，绿化植物的比例尺度要与广场空间相协调，在满足其功能要求的前提下，绿化以装饰美化为主，力求形成舒适的娱乐空间。

2. 休闲健身区

该区由广场西南部的休闲区和广场南侧的健身区两部分组成，其功能以休闲、娱乐、健身活动为主。该区绿地面积较大，是体现绿化景观、营造生态环境的重点区域，绿化设计要体现植物的林相、季相等特点，以色彩鲜艳的花灌木、宿根花卉、草坪等为主，植物配置要高低错落、层次分明、三季有花、四季有景。

3. 文化展示区

该区设置在东南入口附近，建有书报亭、景墙等，以科普为主，体现地方特色。该区绿化要美观、整齐、大方、开朗明快、庄重典雅，可采用丛植、时令花坛、模纹图案等种植形式，以体现该景观的氛围。

4. 安静休息区

该区在广场西北部，设有水池、凉亭、小溪等，以满足人们休息、赏景、或开展轻微活动的需求，该区绿化设计要求树木茂盛，绿草如茵。

5. 出入口

主出入口绿化与轴线配合采用规则种植，装饰性为主，入口对景处设时令花坛，东北角入口因所对十字路口，故设为景观入口，置跌水水景。

三、详细规划阶段

(一)文化广场绿化设计

根据本广场各功能区的景观要求，以突出设计功能、营造景观氛围为目的，结合当地自然条件和植被类型，提出以下各区植物配置的设计构想。

1. 娱乐活动区

该区植物配置以规则式或混合式为主，绿化以装饰美化为主，因该区广场铺装面积较大，绿化植物以油松、白皮松、国槐等高大乔木为主，适当点缀红瑞木、榆叶梅、丁香、珍珠梅等植物，以营造清洁舒适的娱乐空间为主。

2. 文化展示区

该区植物配置以混合式为主，可用对植、行列式栽植及花卉组成的色块，强调入口空间，转而为自然式为主，突出传统文化，选择高大的银杏、侧柏为主，大量栽植杏花、桃树、李树等树种。

3. 休闲健身区

该区植物配置以自然式或混合式为主，绿化以体现植物景观、营造生态环境为重点，绿化植物以垂柳、火炬、国槐、圆柏、云杉、红叶李、山梅花、花石榴等为主，点缀牡丹、月季、美人蕉等宿根花卉植物，以形成三季有花、四季有景的绿化效果。

4. 安静休息区

该区植物配置以自然式为主，主要配置垂柳、红枫、黄栌、山桃、黄刺梅等，以达到树木茂盛，绿草如茵之效果。

(二)完成相关图样的绘制

根据休闲广场绿化设计的内容和园林制图规范，可完成某城市休闲广场的绿化设计，设计成果应包括内容如下：

1. 设计平面图

设计平面图应包括所有设计范围内的绿化设计，要求能够表达设计思想，图面整洁、图例使用规范，平面图主要表达植物配置形式、植物种类选择等平面设计，见图 8-11。

2. 立面图、局部种植设计图、园林建筑布局图(略)

3. 设计植物设施表

植物设施表以图表的形式列出所用植物材料的名称、图例、规格、数量及备注说明。

4. 设计说明书

设计说明书(文本)主要包括项目概况、规划设计依据、设计原则、艺术理念、植物配置等内容，以及补充说明图样中无法表现的相关内容。

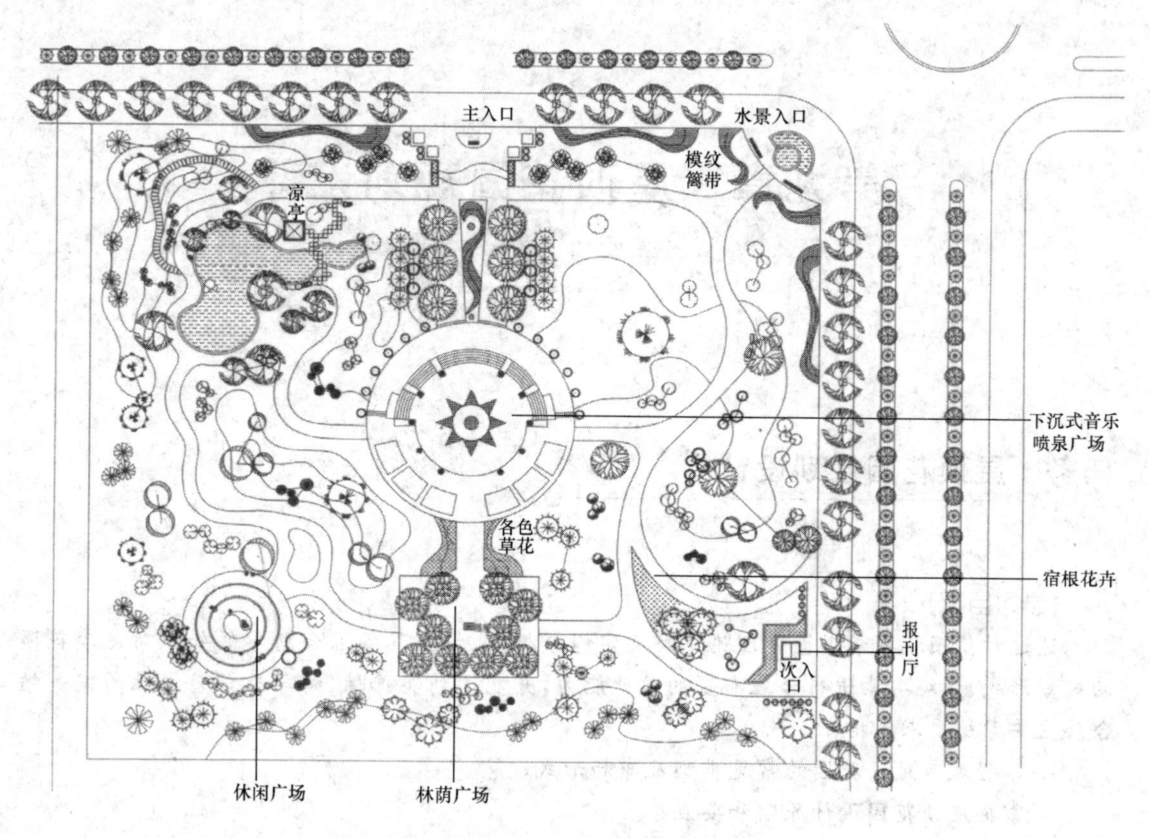

图 8-11 某城市休闲广场绿化设计平面图

【自我评价】

序号	评价项目	配分	检测标准	评分
1	景观设计	20	能因地制宜合理地进行景观规划设计，景观序列合理展开，景观丰富。主题明确，立意构思新颖巧妙。	
2	功能要求	25	能够根据广场类型结合环境特点，满足设计要求，功能布局合理，符合设计规范。	
3	植物配置	20	植物选择正确，种类丰富，配植合理，植物景观主题突出，季相分明。	
4	方案可实施性	20	在保证功能的前提下，方案新颖，可实施性强。	
5	设计表现	15	图面设计美观大方，能够准确地表达设计构思，符合制图规范。	

第九章　屋顶花园规划设计

任务　屋顶花园规划设计

【学习目标】

通过对屋顶花园景观设计理论讲解及实例分析，使学生具备综合所学的知识对屋顶花园的规划形式、景观要素进行合理布置的设计能力，并能达到实用性、科学性与艺术性的完美结合。主要考核要求包括：

1. 掌握城市屋顶花园的常见类型及布局形式；
2. 掌握屋顶花园设计原则和要点；
3. 能进行屋顶花园初步方案设计；
4. 了解屋顶花园日常养护管理要点 。

【任务提出】

图 9-1 所示是屋顶花园设计原始平面图，试对屋顶进行绿化设计。

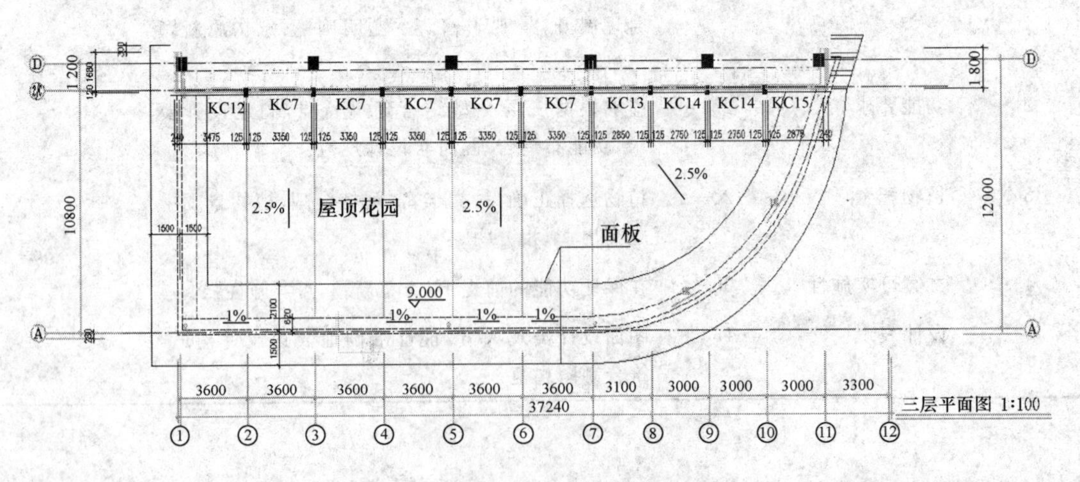

图 9-1　某屋顶花园设计原始平面图

对该屋顶的绿化设计要求是：绿化设计要突出主题特色，打造现代建筑和谐环境。以委托方的身份分析案例现状，使学生明确此教学项目的总任务与学习过程。

图纸要求：图面要求表现力强，线条流畅、构图合理、清洁美观，图例、文字标注、图幅等符合制图规范。设计图纸包括：

(1)屋顶花园设计总平面图　表现各种造园要素。要求功能分区布局合理，植物配置季相鲜明。

(2)透视或鸟瞰图　手绘屋顶花园实景，表现绿地中各个景点、各种设施及地貌等。要求色彩丰富、比例适当、形象逼真。

(3)园林植物种植设计图　表示设计植物的种类、数量、规格、种植位置及类型和要求的平面图样。要求图例正确、比例合理、表现准确。

(4)局部景观表现图　用手绘或者计算机辅助制图的方法表现设计中有特色的景观。要求特点突出，形象生动。

(5)设计说明　语言流畅、言简意赅，能准确地对图纸补充说明，体现设计意图。

【任务分析】

依据屋顶花园设计的原则和程序，做出根据不同的功能要求和环境特点的具体设计方案。要完成本课题必需的屋顶花园具体要求，根据规划设计程序，设计应该从宏观到微观、从整体到局部、从功能形态到具体构造，因此需要把工作分为以下几个阶段。

一、屋顶花园设计的准备阶段

了解并掌握各种有关屋顶的外部条件和客观情况，收集相关图样和设计资料，确定屋顶花园设计的目标。

二、屋顶花园总体规划阶段

总体规划阶段是屋顶花园设计过程中关键性的阶段，也是整个设计思路基本成型的阶段。主要完成以下几项工作：

(1)屋顶花园的布局形式和出入口的设计；

(2)屋顶花园功能分区的规划设计；

(3)屋顶花园标志物的规划设计；

(4)地方特色的规划设计。

三、屋顶花园详细规划设计阶段

在总体规划设计的基础上，详细设计确定整个屋顶和各个局部的具体做法，如地形设计、铺装设计、水景设计等各部分确切尺寸关系、结构方案等具体内容，主要表现为详细设计图和施工设计图。

四、屋顶花园规划设计文本编制阶段

根据详细设计方案和施工图，编制设计文本，包括设计说明书和工程量清单(或概算)两部分。

【基础知识】

一、屋顶花园的发展简史与现状

(一)屋顶花园发展简史

据记载，屋顶花园并不是现代社会的产物。古代苏美尔人最古老的名城之一 UR 城所建

的大庙塔就是屋顶花园的发源地,考古发现该塔三层平台上有植过大树的痕迹。相传春秋时期吴王夫差在太湖边建造了姑苏台,这大概是国内最早关于屋顶花园的记录。

被人们称为真正屋顶花园的是新巴比伦出现的“空中花园”,如图 9-2 所示。新巴比伦“空中花园”建于公元前 6 世纪,遗址在现伊拉克巴格达城的郊区。它被认为是世界七大奇迹之一。公元前 604—前 562 年巴比伦国王尼布甲尼撒二世为取悦自己的妻子,下令在平原地带的巴比伦堆筑土山,并用石柱、石板、砖块、铅饼等垒起每边长 125 m,高 25 m 的台子,在台上层层建造宫室,处处种植花草树木,并动用人力将河水引上屋顶花园,除供花木浇灌外,还形成屋顶溪流和人工瀑布。此园为金字塔形多层露台,在露台四周种植花木,整体外观恰似悬空,故称“Hanging Garden”。

图 9-2 巴比伦“空中花园”

意大利在文艺复兴的同时,屋顶花园也初露头角。意大利第一个屋顶花园是鲍彼·皮勿斯二世在佛罗伦萨南部建造的私人住宅花园,该屋顶花园至今仍保存完好。鲍彼·皮勿斯二世是早期文学与艺术的拥护者,花费大量人力、物力、财力和精力建造他的私人住宅花园,花园屋顶上栽植了大量珍稀花木,并引种了大量的外来植物品种,所以这个屋顶花园拥有丰富的园艺植物品种,曾经这一屋顶花园成为美第奇家族的种苗基地。

俄罗斯克里姆林宫这一世界闻名的建筑群,享有“世界第八奇景”的美誉,是旅游者必到之处。17 世纪,克里姆林宫修建了一个巨大的两层屋顶花园。这个巨大的屋顶花园修建在拱形柱廊上面,与主建筑处于同一高度,并且附带两个挑出的悬空平台,几乎伸到了莫斯科河上方,使屋顶花园的面积达到 1 000 m^2。顶层的屋顶花园周围石墙环绕,并且有一个水池,低层的屋顶花园也有一个水池,水池中的水从莫斯科河引进来。17 世纪以来,多个欧洲国家开始更多地依靠国家介入和科技发展真正建筑多个屋顶花园。二战前后,屋顶花园的发展进入了一个相对瓶颈期,直到 20 世纪 50 年代末到 60 年代初,一些公共或私人的屋顶花园才开始建设。

(二)发展现状

西方发达国家在 20 世纪 60 年代以后,相继建造各类规模的屋顶花园。通过规划设计统一建在屋顶的花园,多数是在大型公共建筑和居住建筑的屋顶或天台。目前美国芝加哥为减轻城市热岛效应,推动一项屋顶花园工程来为城市降温。日本东京明文规定新建筑占地面积只要超过 1 000 m^2，屋顶的 1/5 必须为绿色植物所覆盖，否则开发商就得接受罚款。近几十年来，德国、日本对屋顶绿化及其相关技术有了较深入的研究，并形成了一整套完善的技术，是世界上屋顶绿化技术水平发展较快的国家。日本设计的楼房除加大阳台以提供绿化面积外，还把最高层的屋顶连成一片，在屋顶栽花种草。而德国则进一步更新楼房造型及其结构，将楼房建成阶梯式或金字塔式的住宅群，布置起各种形式的屋顶花园后，如同一条五彩缤纷的巨型地毯，美不胜收。在美国一些大型高档酒店也开始对屋顶进行设计。在屋顶上摆放盆栽植物、种植花木、设置葡萄棚架和规则式的喷泉等，客人们可以在浓郁的绿树下散步、观赏风景，甚至可以在上面举行大型晚宴、舞会。阿斯特宾馆是当时拥有一流屋顶花园的宾馆，整个屋顶花园长 305 m。

我国自 20 世纪 60 年代开始研究屋顶花园和屋顶绿化的建造技术，从此屋顶花园绿化真正进入城市的建设规划范围。与发达国家相比，我国的屋顶花园和绿化由于受到基建投资、建造技术和材料等影响，还处于起步阶段。就全国而言，屋顶花园仅在南方个别省市和地区有所发展和建造，而这些也多为利用原有建筑物的屋顶平台，加以改造，真正按规划设计建造的较大型屋顶花园尚属个别。开展最早的是四川省，20 世纪 60 年代初，成都、重庆等一些城市的工厂车间、办公楼、仓库等建筑的平屋顶上就开始被人们利用开展农副生产，种植瓜果、蔬菜。20 世纪 70 年代，我国第一个屋顶花园在广州东方宾馆屋顶建成，它是我国建造最早，并按统一规划设计，与建筑物同步建成的屋顶花园。1983 年，北京修建了五星级宾馆——长城饭店(图 9-3)。在饭店主楼西侧低层屋顶上，建起我国北方第一座大型露天屋顶花园。随着我国城市化的加速，城市建成区中绿地面积不足的现象日益明显，建设屋顶花园，提高城市的绿化覆盖率，改善城市生态环境，已越来越受到重视。近十年来，屋顶花园在一些经济发达城市发展很快。国内如深圳、重庆、成都、广州、上海、长沙、兰州、武汉等城市，有的已经对屋顶进行开发。如广州白天鹅宾馆的室内屋顶花园(图 9-4)，广州东方宾馆屋顶花园，上海华亭宾馆屋顶花园，重庆泉外楼、沙平大酒家屋顶花园等。

图 9-3 北京长城饭店屋顶花园

二、屋顶花园的作用

1. *有效解决建筑与园林争地的矛盾，增加城市绿化面积*

随着人民生活水平的提高，人们对人居环境提出了更高的要求，人们需要更多的绿地，使得建筑用地与园林用地矛盾越来越突出。屋顶花园可以补偿建筑物的占地面积，缓解由于城市人口猛增、街道拓宽、新区开发、旧区拆建而人均绿地面积下降的趋势，成功解决了人和建筑物两者与绿地争地的矛盾，是满足城市绿化要求的一种最佳措施。

2. 有效缓解城市热岛效应，降低噪声污染，提高生态效应

城市热岛是城市气候中的一个显著特征。绿化屋顶可以通过土壤的水分和生长的植物吸收夏季阳光的辐射热量，有效地阻止屋顶表面温度升高，从而降低屋顶下的室内温度。城市热岛效应也会减轻。

植物对声波有一定的吸收作用，绿化屋顶与水泥屋顶相比，可降低噪声 20～30 dB。

图 9-4 广州白天鹅宾馆室内屋顶花园

屋顶花园可调节建筑物温度，节约能源。建筑物屋顶绿化可明显降低建筑物周围环境温度 0.5～4℃，而建筑物周围环境的气温每降低 1℃，建筑物内部的空调容量可降低 6%。绿化的屋顶外表面最高温度比不绿化的屋顶外表面最高温度可低 15℃以上。在冬天，屋顶绿化如采用地毯式满铺地被植物，可以提高建筑物保温效果，同没有相比，可以提高室内温度 1.5～6℃。由此可见屋顶花园是冬暖夏凉的“绿色空调”。

3. 改变城市空中景观，美化环境，调节心理

当大面积推行屋顶花园之后，城市上层空间不再是单调的水泥屋面，而是充满了绿色及其他丰富多彩的色彩。低层建筑屋顶花园和高层屋顶花园形成一种层次对比。同时满足了高层建筑内人的心理需求，丰富了城市的空间层次，改变了原来那种呆板的毫无生机的空中景象，形成了多层次的空中美景。这对于身居高处的人们来说，如同身处绿化环抱的园林中，这也体现了人性化、高情感的生活层次。

4. 保护建筑物，延长屋顶建材使用寿命

水泥层面的屋顶由于太阳光的直接照射，屋顶面温度比空气气温高出许多，不同颜色和材料的屋顶温度升高幅度不一样，在夏季最高时可达到 80℃以上。屋顶绿化后可缓解冷热“冲击”，能有效延缓屋顶老化和因温度差异引起的膨胀收缩而造成的屋顶构造裂缝渗漏现象，延长屋顶保护层的寿命，屋顶不易被腐蚀和风化。这种由于绿色覆盖而减轻风吹雨淋和阳光暴晒引起的热胀冷缩，可以保护建筑结构，以至延长其使用寿命 3～5 倍。

5. 储水，促进雨水、废水的循环利用，缓解城市排水系统压力

当屋顶被绿化时，降水强度可以降低 70%，屋面排水可以大量减少，减轻了城市排水系统的压力。

同时，屋顶花园还可以在一定程度上缓解区域局部用水问题。另外在不污染其他水质和危害环境的前提下，它们还可以和地面花园中的水结合，形成水景观，这样通过水资源的二次利用减少区域水用量，缓解小区域用水问题。

三、屋顶花园的相关术语

1. 屋顶绿化

在高出地面以上，周边不与自然土层相连接的各类建筑物、构筑物等的顶部以及天台、露台上的绿化。

2. 花园式屋顶绿化

根据屋顶具体条件，选择小型乔木、灌木、草坪、地被植物进行屋顶绿化，设置园路、座椅和园林小品等，提供一定的游览和休憩活动空间的复杂绿化。

3. 简单式屋顶绿化

利用低矮灌木或草坪、地被植物进行屋顶绿化，不设置园林小品等设施，一般不允许非维修人员活动的简单绿化。

4. 屋顶荷载

通过屋顶的楼盖梁板传递到墙、柱及基础上的荷载(包括活荷载和静荷载)。

5. 活荷载(临时荷载)

由积雪和雨水回流，以及建筑物修缮、维护等工作产生的屋面荷载。

6. 静荷载(有效荷载)

由屋面构造层、屋顶绿化构造层和植被层等产生的屋面荷载。

7. 防水层

为了防止雨水和灌溉用水等进入屋面而设的材料层。一般包括柔性防水层、刚性防水层和涂膜防水层三种类型。

8. 柔性防水层

由油毡或 PEC 高分子防水卷材粘贴而成的防水层。

9. 刚性防水层

在钢筋混凝土结构层上，用硅酸盐水泥砂浆掺 5%防水粉抹面而成的防水层。

10. 涂膜防水层

用聚氨酯等油性化工涂料，涂刷成一定厚度的防水膜而成的防水层。

四、屋顶花园的类型

屋顶花园按照使用要求可分为公共游憩型、营利型、家庭型和科研型；按建造形式与使用年限可分为长久型和容器(临时)型等；按绿化布局形式分可分为规则式、自然式和混合式；按植物材料分可分为地毯式、花坛式和花境式；按位置分可分为低层建筑上的屋顶花园和高层建筑上的屋顶花园；按其周边的开敞程度分可分为开敞式、半开敞式和封闭式。我国屋顶花园一般分为简单式屋顶绿化和花园式屋顶绿化。

1. 简单式屋顶绿化(图 9-5)

建筑受屋面本身荷载或其他因素的限制，不能进行花园式屋顶绿化时，可进行简单式屋顶绿化。建筑静荷载应大于等于 100 kg/m^2，建议性指标参见表 9-1。

主要绿化形式：

(1)覆盖式绿化　根据建筑荷载较小的特点，利用耐旱草坪、地被、灌木或可匍匐的攀缘植物进行屋顶覆盖绿化。

图 9-5 简单式屋顶绿化

表 9-1 屋顶绿化建议性指标

类型	绿化形成	指标/%
花园式屋顶绿化	绿化屋顶面积占屋顶总面积	≥60
	绿化种植面积占绿化屋顶面积	≥85
	铺装园路面积占绿化屋顶面积	≤12
	园林小品面积占绿化屋顶面积	≤3
简单式屋顶绿化	绿化屋顶面积占屋顶总面积	≥80
	绿化种植面积占绿化屋顶面积	≥90

(2)固定种植池绿化　根据建筑周边圈梁位置荷载较大的特点,在屋顶周边女儿墙一侧固定种植池,利用植物直立、悬垂或匍匐的特性,种植低矮灌木或攀缘植物。

(3)可移动容器绿化　根据屋顶荷载和使用要求,以容器组合形式在屋顶上布置观赏植物,可根据季节不同随时变化组合。

2. 花园式屋顶绿化(图 9-6)

新建建筑原则上应采用花园式屋顶绿化,在建筑设计时统筹考虑,以满足不同绿化形式对于屋顶荷载和防水的不同要求。现状建筑根据允许荷载和防水的具体情况,可以考虑进行花园式屋顶绿化。建筑静荷载应大于等于 250 kg/m^2。乔木、园亭、花架、山石等较重的物体应设计在建筑承重墙、柱、梁的位置。

以植物造景为主,应采用乔、灌、草结合的复层植物配植方式,产生较好的生态效益和景观效果。花园式屋顶绿化建议性指标参见表 9-1。

五、屋顶花园的特点

1. 地形地貌和水体

在屋顶上营造花园,一切造园要素均要受建筑物顶层承重的制约,其顶层的负荷是有限的。一般土壤容重要在 1 500～2 000 kg/m^3,而水体的容重也为 1 000 kg/m^3,山石就更大了,因此,在屋顶上利用人工方法堆山理水,营造大规模的自然山水是不可能的。在地面上造园的

图 9-6 花园式屋顶绿化

内容放在屋顶花园上必然受到制约。因此，屋顶花园上一般不能设置过大的山景，在地形处理上以平地为主，可以设置一些小巧的山石，但要注意必须安置在支撑柱的顶端，同时，还要考虑承重范围。在屋顶花园上的水池一般为形状简单的浅水池，水的深度在 30 cm 左右为好，面积虽小，但可以利用喷泉来丰富水景。

2. 建筑物、构筑物和道路广场

屋顶花园上这些建筑物大小必然受到花园的面积及楼体承重的制约。因为楼顶本身的面积有限，如果完全按照地面上所建造的尺寸来安排，势必会造成比例失调，在屋顶花园上建造的建筑必须遵循如下原则：一是从园内的景观和功能考虑是否需要建筑；二是建筑本身的尺寸必须与适于屋顶环境；三是从建造这些建筑的材料来看可以选择那些轻型材料建造；四是选择在支撑柱的位置建造。例如建造花架，在地面上通常用的材料是钢筋混凝土，而在屋顶花园建造中，则可以选择木质、竹质或钢材建造，这样同样可以满足使用要求。

3. 植物

由于屋顶花园的位置一般距地面高度较高，如北京首都宾馆的第 16 层和第 18 层屋顶花园距地面几十米，植物本身与地面形成隔离的空间。屋顶花园的生态环境是不完全同于地面的，其主要特点表现在以下几个方面：

(1)园内空气通畅，空气湿度比地面低，同时，风力通常要比地面大得多，使植物本身的蒸发量加大，而且屋顶花园内种植土较薄。

(2)屋顶花园的位置高，很少受周围建筑物遮挡，因此接受日照时间长，所以在屋顶花园上选择植物应尽可能地选择那些阳性、耐旱、蒸发量较小的植物为主，在种植层有限的前提下，可以选择浅根系树种。

(3)屋顶花园的温度与地面也有很大的差别。一般在夏季，白天花园内的温度比地面高出 3～5℃，夜晚则低于地面 3～5℃，因此，要求在选择植物时必须注意植物的适应性，应尽可能选择绿期长、抗寒性强的植物种类。

(4)植物在抗旱、抗病虫害方面也与地面不同。屋顶花园内植物所生存的土壤较薄，在屋顶花园上选择植物时必须选择抗病虫害、耐瘠薄、抗性强的树种。

由于屋顶花园面积小，在植物种类上应尽可能选择观赏价值高、没有污染的植物，要做到小而精，观赏价值高。

六、屋顶花园规划设计

(一)基本原则

1. 安全性原则

屋顶花园是把地面的绿地搬到建筑的顶部，且其距地面有一定的高度，因此必须注意其安全指标，这种“安全”来自于两个方面的因素，一是屋顶本身的承重，二是来自游人在游园时的人身安全。

(1)屋顶承重安全　屋顶绿化应预先全面调查建筑的相关指标和技术资料，根据屋顶的承重，准确核算各项施工材料的重量和一次容纳游人的数量。

(2)屋顶防护安全　屋顶绿化应设置独立出入口和安全通道，必要时应设置专门的疏散楼梯。为防止高空物体坠落和保证游人安全，还应在屋顶周边设置高度在 80 cm 以上的防护围栏。同时要注重植物和设施的固定安全。

2. 美观性原则

屋顶花园面积较小，必须精心设计，才能取得较为理想的艺术效果。在屋顶花园的设计时必须以“精”为主，以美为标，其景物的设计、植物的选择均应以“精美”为主，各种小品的尺度和位置上都要仔细推敲，同时还要注意使小尺度的小品与体形巨大的建筑取得协调。另外由于一般的建筑在色彩上相对单一，因此在屋顶花园的建造中还要注意用丰富的植物色彩来淡化这种单一，突出其特色，在植物方面以绿色为主，适当增加其他色彩明快的花卉品种，这样通过对比突出其景观效果。

3. 适用性原则

建造屋顶花园的目的就是要在有限的空间内进行绿化，增加城市绿地面积，改善城市的生态环境，同时，为人们提供一个良好的生活与工作场所和优美的环境景观，但是不同的单位其营造的目的是不同的。对于一般宾馆饭店，其使用目的主要是为宾客提供一个优雅的休息场所；对一个小区，其目的又是从居民生活与休息来考虑的；对于一个科研生产单位，其最终目的是以科研、生产为主。因此，要求不同性质的花园应有不同的设计内容，包括园内植物、建筑、相应的服务设施。但不管什么性质的花园，其绿化应放在首位，因为屋顶花园面积本身就很小，如果植物绿化覆盖率又很低，则达不到建园的真正目的。一般屋顶花园的绿化覆盖率最好在 60%以上，只有这样才能发挥绿化的生态效应。其植物种类不一定很多，但要求必须有相应的面积指标作保证，缺少足够绿色植物的花园不能称之为真正意义上的花园。

4. 人性化原则

坚持“以人为本”的原则，从个体的人的实际需要出发，尺寸、园林建筑与小品的设置、植物选配等，都以此为出发点去考虑。

5. 经济性原则

评价一个设计方案的优劣不仅仅是看营造的景观效果如何，还要看是否现实，也就是在投资上是否能够有可能。再好的设想如果没有经济作保障也只能是一个设想而已。一般情况下，建造同样的花园在屋顶要比在地面上的投资高出很多。因此，这就要求设计者必须结合实际情况，做出全面考虑。当然，如果加上土地成本的话，屋顶绿化又是城市高端区最经济的绿化方式。

(二)屋顶花园设计

1. 布局形式

(1)自然式　在屋顶花园规划中,自然式布局占有很大比例,这种形式的花园布局,植物采用乔灌草混合方式,体现自然美,创造出有强烈层次感的立面效果(图 9-7)。另外,利用乔灌木和草本植物对土层厚度需求的不同可以创造出一定的微地形变化的效果,如果与道路系统能够很好地结合,还可以创造出"自由"、"变化"、"曲折"的中国园林特色。

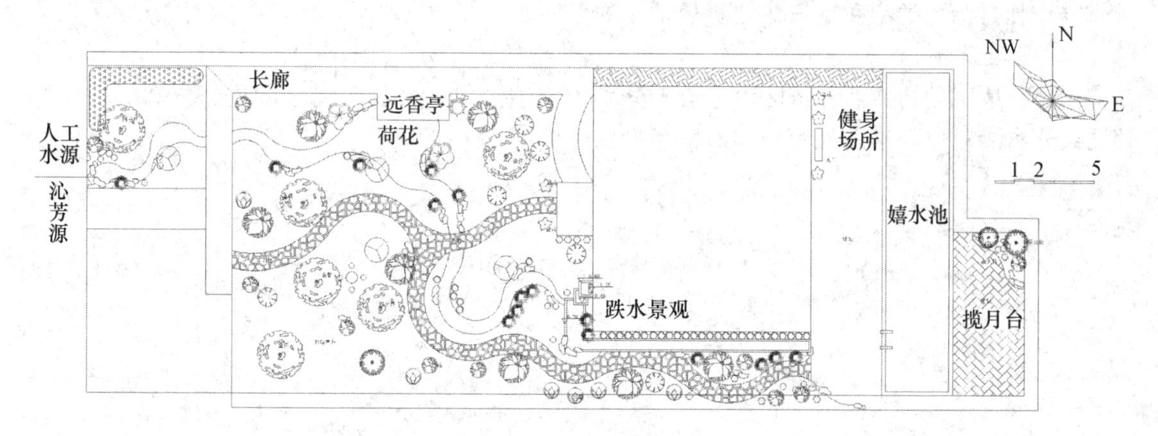

图 9-7　自然式屋顶花园

(2)规则式　规则式由于屋顶的形状多为几何形,且面积相对较小,为了使屋顶花园的布局形式与场地取得协调,通常采用规则式布局,特别是种植池多为几何形,以矩形、正方形、正六边形、圆形等为主,有时也做适当变换或为几种形状的组合。

①周边规则式　在花园中植物主要种植在周边,形成绿色边框,这种种植形式给人一种整齐美。

②分散规则式　这种形式多采用几个规则式种植池分散地布置于园内,而种植池内的植物可为草木、灌木或草本与乔木的组合,这种种植方式形成一种类似花坛式的块状绿地,如图 9-8 所示。

图 9-8　分散规则式屋顶花园

③模纹图案式　这种形式的绿地一般成片栽植，绿地面积较大，在绿地内布置一些具有一定意义的图案，给人一种整齐美丽的景观，特别是在低层的屋顶花园内布置，从高处俯视，其效果更佳。

④苗圃式　这种布置方式主要见于我国南方一些城市，居民常把种植的果树、花卉等用盆栽植，按行列式的形式摆放于屋顶，这种场所一般摆放花盆的密度较大，以经济效益为主。

(3)混合式　具有以上两种形式的特色，主要特点是植物采用自然式种植，而种植池的形状是规则的，此种类型在屋顶花园属最常见的形式。

2. 种植设计

(1)种植区的构造　种植区由上至下分别由植被层、基质层、隔离过滤层、排(蓄)水层、隔根层、分离滑动层等组成。构造剖面示意见图 9-9。

(1)乔木；(2)地下树木支架；(3)与围护墙之间留出适当间隔或围护墙防水层高度与基质上表面间距不小于 15 cm；(4)排水口；(5)基质层；(6)隔离过滤层；(7)渗水管；(8)排(蓄)水层；(9)隔根层；(10)分离滑动层。

图 9-9　屋顶绿化种植区构造层剖面示意图

①植被层　通过移栽、铺设植生带和播种等形式种植的各种植物，包括小型乔木、灌木、草坪、地被植物、攀缘植物等。屋顶绿化植物种植方法见图 9-10 和图 9 - 11。

②基质层　基质层是指满足植物生长条件，具有一定的渗透性能、蓄水能力和空间稳定性的轻质材料层。基质主要包括改良土和超轻量基质两种类型。改良土由田园土、排水材料、轻质骨料和肥料混合而成；超轻量基质由表面覆盖层、栽植育成层和排水保水层三部分组成。

屋顶花园的种植设计以突出生态效益和景观效益为原则，根据不同植物对基质厚度的要求，通过适当的微地形处理或种植池栽植进行绿化。屋顶绿化植物基质厚度要求，见表 9-2。

屋顶绿化基质荷重应根据湿容重进行核算，不应超过1 300 kg/m^3。常用的基质类型和配制比例参见表 9-3，可在建筑荷载和基质荷重允许的范围内，根据实际酌情配比。

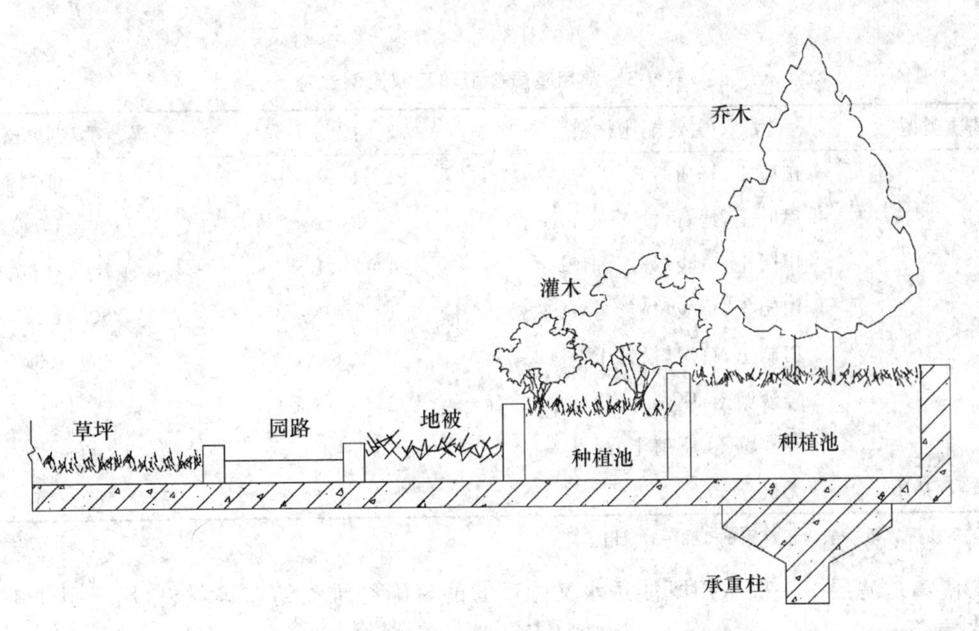

图 9-10 屋顶绿化植物种植池处理方法示意图

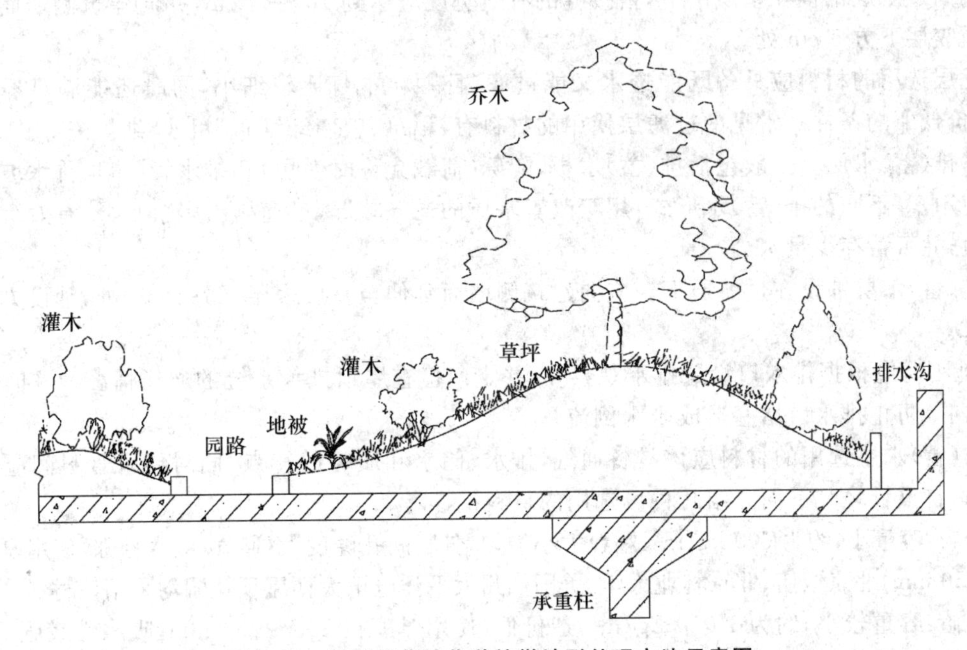

图 9-11 屋顶绿化植物种植微地形处理方法示意图

表 9-2 屋顶绿化植物基质厚度要求

植物类型	规格/m	基质厚度/cm
小型乔木	H＝2.0～2.5	≥60
大灌木	H＝1.5～2.0	50～60
小灌木	H＝1.0～1.5	30～50
草本、地被植物	H＝0.2～1.0	10～30

表 9-3 常用基质类型和配制比例参考

基质类型	主要配比材料	配制比例	湿容重/(kg/m³)
改良土	田园土,轻质骨料	1∶1	1 200
	腐叶土,蛭石,沙土	7∶2∶1	780～1 000
	田园土,草炭(蛭石和肥)	4∶3∶1	1 100～1 300
	田园土,草炭,松针土,珍珠岩	1∶1∶1∶1	780～1 100
	田园土,草炭,松针土	3∶4∶3	780～950
	轻沙壤土,腐殖土,珍珠岩,蛭石	2.5∶5∶2∶0.5	1 100
	轻沙壤土,腐殖土,蛭石	5∶3∶2	1 100～1 300
超轻量基质	无机介质	—	450～650

注:基质湿容重一般为干容重的 1.2～1.5 倍。

③隔离过滤层　一般采用既能透水又能过滤的聚酯纤维无纺布等材料,用于阻止基质进入排水层。

隔离过滤层铺设在基质层下,搭接缝的有效宽度应达到 10～20 cm,并向建筑侧墙面延伸至基质表层下方 5 cm 处。

此层选用的材料应具备既能透水又能过滤,且颗粒本身比较细小,同时还能满足经久耐用、造价低廉的条件。常见的过滤层使用的材料有:稻草、玻璃纤维布、粗沙、细炉渣等。

④排(蓄)水层　一般包括排(蓄)水板、陶砾(荷载允许时使用)和排水管(屋顶排水坡度较大时使用)等不同的排(蓄)水形式,用于改善基质的通气状况,迅速排出多余水分,有效缓解瞬时压力,并可蓄存少量水分。

排(蓄)水层铺设在过滤层下。应向建筑侧墙面延伸至基质表层下方 5 cm 处,铺设方法见图 9-12。

施工时应根据排水口设置排水观察井,并定期检查屋顶排水系统的通畅情况。及时清理枯枝落叶,防止排水口堵塞造成壅水倒流。

排(蓄)水层选用的材料应该具备通气、排水、储水和质轻的特点,同时要求骨料间应有较大孔隙,自重较轻。下面介绍几种可选用的材料供参考。

陶料:容重小,约为 600 kg/m³,颗粒大小均匀,骨料间孔隙度大,通气、吸水性强,使用厚度为 200～250 mm,北京饭店、北京林业大学、美国加州太平洋电讯大楼屋顶花园均采用该材料。

焦碴:容重较小,约为 1 000 kg/m³,造价低,使用厚度在 100～200 mm,吸水性较强,我国南方一些屋顶花园采用焦碴作为排水层材料。

砾石:容重较大,在 2 000～2 500 kg/m³,要求必须经过加工成直径在 15～20 mm,其排水通气较好,但吸水性很差。这种材料只能用在具有很大负荷量的建筑屋顶上。

⑤隔根层　一般有合金、橡胶、PE(聚乙烯)和 HDPE(高密度聚乙烯)等材料类型,用于防止植物根系穿透防水层。

隔根层铺设在排(蓄)水层下,搭接宽度不小于 100 cm,并向建筑侧墙面延伸 15～20 cm。

⑥分离滑动层　一般采用玻纤布或无纺布等材料,用于防止隔根层与防水层材料之间产生粘连现象。

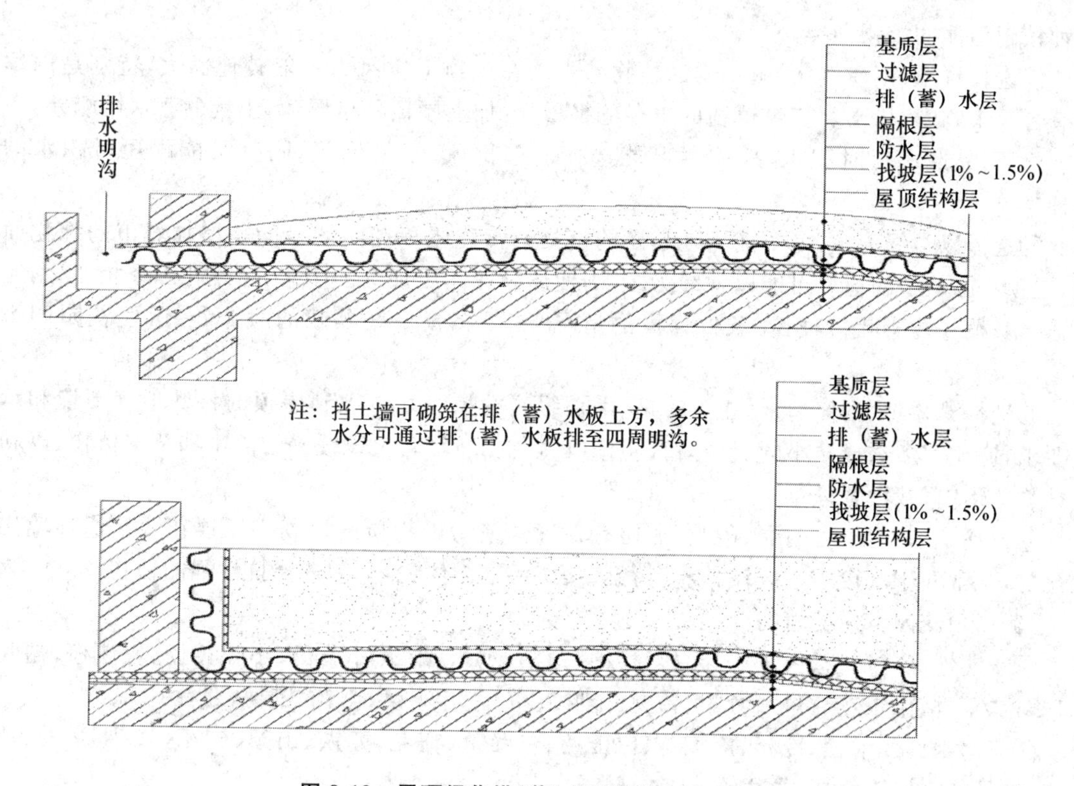

图 9-12 屋顶绿化排(蓄)水板铺设方法示意图

柔性防水层表面应设置分离滑动层；刚性防水层或有刚性保护层的柔性防水层表面，分离滑动层可省略不铺。

分离滑动层铺设在隔根层下。搭接缝的有效宽度应达到 10～20 cm，并向建筑侧墙面延伸 15～20 cm。

⑦屋面防水层　屋顶绿化防水做法应符合 DBJ 01-93—2004 要求，达到二级建筑防水标准。

绿化施工前应进行防水检测并及时补漏，必要时做二次防水处理。

宜优先选择耐植物根系穿刺的防水材料。

铺设防水材料应向建筑侧墙面延伸，应高于基质表面 15 cm 以上。

(2)植物选择原则　由于屋顶花园夏季气温高、风大、土层保湿性能差，冬季则保温性差，因而应选择耐干旱、抗寒性强的植物为主。

①尽量选用乡土植物，适当引种绿化新品种。乡土植物对当地的气候有高度的适应性，在环境相对恶劣的屋顶花园，选用乡土植物有事半功倍之效，同时考虑到屋顶花园的面积一般较小，为将其布置得较为精致，可选用一些观赏价值较高的新品种，以提高屋顶花园的档次。

②选择阳性、耐瘠薄的浅根性植物。屋顶花园大部分地方为全日照直射，光照强度大，植物应尽量选用阳性植物，但在某些特定的小环境中，如花架下面或靠墙边的地方，日照时间较短，可适当选用一些半阳性的植物种类，以丰富屋顶花园的植物品种，屋顶的种植层较薄，为了防止根系对屋顶建筑结构的侵蚀，不宜选用根系穿刺性较强的植物，防止植物根系穿透建筑防水层。应尽量选择浅根系的植物。因施用肥料会影响周围环境的卫生状况，故屋顶花园应尽

量种植耐瘠薄的植物种类。

③选择抗风、不易倒伏、耐积水的植物种类。在屋顶上空风力一般较地面大，特别是雨季或有台风来临时，风雨交加对植物的生存危害最大，加上屋顶种植层薄，土壤的蓄水性能差，一旦下暴雨，易造成短时积水，故应尽可能选择一些抗风、不易倒伏，同时又能耐短时积水的物种。

④选择以常绿为主，冬季能露地越冬的植物。营建屋顶花园的目的是增加城市的绿化面积，屋顶花园的植物应尽可能以常绿为主，为使屋顶花园更加绚丽多彩，体现花园季相变化，还可适当栽植一些彩叶树种，在条件许可的情况下，可布置一些盆栽的时令花卉，使花园四季有花。

⑤选择易移植、耐修剪、耐粗放管理、生长缓慢的植物。考虑到屋顶的特殊地理环境和承重要求，应注意多选择矮小的、易移植、耐修剪、耐粗放管理、生长缓慢的灌木和草本植物，以利于植物的运输、栽种管理。

⑥选择抗污性强，可耐受、吸收、滞留有害气体或污染物质的植物。屋顶花园生长环境比较恶劣，又常处于城市中心区域，空气污染、噪声污染无休无止，宜选择抗性强的植物。

(3)屋顶花园常用的植物种类

①华北地区　油松、白皮松、云杉、桧柏、龙柏、鸡爪槭、大叶黄杨、小叶黄杨、珍珠梅、榆叶梅、碧桃、丁香、金银花、黄栌、月季、柿树、金叶女贞、紫叶小檗、樱花、腊梅、迎春。

②华南地区　油松、冷杉、广玉兰、白玉兰、羊蹄甲、梅花、苏铁、山茶、桂花、茉莉、米兰、金银花、叶子花、杜鹃、黄杨、九里香、木绣球。

③华中地区　华山松、龙柏、广玉兰、垂丝海棠、红叶李、鸡爪槭、南天竹、枸骨、大叶黄杨、金丝梅、小叶女贞、木芙蓉、迎春、凤尾兰、冬青、刚竹。

④东北地区　油松、桧柏、青扦、白扦、红瑞木、辽东丁香、连翘、锦带花、榆叶梅、刺玫、山桃。

⑤华东地区　广玉兰、马尾松、海棠、红叶李、鸡爪槭、含笑、黄杨、桂花、枸骨、山茶花、金丝梅、女贞、凤尾兰、方竹。

⑥西北地区　油松、白皮松、云杉、桧柏、红叶李、山桃、牡丹、小檗。

3. 园林建筑与小品设计

为提供游憩设施和丰富屋顶绿化景观，必要时可根据屋顶荷载和使用要求，适当设置园亭、花架等园林小品。

园林小品设计要与周围环境和建筑物本体风格相协调，适当控制尺度。材料选择应质轻、牢固、安全，并注意选择好建筑承重位置。与屋顶楼板的衔接和防水处理，应在建筑结构设计时统一考虑，或单独做防水处理。

4. 园林工程设计

(1)水池　屋顶绿化原则上不提倡设置水池，必要时应根据屋顶面积和荷载要求，确定水池的大小和水深。

水池的荷重可根据水池面积、池壁的重量和高度进行核算。池壁重量可根据使用材料的密度计算。

(2)景石　优先选择塑石等人工轻质材料。采用天然石材要准确计算其荷重，并应根据建筑层面荷载情况，布置在楼体承重柱、梁之上(图 9-13)。

图 9-13 屋顶花园石景

(3)园路铺装 设计手法应简洁大方,与周围环境相协调,追求自然朴素的艺术效果。材料选择以轻型、生态、环保、防滑材质为宜。

(4)照明系统 花园式屋顶绿化可根据使用功能和要求,适当设置夜间照明系统。

七、屋顶花园的养护管理

1. 浇水

花园式屋顶绿化养护管理,灌溉间隔一般控制在 10～15 d。简单式屋顶绿化一般基质较薄,应根据植物种类和季节不同,适当增加灌溉次数。

2. 施肥

应采取控制水肥的方法或生长抑制技术。植物生长较差时,可在植物生长期内按照 30～50 g/m^2 的比例,每年施 1～2 次长效 N、P、K 复合肥。

3. 修剪

根据植物的生长特性,进行定期整形修剪和除草,并及时处理落叶。

4. 病虫害防治

应采用对环境无污染或污染较小的防治措施,如人工物理防治、生物防治等。

5. 防风防寒

应根据植物抗风性和耐寒性的不同,采取搭风障、支防寒罩和包裹树干等措施进行防风防寒处理。

6. 灌溉设施

宜选择滴灌、微喷、渗灌等灌溉系统,建立屋顶雨水收集回灌系统。

【自我评价】

评价项目	技术要求	分值	评分细则	评分
屋顶绿化基础知识的掌握	了解各项基础知识,完成资讯检索任务	20 分	屋顶绿化各项理解全面,具体评分视资讯问题的回答情况而定	
方案设计过程	多方案设计比较与选择、方案深化设计	30 分	每组每人需有一个方案草图,方案深化设计需要至少 4 个过程分数	
文本制作	图纸表现与文本制作	30 分	要求设计图纸完整,视效果给分	
团队协作与沟通能力	掌握定额的使用基本要求	20 分	视团队分工是否合理、任务是否完成评分	

第十章　滨水景观绿化设计

任务一　认识滨水绿地

【学习目标】

1. 了解滨水绿地的设计内容和特点；

2. 能够熟练掌握滨水绿地的设计方法；

3. 能够根据设计要求合理进行城市滨水绿化设计。

【任务提出】

彩图 10-1 所示是某城市滨水绿地景观设计图，结合图纸分析滨水绿地的特点和类型。

【任务分析】

滨水绿地对一个城市来说是非常珍贵的自然资源。城市滨水区是典型的生态交错带，处于水域生态系统和陆地生态系统的交接处，具有两栖性的特点，并受到两种生态系统的共同影响，而呈现出生态的多样性。它具有净化空气、净化污水、涵养水源、改善小气候环境等生态功能，是城市的生态肺，也是城市生态绿廊的重要组成部分。“智者乐水，仁者乐山”，它还是市民休息、娱乐、观光的理想场所，属于受人类活动强烈干扰的自然生态系统。下面，我们就来了解滨水绿地的类型和作用。

【基础知识】

一、城市滨水区的内涵

滨水区一般指同海、湖、江、河等水域濒临的陆地边缘地带。城市滨水区是指“城市范围内水域与陆地相接的一定范围内的区域，其特点是水与陆地构成环境的主导因素”。

城市滨水区是构成城市公共开放空间的重要部分，并且是城市公共开放空间中兼具自然景观和人工景观的区域，其对于城市的意义尤为独特和重要。营造滨水城市景观，即充分利用自然资源，把人工建造的环境和当地的自然环境融为一体，增强人与自然的可达性和亲密性，使自然开放空间对于城市、环境的调节作用越来越重要，形成一个科学、合理、健康而完美的城市格局。

二、滨水景观的类型

滨水区空间形态设计质量，主要取决于滨水区空间的组合关系，滨水区主要包含以下组成要素：水体边缘；水体及亲水边缘空间；步行活动区域，游憩空间；滨水街区，滨水区的城市职能空间；滨水绿化，自然空间。

（一）按各要素之间的组合方式不同划分

（1）集约型　滨水区各要素充分展现、相互映衬，并以高度的集约而形成具有强烈凝聚力的开放空间。

（2）紧凑型　滨水区空间要素以简练、紧凑的形式组合。常由滨水步行活动区域和滨水街区两个要素组成。

（3）松散型　滨水区各要素以相对自由活泼的方式组合，滨水空间融入自然空间之中，自然空间成为主体。

（二）按空间形态不同划分

（1）带状狭长形滨水空间　由于江河溪流的宽度不同，形成的带状滨水空间就不同。

（2）面状开阔型滨水空间　该空间一边朝向开阔的水域，更强调临水一边的景观效果。

（三）按滨水景观的风格不同划分

（1）以意大利水域威尼斯为代表的西方传统滨水区　从滨水空间上看，意大利水域的城市河道空间更具有层次感，滨水广场、街道的开放性更强，更强调滨水活动的多样性。

（2）以中国江南水乡为代表的东方传统滨水景观　该景观充分体现出东方传统滨水空间的有机性、自然性和历史文化性等特征。如周庄、同里等滨水景观。

（3）现代滨水区　现代滨水区把现代丰富多彩的生活与滨水景观完美结合起来，充分满足现代人的需求。如上海黄浦江沿岸地区。

（四）按依水的类型不同划分

湖滨景观、海滨景观和河滨景观。

（五）按滨水区景观元素不同划分

（1）休闲游憩活动景观　休闲游憩是滨水区最常见的活动方式，人们活动表现出一定的随意状态，内容包括休闲、散步垂钓和骑驾等。

（2）科技教育景观　包括考察、探险、观测、科普和文博展览等。它具有满足人们学习需要，加强社会教育的功能，这在现代滨水区规划中具有重要的现实意义。

（3）审美欣赏活动景观　该类活动带有个体审美的属性，是较高层次的活动需求，包括览胜、摄影、写生、写作和各种形式的创作。

（4）娱乐体育活动景观　包括游戏娱乐、健身、演艺、划船、沙滩运动、游泳、冲浪和赛艇等其他体育活动。

三、滨水景观的特点

滨水景观是园林水景设计中的一个重要组成部分，由于滨水区特有的地理环境，以及在历史发展过程中形成与水密切联系的特有文化，使滨水区具有特有的景观特征。

1. 自然生态性

城市滨水区自然生态系统包括大气圈、水圈和土壤岩石圈所构成的生物圈，以及栖息其中的动物、植物和微生物所构成的生物种群与群落。

2. 公共开放性

城市滨水区是构成城市公共开放空间的主要部分，其自然因素使得人与环境达到和谐平衡的发展，同时城市滨水区是高品质的游憩旅游资源，市民、游客可以参与丰富多彩的娱乐休闲活动，如游泳、划船、垂钓和冲浪等多种多样的水上活动。滨水绿带、街道和沙滩等为人们提供了休闲娱乐的场所。

3. 文化性、历史性

大多数的城市滨水区一直都是人口交流的场所，是信息和文化的交汇地。在滨水区，很容易使人追思历史的足迹，感受时代的变迁。

四、滨水景观设计的空间类型

滨水绿地是一线性景观生态廊道，利用蜿蜒的游览步道串联起一个个景观空间，通过虚实、开合的空间变化设计形成多元的游览空间单元，达到步移景异的景观空间序列效果。

1. 开敞空间——亲水平台、广场、沙石河滩

在临近居住区域设置亲水平台、小广场作为景观节点，在人流相对较小的区域设置沙石河滩，吸引居民来游憩、戏水，同时也是欣赏风景的透景线。设计间距约 300～400 m，步行时间约 4～5 min(按步行游览速度)。

2. 半开敞空间——疏林草地、倒影

临水种植枝干挺拔，疏朗的水杉和落羽杉混交林，郁闭度控制在 0.4～0.6 之间，以营造一个具有一定的空间围合感、寂静的休憩思考空间。同时滨水植物在逆光方向会形成水中倒影，在对岸看来倒影在水中树影婆娑、碧波荡漾、隐约迷离，会给人以无限遐想的空间和“疏影横斜水清浅，暗香浮动月黄昏”的意境。

3. 密闭空间——密林、林荫小道

通过乔灌木的群落组合形成密林，郁闭度控制在 0.7 以上，减少人类的活动范围，为野生动物、昆虫提供一个优良的栖息地。在林中布置一条随地形起伏、蜿蜒曲折的汀步，形成蜿蜒曲折的羊肠小道，寻求“林间漫步、曲径探幽”的野趣。

五、多层次的立体观景营建

1. 纵向设计

为了取得多层次的立体观景效果，一般在纵向上，沿水岸设置带状空间，串联各景观节点(一般每隔 300～500 m 设置一处景观节点)，构成纵向景观序列。

2. 竖向设计

竖向设计考虑带状景观序列的高低起伏变化，利用地形堆叠和植被配置的变化，在景观上构成优美多变的林冠线和天际线，形成纵向的节奏与韵律。

3. 横向设计

在横向上，需要在不同的高程安排临水、亲水空间，滨水空间的断面处理要综合考虑水位、水流、潮汛、交通、景观和生态等多方面要求，所以要采取一种多层复式的断面结构。这种复

式的断面结构分成外低内高型、外高内低型、中间高两侧低型等几种。低层临水空间按常水位来设计，每年汛期来临时允许淹没。这两级空间可以形成具有良好亲水性的游憩空间。高层台阶作为千年一遇的防洪大堤。各层空间利用各种手段进行竖向联系，形成立体的空间系统。

六、临水空间竖向设计

滨水绿地陆域空间和水域空间通常存在较大高差，由于景观和生态的需要，要避免传统的块石驳岸平直生硬的感觉，临水空间可以采用以下几种断面形式进行处理。

1. 自然缓坡型

通常适用于较宽阔的滨水空间，水陆之间通过自然缓坡地形，弱化水陆的高差感，形成自然的空间过渡，地形坡度一般小于基址土壤自然安息角。临水可设置游览步道，结合植物的栽植构成自然弯曲的水岸，形成自然生态、开阔舒展的滨水空间。

2. 台地型

对于水陆高差较大，绿地空间又不很开阔的区域，可采用台地式弱化空间的高差感，避免生硬的过渡。即将总的高差通过多层台地化解，每层台地可根据需要设计成平台、铺地或者栽植空间，台地之间通过台阶沟通上下层交通，结合种植设计遮挡硬质挡土墙砌体，形成内向型临水空间。

3. 挑出型

对于开阔的水面，可采用该种处理形式，通过设计临水或水上平台、栈道满足人们亲水、远眺观赏的要求。临水平台、栈道地表标高一般参照水体的常水位设计，通常根据水体的状况，高出常水位 0.5～1.0 m，若风浪较大区域，可适当抬高，在安全的前提下，尽量贴近水面为宜。挑出的平台、栈道在水深较深区域应设置栏杆，当水深较浅时，可以不设栏杆或使用坐凳栏杆围合(图 10-1)。

图 10-1　挑出型

4. 引入型

该种类型是指将水体引入绿地内部，结合地势高差关系组织动态水景，构成景观节点。其原理是利用水体的流动个性，以水泵为动力，将下层河、湖中的水泵到上层绿地，通过瀑布、溪流、跌水等水景形式再流回下层水体，形成水的自我循环。这种利用地势高差关系完成动态水景的构建比单纯的防护性驳岸或挡土墙的做法要科学美观得多，但由于造价和维护等原因，只适用于局部景观节点，不宜大面积使用。

七、滨水景观设计原则

1. 统筹兼顾、整体协调的原则

在对城市滨水绿地进行设计时，应将城市滨水绿地看作是城市规划中的一部分，而不应仅将其看作是一个独立的个体，正如中国古代军事家所说："善弈者，谋势；不善弈者，谋子"，即不能只顾滨水绿地的景观设计，而忽略了城市滨水绿地对整个城市发展的影响。

所以应将其视为一个系统，从区域的角度，以系统的观点进行全方位规划。同时，在滨水绿地的景观规划过程中，应当在满足其基本使用功能的前提下，综合考虑城市滨水绿地的生态、景观、防洪等功能，把城市滨水绿地规划为复合的、多功能兼顾的城市公共空间，也就是说，城市滨水绿地的景观规划要像建设工程一样，具有一个系统的规划模式，充分考虑各方面的因素，满足城市整体多样化的需求，仅从某一角度考虑就会有失偏颇，造成不必要的损失。

2. 以人为本，生态优先原则

滨水绿地的一个重要功能是为市民提供一个舒适、安全、怡人的亲水、健身、观景、游憩的场所，增进市民之间的人际交流。随着现代化步伐的不断加速，人们对环境质量需求也日益提高。滨水绿地的另一个重要生态功能，即净化空气、净化污水、涵养水源、改善小气候环境的生态功能，也日益受到重视。因此，滨水绿地景观设计要坚持"以人为本，生态优先"为前提，兼顾社会效益与生态效益。强调自然生态的保护和延续，不能以牺牲环境质量来达到开发的目的。在满足市民的生活娱乐需求的同时，应尽量减少人类活动对城市滨水绿地的自然生态系统中栖息的生物的干扰，维护生态平衡，继而提高城市的环境质量，强调人与自然的和谐共生。

3. 凸现地方风韵、景观个性原则

挖掘区域地理、人文、植物特色，利用景观手法加以表达，对提高城市滨水绿地的活力、趣味、文化品位等均有十分重要的意义。自然与人文的统一强调在城市滨水绿地的设计过程中注重自然环境和人文环境的融合。城市滨水绿地看似是一个休闲娱乐的休憩场所，但在实际的设计过程中应充分挖掘城市的历史文化特色，利用园林景观的设计方法加以表达，充分体现城市的历史文化底蕴，突出城市景观特色，保持历史文脉的连续性。

4. 植物造景为主，实现可持续发展原则

城市滨水绿地的生态和景观功能，主要是通过植物来实现的。滨水绿地是自然地貌特征较为丰富的景观绿地类型，自然状态下的河岸带常表现为物种丰富、结构复杂的自然群落形式，所以在设计时应以植物造景为主，依据景观生态学原理，模拟自然河道生态群落结构，以乡土树种为主，坚持适地适树、生物多样性的原则，增加景观异质性，营造稳定的植物群落，恢复城市滨水绿地退化的自然生态功能，实现景观的可持续发展。

【任务实施】

(1)接到任务后，根据相关知识中所涉及的内容，对彩图 10-1 进行分析，首先可以确定此滨水区为自然式布局形式，其中包括小游园、绿地、广场、道路绿地等基本形式。

(2)通过滨水走向将游园延伸，服务更多的居民，属于公共绿地，功能齐全，景观丰富、艺术性强。

(3)绿地设置较多，方便居民使用，构图和功能也比较简单，均为开放式布置。

(4)绿地面积相对较大，属开放式布置相结合，以植物造景为主，同时设置了简单的园路和场地 。

【思考练习】

1. 滨水绿地断面处理形式有哪几种类型？

2. 滨水景观的特点和设计原则有哪些？

任务二　城市滨水绿地规划设计

【学习目标】

1. 掌握一般滨水景观设计的特点和要求；

2. 掌握滨水景观设计的原则和过程；

3. 掌握滨水景观绿化设计的方法和技巧，尤其是滨水道路、景观小品、植物、驳岸等环境要素的特点，并掌握其设计方法；

4. 能进行滨水景观小品、道路、植物、驳岸等要素的详细设计；

5. 能独立进行中小型滨水景观的平面和竖向设计。

【任务提出】

彩图 10-2 所示是瑞安市瑞详新区滨水绿地景观设计现状图，结合设计要求和地方特点，完成本方案的绿化的设计。

设计图纸要求：

(1)绿地设计总平面图　表现各种造园要素(如园林建筑和小品、山石、水体、园林植物等)。要求功能区布局合理、植物的配置季相分明。

(2)透视图或鸟瞰图　手绘滨水绿地实景，表示绿地中各个景点、各种设施及地貌等。要求色彩丰富、比例适当、形象逼真。

(3)园林植物种植设计图　表示设计植物的种类、数量、规格、种植位置及类型和要求的平面图样。要求图例正确、比例合理、表现准确。

(4)局部景观表现图　用手绘或电脑辅助制图的方法表现设计中有特色的景观。要求特点突出，形象生动。

所有图纸的图面都要求表现力强、线条流畅、构图合理、清洁美观，图例、文字标注、图幅等符合制图规范。

【任务分析】

瑞详新区位于瑞安市内中心地带，作为瑞安市的主要发展方向，其影响力辐射全市，将成为瑞安市的核心区域。此绿地将进一步加快瑞详新区的建设步伐，塑造优美的招商投资环境，从而提高城市文化品位，完善绿地系统和满足人们游憩休闲的需要。

一、调查研究阶段

通过现场踏查或调查，了解当地自然环境、社会环境、绿地现状等条件，通过与甲方洽谈，把握甲方的规划目的、设计要求等，以便于把握设计思路，为设计任务书提供依据。为此我们需要考虑以下几个问题：①自然环境的调查；②社会环境的调查；③设计条件或绿地现状环境的调查。

二、设计构思

(1)确定主题和风格；

(2)滨水空间设计；

(3)滨水植物、建筑小品设计。

三、图纸绘制

(1)平面图；

(2)效果图。

【基础知识】

一、滨水绿地要素的设计

(一)滨水绿地道路规划

滨水绿地内部道路系统是构成滨水绿地空间框架的重要手段，是联系绿地与水域、绿地与周边城市公共空间的主要方式，现代滨水绿地道路的设计就是要创造人性化的道路系统，除了可以为市民提供方便、快捷的交通功能和观赏点外，还能提供合乎人性空间尺度、生动多样的时空变换和空间序列。要想达到这样的要求，滨水绿地内部道路系统规划设计应遵循以下主要原则和方法：

1. 提供人车分流、和谐共存的道路系统

道路串联各出入口、活动广场、景观节点等内部开放空间和绿地周边街道空间。

(1)机动车交通　机动车交通首先完成与城市大交通系统的相互衔接整合，保证畅通和便捷。从滨水机动车道的服务功能来说，大部分滨水机动车道以生活功能为主。为保证滨水景观的最大限度的亲水性，应尽可能将滨水机动车道外移，减少对滨水游憩的干扰。为方便滨水活动的展开，在各转换口区域应设置停车场。

(2)非机动车道　有条件的滨水区可以设置非机动车通道，供市民游憩、休闲以及游客观光所需。非机动车道根据用地状况宽度控制在 4～6 m，平面曲线规划为流畅的自由线形，以充分体现步移景异的游览效果。

(3)步行交通　路幅宽度一般为 2～3 m，间设 5～10 m 不等的宽步道和带形广场。在人流通过量较大的滨水步道，可以考虑每隔一定路段设置平台或小广场。

(4)水上交通　若有水上航运的要求，交通规划需首先予以满足，然后考虑游船的规划和码头的设置。

2. 提供舒适、方便、吸引人的游览路径

提供舒适、方便、吸引人的游览路径，创造多样化的活动场所。绿地内部道路、场所的设计应遵循舒适、方便、美观的原则。其中，舒适要求路面局部相对平整，符合游人使用尺度；方便要求道路线形设计尽量做到方便快捷，增加各活动场所的可达性，现代滨水绿地内部道路考虑观景、游览趣味与空间的营造，平面上多采用弯曲自然的线形组织环行道路系统，或采用直线和弧线、曲线结合，道路与广场结合等形式串联入口和各节点以及沟通周边街道空间，立面上随地形起伏，构成多种形式、不同风格的道路系统；而美观是绿地道路设计的基本要求，与其他道路相比，园林绿地内部道路更注重路面材料的选择和图案的装饰以达到美观的要求，一般这种装饰是通过路面形式和图案的变化获得，通过这种装饰设计，创造多样化的活动场所和道路景观。

3. 提供安全、舒适的亲水设施和多样的亲水步道

提供安全、舒适的亲水设施和多样的亲水步道，增进人际交往与地域感。滨水绿地是自然地貌特征最为丰富的景观绿地类型，其本质的特征就是拥有开阔的水面和多变的临水空间。对其内部道路系统的规划可以充分利用这些基础地貌特征创造多样化的活动场所，诸如临水游览步道、伸入水面的平台、码头、栈道以及贯穿绿地内部各节点的各种形式的游览道路、休息广场等，结合栏杆、坐凳、台阶等小品，提供安全、舒适的亲水设施和多样的亲水步道，以增进人际交流和创造个性化活动空间。具体设计时应结合环境特征，在材料选择、道路线形、道路形式与结构等方面分别对待，材料选择以当地乡土材料为主，以可渗透材料为主，增进道路空间的生态性，增进人际交往与地域感。

4. 配置美观的道路装饰小品和灯光照明

人性化的道路设计除对道路自身的精心设计外，还要考虑诸如坐凳、指示标牌等相关的装饰小品的设计，以满足游人休息和获取信息的需要。同时，灯光照明的设计也是道路设计的重要内容，一般滨水绿地道路常用的灯具包括路灯（主要干道）、庭院灯（游览支路、临水平台）、泛光灯（结合行道树）、轮廓灯（临水平台、栈道）等，灯光的设置在为游客提供晚间照明的同时，还可创造五彩缤纷的光影效果。

(二)滨水植物景观设计

滨水植物造景需要将自然与文化、设计环境与生命环境、美的形式与生态功能真正全面地融合，才能将滨水植物景观建成为丰富而生动的园林景观。水生植物是修饰滨水景观的有效手段之一。水生植物既可观叶、赏花，又能欣赏其映照在水中的倒影，如水葱修长的效果。当岸边有亭、台、楼、阁、榭、塔等园林建筑或种植有优美树姿、色彩艳丽的观花、观叶树种时，则水中的植物切忌拥塞，应适当地给予控制，留出足够的空旷的水面来展示倒影。

1. 滨水植物种类

滨水植物是生长在水中或潮湿土壤中的植物，包括草本植物和木本植物。城市滨水绿带及水系中运用的滨水植物资源可以分为以下几种：

(1)沉水植物　其根扎于水下泥土之中，全株沉没于水面之下，常见的有苦草、大水芹、菹草、黑藻、金鱼草、竹叶眼子菜、狐尾藻、水车前、石龙尾、水筛、水盾草等。

(2)漂浮植物　其茎叶或叶状体漂浮于水面，根系悬垂于水中漂浮不定，常见的有大漂、浮萍、萍蓬草、凤眼莲等。

(3)浮叶植物　根生长在水下泥土之中，叶柄细长，叶片自然漂浮在水面上，常见的有金银莲花、睡莲、满江红、菱等。

(4)挺水植物　其茎叶伸出水面，根和地下茎埋在泥里，常见的有黄花鸢尾、水葱、香蒲、菖蒲、蒲草、芦苇、荷花、泽泻、雨久花、水蓑衣、半枝莲等。

(5)滨水植物　其根系常扎在潮湿的土壤中，耐水湿，短期内可忍耐被水淹没。常见的有垂柳、水杉、池杉、落羽杉、竹类、水松、千屈菜、辣蓼、木芙蓉等。滨水植物具有造景功能，并在城市滨水景观绿带中起着画龙点睛的作用，用不同的色彩点缀着滨水岸线及驳岸，使水面和水体变得生动活泼，加强了水体的美感。滨水植物不仅有美化环境的作用，同时还具有净化水质的功能。针对城市滨水水系中存在的复杂多样的污染，在设计配置滨水植物群落时，应选择抗污染和对水污染具有净化生态功能的植物群落，目前已知对水污染具有较强的净化作用的湿

生滨水植物有茭白、芦苇、香蒲、水葱、灯芯草、菖蒲、慈姑、凤眼莲、满江红、水花生、菱、水鳖、杏菜、菹草、金鱼藻、墨藻等。

2. 滨水植物配置原则

(1)植物的耐水湿性原则　在自然驳岸边种植的植物首先要具备一定耐水湿的能力，这是滨水植物造景的基础，了解滨水植物的耐水湿能力具有实践性的指导意义。将116种树按照其耐水湿能力分为5个等级。

①耐水湿能力最强的树种　垂柳、旱柳、龙爪槐、榔榆、桑、豆梨、杜梨、柽柳、紫穗槐、落羽杉等。

②耐水湿能力较强的树种　水松、棕榈、栀子、枫杨、榉树、山胡椒、枫香、悬铃木、紫藤、楝树、乌桕、重阳木、柿树、雪柳、白蜡、凌霄等。

③耐水湿能力中等的树种　侧柏、龙柏、水杉、水竹、紫竹、广玉兰、夹竹桃、紫薇、枸杞、迎春等。

④耐水湿能力较弱的树种　樟树、冬青、黑松、黄杨、板栗、朴树、合欢、皂荚、紫荆、南天竹、无患子、三角枫、金钟花等。

⑤耐水湿能力最弱的树种　马尾松、柳杉、海桐、柏木、枇杷、桂花、木芙蓉、梧桐、构树、腊梅、木兰、桃、栾树、泡桐等。

(2)生物多样性原则　在设计滨水植物景观时，应遵循自然水岸植被群落的组成、结构等规律。在水平结构上，采用多树种混交林的形式；在垂直结构上，采用林冠层、下木层、灌木层和地被层多层次组合的形式，这样能使群落的生态效益更好，并且更加适宜动物的生存，进而成为一些动物栖息地。如柳树、水杨、杨、榛树以及芦苇、菖蒲等喜水湿繁茂的绿树草丛，种植在水边堤岸，可为昆虫、鸟类等提供觅食、繁衍的好场所，而鸟类又可消除植物的虫害，形成一个良好的循环型生态系统。

(3)保护和利用已有树木原则　树木是活的生物，树龄越大景观效果越好，其久远的效果是用技术手段或其他素材所弥补不了的。当地已存在的植物是经过长期的自然选择后，对本地区有着高度的生态适应性，多是乡土植物的代表。此类树木不仅有文化底蕴深厚、生态适应性强、管理方便等优点，也能增加本地区的生物多样性。当地环境中已有的古树和名木，它们不仅仅是历史环境变迁的一种见证，更是体现地域环境特征的要素之一，能够很好地适应当地生态环境，突出地方特色，这类植物应采用标本式种植加以保护和强化。

(4)体现地域风貌原则　在对滨水树种进行选择时，除了要了解场地的周围环境、生态条件等事项，还需要对当地特点、历史象征、四季景色等调查清楚，以便种植的植物形态和群落结构适合当地的风格，更好地展现水体的地域性特征。西湖景区大面积栽植的红莲和各色芙蓉，呈现出“接天莲叶无穷碧，映日荷花别样红”的景观，被广为传诵。华南植物园池岸上片植的大王椰子林，表现出一派南国风光。

3. 用植物营建生态城市滨水区

植物是恢复和完善滨水绿地生态功能的主要手段，以绿地的生态效益作为主要目标，在传统植物造景的基础上，除了要注重植物观赏性方面的要求，还要结合地形的竖向设计，模拟水系形成自然过程所形成的典型地貌特征(如河口、滩涂、湿地等)，创造滨水植物适生的地形环境，以恢复城市滨水区域的生态品质为目标，综合考虑绿地植物群落的结构。另外在滨水生态敏感区引入天然植被要素，比如在合适地区建设滨水生态保护区，以及建立多种野生生物栖息地等，建立完整的滨水绿色生态廊道。用植物营建生态城市滨水区，应注意以下几个方面：

(1)植物的合理搭配　一要考虑水域浮水植物；二要配置水际的挺水植物；三要有陆地的喜水植物或景观植物；四要有常绿、落叶植物的搭配；五要考虑乔灌木、地被植物、水生植物等立体配置，最终将各种植物有机地组成生态群落，创造城市生态环境。

(2)绿化植物品种的选择　植物品种的选择要根据景观、生态等多方面的要求，在适地适树的基础上，还要注重增加植物群落的多样性。利用不同地段自然条件的差异，配置各具特色的人工群落。常用的临水、耐水植物包括：垂柳、水杉、池杉、云南黄馨、连翘、芦苇、菖蒲、香蒲、荷花、菱角、泽泻、水葱、茭白、睡莲、千屈菜、萍蓬草等。

(3) 尽量采用自然化设计，模仿自然生态群落的结构　城市滨水绿地绿化应尽量采用自然化设计，模仿自然生态群落的结构。具体要求，一是植物的搭配——地被、花草、低矮灌木与高大乔木的层次和组合，应尽量符合滨水自然植被群落的结构特征；二是在水滨生态敏感区引入天然植被要素，比如在合适地区植树造林恢复自然林地，在河口和河流分合处创建湿地，转变养护方式培育自然草地，以及建立多种野生生物栖身地等。这些仿自然生态群落具有较高生产力，能够自我维护，方便管理且具有较高的环境、社会和美学效益，同时，在消耗能源、资源和人力上具有较高的经济性。

4. 滨水植物意境创造

中国园林中，水景常构成一种独特的、耐人寻味的意境。“夹岸复连沙，枝枝摇浪花，月明浑似雪，无处认渔家”。茫茫芦花，阵阵涟漪，浑似白雪，水天一色，秋色美景，意境深邃；水岸点缀的梅花形成“疏影横斜水清浅，暗香浮动月黄昏”的雅致意境；西湖胜景“柳浪闻莺”，沿湖垂柳成荫，微风吹来，柳丝婆娑，碧浪翻空，莺歌呖呖，使人流连忘返；柳树与芦苇生态要求相近，是富有诗意的组合，柳枝在风中摇曳，春季吐出柳絮，芦苇荡里常躲着大量的鸟类和水禽，秋季散放芦花，每到春秋两季，水面上白茫茫一片如烟似雾，一个是“千丝万絮惹春风”，一个是“狂随红叶舞秋声”，历来是引起诗兴的美景。

(三)滨水景区建筑及小品设计

1. 滨水建亭

水面开阔舒展明朗流动，有的幽深宁静，有的碧波万顷，情趣各异。为突出不同的景观效果，一般在小水面建亭宜低邻水面，以细察涟漪。而在大水面，碧波坦荡，亭宜建在临水高台，或较高的山上，以观远山近水，舒展胸怀。一般临水建亭有一边临水，多边临水或完全伸入水中，四周被水环绕等多种形式。小岛、湖心台基、岸边石矶都是临水建亭的好场所。在桥上建亭更使水面景色锦上添花并增加水面的空间层次。

2. 水面设桥

桥是人类跨越山河天堑的技术创造，给人带来生活的进步与交通的方便，自然能引起人的美好联想，固有人间彩虹的美称。而在中国自然山水园林中，地形变化与水路相隔，非常需要桥来联系交通，沟通景区，组织游览路线。而且更以其造型优美、形式多样作为园林中重要造景建筑之一，因此小桥流水成为中国园林及风景绘画的典型景色。

(1)平桥　外形简单，有直线形和曲折形，结构有梁式和板式。板式桥适于较小的跨度，如北京颐和园谐趣园瞩新楼前跨小溪的石板桥，简朴雅致。跨度较大的就需设置桥墩或柱，上安木梁或石梁，梁上铺桥面板。曲折形的平桥，是中国园林中所特有，不论三折、五折、七折、九折，通称“九曲桥”。其作用不在于便利交通，而是要延长游览行程和时间，以扩大空间感，在曲折中变换游览者的视线方向，做到“步移景异”；也有的用来陪衬水上亭榭等建筑物，如上海城隍庙九曲桥。

(2)拱桥　造型优美，曲线圆润，富有动态感。单拱的如北京颐和园玉带桥，拱券呈抛物线形，桥身用汉白玉，桥形如垂虹卧波。多孔拱桥适于跨度较大的宽广水面，常见的多为三、五、七孔，著名的颐和园十七孔桥，长约150 m，宽约6.6 m，连接南湖岛，丰富了昆明湖的层次，成为万寿山的对景。河北赵州桥的“敞肩拱”是中国首创，在园林中仿此形式的很多，如苏州东园中的一座。武汉东湖风景区有仿名画《清明上河图》虹桥结构建成的“叠梁拱桥”。

(3)亭桥、廊桥　加建亭廊的桥，称为亭桥或廊桥，可供游人遮阳避雨，又增加桥的形体变化。亭桥如杭州西湖三潭印月，在曲桥中段转角处设三角亭，巧妙地利用了转角空间，给游人以小憩之处；扬州瘦西湖的五亭桥，多孔交错，亭廊结合，形式别致。廊桥有的与两岸建筑或廊相连，如苏州拙政园“小飞虹”；有的独立设廊如桂林七星岩前的花桥。苏州留园曲奚楼前的一座曲桥上，覆盖紫藤花架，成为风格别具一格的“绿廊桥”。

(4)吊桥　它可以大跨度地横卧水面。吊桥具有优美的曲线，给人以轻巧之感，立于桥上，即可远眺又可近观。如内蒙古扎兰屯人民公园内有钢索吊桥。

(5)浮桥　浮桥是在较宽水面通行的简单和临时性办法，用船或浮筒替代桥墩，上架梁板用绳索拉固就成通行的浮桥。在滨水景观的设计中起到独特的景观作用，它固而不稳，人立其上有晃悠动荡之势，给人以不安、惊险的感觉，其重点不在于组织交通。

(6)其他　汀步，又称步石、飞石。浅水中按一定间距布设块石，微露水面，使人跨步而过。园林中运用这种古老渡水设施，质朴自然，别有情趣。将步石美化成荷叶形，称为“莲步”，桂林芦笛岩水榭旁有这种设施。

3. 依水修榭

榭是园林中游憩建筑之一，建于水边，《园冶》上记载“榭者借也，借景而成者也，或水边，或花畔，制亦随态”，说明榭是一种借助于周围景色而见长的园林游憩建筑。其基本特点是临水，尤其着重于借取水面景色。在功能上除应满足游人休息的需要外，还有观景及点缀风景的作用。

最常见的水榭形式是在水边筑一平台，在平台周边以低栏杆围绕，在湖岸通向水面处作敞口，在平台上建起一单体建筑，建筑平面通常是长方形，建筑四面开敞通透，或四面作落地长窗。

榭与水的结合方式有很多种。从平面上看，有一面临水、两面临水、三面临水以及四面临水等形式，四周临水者以桥与湖岸相连。从剖面上看平台形式，有的是实心土台，水流只在平台四周环绕；而有的平台下部是以石梁柱结构支撑，水流可流入部分建筑底部，甚至有的可让水流流入整个建筑底部，形成驾临碧波之上的效果。

4. 水面建舫

舫的原意是船，一般指小船。建筑上的舫是指水边的一种建筑，在园林湖泊的水边建造起来的一种船形建筑。舫的下部船体通常用石砌成，上部船舱则多用木构建筑，其形似船。舫建在水边，一般是两面或三面临水，其余面与陆地相连，最好是四面临水，其一侧设有平桥与湖岸相连，有仿跳板之意。它立于水中，又与岸边环境相联系，使空间得到了延伸，具有富于变化的联系方式，即可以突出主题，又能进一步表达设计意图。

(四)滨水景区驳岸设计

1. 临水驳岸形式及其特征

园林水景设计的成败,除一定的水型外,离不开相应岸型的规划和塑造,协调的岸型可更好地呈现出水在庭园中的作用和特色。岸型属园林的范畴,多顺其自然。园林驳岸在园林水体边缘与陆地交界处,为稳定岸壁,保护河岸不被冲刷或水淹所设置的构筑物(保岸),必须结合所在景区园林艺术风格、地形地貌、地质条件、水面形成、材料特性、种植设计以及施工方法、技术经济要求来选其建筑结构及其建筑结构形式。我国园林中的岸型包括洲、岛、堤、矶、岸各类形式,不同水型,采取不同的岸型。总之,必须极尽自然,以表达"虽由人作,宛若天开"的效果,统一于周围景色之中。

(1)洲渚　洲渚是一种濒水的片式岸型,造园中属湖山型的园林,多有洲渚之胜。洲渚不是单纯的水面维护,而是与园林小品组成富有天然情趣的水景的一项重要手段。

(2)岛　岛一般指突出水面的小土丘,属块状岸型。常用手法是:岛外水面萦回,折桥相引;岛心立亭,四面配以花木景石,形成庭园水景之中心,游人临岛眺望,可遍览周围景色。该岸型与洲渚相仿,但体积较小,造型亦很灵巧。

(3)堤　以堤分隔水面,属带形岸型。在大型园林中如杭州西湖苏堤,既是园林水景中之堤景,又是诱导眺望远景的游览路线,在庭园里用小堤做景的,多作庭内空间的分割,以增添庭景之情趣。

(4)矶　矶是指突出水面的湖石一类,属点状岸型,一般临岸矶多与水景相配,或有远景因借,成为游人酷爱的摄影点。位于池中的矶,常暗藏喷水龙头,自湖中央溅喷成景,也有用矶作水上亭榭之衬景的,成为水景三小品。

(5)池岸　岸型中最常见的仍数沿池作岸的环状岸型,通称池岸。我国传统庭园池岸多属自由型,它因势而曲,随形作岸。一般多以文石砌作,或以湖石、黄石叠成。新建庭园之小池池岸,形式多样,采用的材料亦各不相同,这些岸式一般较精致,与小池水景很协调,且往往一池采用多种岸式,不同的岸式之间用顽石作衔接,使水景更为添色。

2. 滨水驳岸断面设计

(1)不同河道断面的选择　河道断面的处理和驳岸的处理有密切的关系。河道断面处理的关键是要设计一个能够常年保证有水的河道及能够应付不同水位、水量的河床,这一点对于北方城市的河道景观尤为重要。由于北方地区水资源短缺,平时河道水量很小。但洪水来时又有较大的流量,从防洪出发需要较宽的河道断面,但一年内大部分时间河道无水,景观很差。为解决这种矛盾,可以采取一种多层台阶式的断面结构,使其低水位河道可以保证一个连续的蓝带。能够为鱼类生存提供基本条件,同时至少满足 3～5 年的防洪要求;当较大洪水发生时,允许淹没滩地。而平时这些滩地则是城市中理想的开敞空间环境,具有较好的亲水性、适于休闲游憩。

(2)生态驳岸的选择

①自然原型驳岸　对于坡度缓或腹地大的河段,可以考虑保持自然状态,配合植物种植,达到稳定河岸的目的。如种植柳树、水杨、白杨以及芦苇、芭蒲等具有喜水特性的植物,由它们生长舒展的发达根系来稳固堤岸,加之其枝叶柔韧,顺应水流,增加抗洪、护堤的能力。我国传统的治河六柳法即是这方面的总结(图 10-2)。

图 10-2 自然原型驳岸

②自然型驳岸 对于较陡的坡岸或冲蚀较严重的地段，不仅种植植被，还采用天然石材、木材护底，以增强堤岸抗洪能力。如在坡脚采用石笼、木桩或浆砌石块（没有鱼巢）等护底，其上筑有一定坡度的土堤，斜坡种植植被。实行乔灌草相结合，固堤护岸（图 10-3）。

图 10-3 自然型驳岸

③台阶式人工自然驳岸 对于防洪要求较高、而且腹地较小的河段，在必须建造重力式挡土墙时，也要采取台阶式的分层处理。在自然型护堤的基础上、再用钢筋混凝土等材料确保大的抗洪能力，如将钢筋混凝土柱或耐水原木制成梯形箱状框架，投入大的石块、或插入不同直径的混凝土管，形成很深的鱼巢、再在箱状框架内埋入大柳枝、水杨枝等；邻水则种植芦苇、菖蒲等水生植物，使其在缝中生长出繁茂、葱绿的草木（图 10-4）。

图 10-4 台阶式人工自然驳岸

(五)滨水景区地面铺装设计原则

1. 安全性原则

必须做到使路面无论在干燥或潮湿的条件下都同样防滑，斜坡和排水坡不应太陡，以免行人突然遇到紧急情况发生危险。

2. 生态性原则

应尽量设计成透水性的铺装，便于雨水的循环利用及减少地表径流对于堤岸的冲刷。目前已建铺装往往过于人工化，动辄花岗石、大理石或混凝土现浇，极大地破坏了土壤的自然生态，又增加了成本，应尽量避免这种做法。

3. 美观原则

设计时应充分考虑铺装的色彩、尺度和质感。设计路面图案时，必须考虑从哪些有利的视点可以看到这个路面，是仅仅从地面上看，还是从周围高楼上看。铺装图案应是有意义的，并能吸引所有的观赏者。

二、滨水游憩绿地规划设计

滨水游憩绿地是城市的生态绿廊，具有生态效益和美化功能。滨水游憩绿地多利用河、湖、海等水系沿岸用地，多呈带状分布，形成城市的滨水绿带。滨水游憩绿化应有机地纳入城市绿地系统之中，充分利用水体和临水道路，规划成带状临水绿地，点缀以园林小品和装饰小品，成为附近居民及游人的休息、娱乐、观光场所。滨水游憩路设计必须密切结合当地生态环境、河岸高度、用地宽窄和交通特点等实际情况来进行全面规划设计。

1. 充分利用宽阔的水面，临水造景

运用美学原理和造园艺术手法，利用水体的优势和独特的景色，以植物造景为主，适当配置游憩设施和有独特风格的建筑小品，构成有韵律、连续性的优美彩带。使人们漫步在林荫下，临河垂钓，水中泛舟，充分享受大自然的气息(图 10-5)。

图 10-5　滨水游憩绿地

2. 营建多功能的滨水游憩绿地

滨水游憩绿地的主要功能是供人们游览、休息，同时可以有效地防止水土流失。一般滨水游憩路的一侧是城市建筑，另一侧是水体，中间为绿带。绿带设计手法依自然地形、水岸线的曲折程度、所处的位置和功能要求，对于地势起伏大，岸线曲折变化多的地段采用自然式布置，而地势平坦，岸线整齐，又临近宽阔道路干线时则采用规则式布置。规则式布置的绿带多以草地、花坛为主，乔木多以孤植或对称种植为主。自然式布置的绿化带多以树丛为主。树木种类要常绿、落叶树合理搭配，高低错落，疏密相间，体现植物的多样性。

3. 合理设计景观视线

为了减少车辆对绿地的干扰，靠近车行道的一侧应种植一两行乔木或绿篱，形成绿化屏障。但为了使水面上的游人和对岸的行人看到沿街的建筑，应适当留出透视线，不要完全郁闭。道路靠水一侧原则上不种植成排乔木。其原因是影响景观视线，同时树木的根系生长会对驳岸造成损坏。道路内侧绿化宜疏朗散植，树冠线要有起伏变化，植物配置应注重色彩、季节变化和水中倒影，要使岸上的游人看到水面的优美景色。同时水上的游人也能看到滨水绿带的景色和沿街的建筑，使水面景观与活动空间景观相互渗透，浑然一体。

三、城市滨水景观灯光设计

(一)水景特征

水是构成城市景观的重要因素，也是园林景观中重要的景观之一。水的存在使景观增添了几分诗情画意，使城市的层次显得更加丰富，更加富于魅力。水体的各种形态丰富了空间的主题，也给整个城市景观带来了盎然的生机和活力，给人们带来了无限的遐想、欢乐与激动。城市水景有以下 3 个特征：

1. 联系性

水景是由物质的形象、体量、姿态、声音、光线、色彩等与水交融而形成的，它们之间是一个相互联系的整体。

2. 公共性、开放性和参与性

在水文化景观中，不同类型的水体景观的丰富资源都应营造在水景之中。一个开放的水文化景观与人们接触，供人们观赏，所以它又具有了公共性、开放性和参与性，它是人们共同享有的水文化。

3. 亲和性

水对人居自然景观具有先天的亲和力，比如室外景观、人居景观、人工景观、空间景观、自然景观都注重水与人的和谐关系。现代人们追求舒适、安全、健康、优雅的生活，因此，为满足人们对物质和精神的多方面需求，应注重提高城市水景文化质量。

(二)水景与光环境

在现代都市人的时尚观念里，景与光应成为韵律的结合。运用超前的照明科技手段：隐一露，抑一扬，营造一个灯光与水景相结合的水景灯光文化。“小桥流水”别具一格，在夜间更显琼楼玉宇，彩虹飞架，水波涟涟，使人赏心悦目，形成移步换景的水景效果。

照明可以改变人居环境和自然环境的外观，也可运用现代高科技的照明设计手法，亮化空间属性。建筑立面、桥、水库、水塔、绿化、景观雕塑是构成山、石、水环道、瀑布、喷泉、水池、入水平台、水中凉亭、观鱼池台、玻璃廊桥、浅水叠石步道等动态与静态的综合水景灯光文化的主题景观，展示一个柔性空间，亲水环境，给人以亲情、关怀、温暖、舒适的感受，促成亲密的人际交往，显示大自然环境中水景灯光文化的唯美点缀。

在水景环境的照明设计构思中,水景照明追求的不是亮度,而是艺术的创意设计。为了提高水景灯光的可视性和观赏性,营造水景光环境的氛围,应选择合适光源的灯具。

(三)滨水游步道照明设置

园林别墅的滨水游步道夜景照明展现环河步道的延展性,诱导居民漫步并使其融入夜景灯光环境之中,可感受水边的灯光是那么亲切。在弯弯曲曲的林荫环河步道上,两侧布置的座椅、凉亭、假山、雕塑、水溪池塘、灯光小品,成为居民休闲的重要人居场所。环河步道的景观灯设计间距为 30 m,灯两侧为繁茂的树木,灯光从树林缝隙中透过,营造一种宁静、安宁的生活氛围。

园林别墅的滨水游步道除了供通行之外,更多的作用是扩大空间的感觉,曲径的目的是为了延缓行动的步调,使人在行走过程中有更多的时间和机会转换更多视点,寻觅水景,碧水蓝天,泛舟河上。在照明设计中要体现出使人在每一段漫步上都有新的感觉。对灯光进行淡化处理,既有亮点,又有暗淡之处,使其亮暗分明,浓淡适宜。

在景观灯选型上,可选择太阳能照明技术,主要利用太阳能电池板转化成电能后存储在蓄电池中,再利用光控开关,当日光照射线达到一定暗度时,光控会自动开启照明设施,采用的光源为超高亮度的大功率白光 LED。由于太阳能景观灯在使用中无需架设电缆,解决了环河步道空中"蜘蛛网"或开挖环河步道的弊端。

(四)城市滨水区不同位置的照明设置

1. 水上照明

从水体的上方对水体进行照明的效果比水下照明的戏剧化效果要逊色一些,但是,即使这样,如果照明方式有创意,也会产生意想不到的效果。流动的水要比静态的水照明更容易表现,它吸收和漫射光线,令水体产生光辉。水珠通过光的反射,在水面上产生"波光粼粼"的效果。平静的水面就像一面镜子,会反射周围被照的物体,也就是通常所说的"倒影"效果。瀑布和喷泉的水珠在光照的作用下显得晶莹剔透。

水上照明大多使用下照光,灯具安装在附近的建筑物或树上。有时安装在水体附近的地面上,向下或水平射向水体。水上照明要注意控制灯具的投光角度,一般不要超过垂直线以外35°,以避免眩光所造成的人眼不适和减弱水体照明的效果。使用有效的挡光板和格栅有助于降低出光口处的亮度。灯具不需要在水中,所有室外灯具都可以用来进行水体照明,大大降低了初始投资和维护费用。

在广场各处分别布置各类景观照明灯,既有装饰效果,同时又满足夜间照明之用,各处草地上皆置以草坪灯,在主题雕塑、长安史话雕塑墙等重要景观部位,分别设置投射灯,增强夜间效果。

2. 水下照明

将水下灯设置在水面以下对水体进行照明,可以产生魔幻般的戏剧效果。喷出的水花在夜幕下多姿多彩,湍急的水流在光线的照射下更显水的本质。水下灯还可以直接安装在池底或埋在水池地板上,也可以利用其他建筑的构件加以隐藏。为了强调水体的形状,可以沿侧墙安装灯具,不仅照亮水面,还可以将池壁的材料和色彩通过照明进行表现。

对于水下照明方式,应特别考虑水中的动物和植物,如鱼和水草。水面的亮度和水下灯出光口的亮度对鱼群的游动会产生影响。设计中应该有选择地进行水体照明以及亮度设计。所有的水下灯具必须保证具有防腐性能，而且要完全防水，满足安全要求。

（五）水景景观的照明

在水景景观的照明设计构思中，水景照明追求的不是亮度，而是艺术的创意设计。为了提高水景灯光的可视性和观赏性，营造水景景观的氛围，可选择LED光源的灯具，充分利用LED灯具体积小、造型特别、隐藏性好、光源寿命长、色彩可变化且工作电压低等优点。对于喷泉、小溪、湖泊等不同类型的水体以及黄石、湖石等不同质地的假山，都应采取相应的照明措施。聚光灯能够照亮喷泉或突出水生植物，而漂浮灯和灯光石则用来点缀池塘边的绿草，微光衬托出庭园池塘，就像是在梦幻中。

关于水体的照明设计，首先应该判断水体在整个景观中的地位以及形态，水体有时会成为极其重要的视觉中心，而有时又会成为与其他要素有同等地位的景观要素，如水体雕塑等。在一些情况下，在夜间不需要把所有的水体照亮。水体被观看的地点也会影响其照明设计，休闲空间中的水体与城市道路中的水体照明设计要求是不一样的。步行的人看水体，眩光是需要注意的问题；而对于驾驶员来讲则次要一些。位于幕墙建筑物前的水体如果要被人看见，其照度水平必须与建筑物内的照度水平相当或更高。

作为视觉中心的水体与景观的亮度比，应注意与景观中的其他景观要素保持连续与统一，多个视觉焦点的亮度比应保持在(3～5)∶1。为了达到景观的一致性，视觉焦点的亮度比不要超过10∶1。景观中各景观表现要素的亮度平衡十分重要。

1. 水景喷泉

水景是园林景观中不可或缺的一部分，水面会使景观更有活力，其中最为突出的是在水面上构筑出的灯光倒影。作为滨水景观元素的灯光形态与其水中的倒影相映生辉，形成了独具特色的视觉边界，使园林的整体在夜色下显得更为幽静、雅致。但必须结合景观要求将照明灯具隐蔽，并兼顾无水和冬季结冰时采取防护措施的外观效果。在水体轴向立体表现上，也可利用水下灯体现喷泉、瀑布等主题的动态效果。而当营造水面这种静态美景时，则应尽可能保持水面的黑暗，并将周围的景观照亮。在堤岸沿线应根据湖面水景的形态及水面的反射作用，合理布置照明灯具，体现出堤岸的美丽的线性效果，同时水面上的倒影也不失为一道亮丽的风景。

在现代都市人的时尚观念里，景与光应成为韵律的结合。可运用超前的照明科技手段，营造一种灯光与水景相结合的水景灯光文化。室外照明水景喷泉艺术能赋予水以生命，让每一滴水都随着音符跳动，时而喷出的水柱洁白粗壮，极具震撼力，造型独特；时而形成晶莹透明的扁形水膜，在LED彩灯的照射下五彩缤纷，美不胜收。跳泉是一种特别的水景喷泉，一段段水柱像玻璃柱一样光亮，在空中飞来飞去，不"溅"不散，趣味无穷。这些水景喷泉艺术景观综合运用了声、光、电技术，营造出一种水色灯光交融、虚实交替、动静相承的优美意境，所构建的三维流动光空间丰富了园林夜景的表现力。

2. 水溪池塘

人具有亲水性，照明设计不能忽视了人的亲水情感。涉水、戏水和观水都离不开灯光，将灯光与情感融为一体的水景空间为人们提供了休闲与娱乐环境。水景能让人感到如同身处大自然景观中，优美舒缓的溪流、水道、瀑布的水声为园林营造出特殊的人居氛围，让人仿佛进入桃源奇境。溪流造型是水景的延伸，增加了园林的层次感。在照明水溪池塘设计中设定一个具有雾化功能的喷射灯，可以让水景似云烟弥漫，产生一种特殊境界。

3. 濒水界面

园林设计希望游人最大限度地接近水面，所以没有设置护栏，并且设计了丰富的濒水界面。既要创造亲水性，又要保证游人安全，这给景观照明设计带来了很大挑战。如选用直径为6.5 cm的蓝光LED埋地灯，在潜在的危险区域沿河布置成线状。这种灯体积小，又是嵌入地面，在白天可作为地面装饰，在夜晚利用暗视觉中人对于蓝光的敏感性，暗示危险的存在。蓝色与水之静、天之幽恰为呼应，展示园林整体幽静的气氛。

4. 倒影

倒影是园林夜景的灵魂，也是中国园林"夜景"有文献记载的最重要的文脉。设计的过程开始于对园林剖面的分析，能产生倒影的元素共有4个，即墙、远溪流树木、近溪流树木和桥。墙及远溪流树木景观的丰富性直接造就了倒影的丰富性，桥的倒影垂直于溪流，近溪流树木的倒影构成了倒影的主调，应对此进行重点设计。考虑到产生倒影的原因是这些树木近溪流一侧树干、枝叶对光线的反射，所以，在树与溪流之间的地面上设置投光灯，这些灯的投光方向垂直于溪流，而且正对树干，既保证反射光最大限度地被利用，又靠树干本身遮挡住朝向园路一侧的眩光。可选用LED变色灯勾勒出亲水平台和小桥的形状，倒影在水中，而对其他水体不做通常手法的描边处理，在溪流跌水处及水中卵石遮蔽处埋设水下彩灯，突出跌落溪水景观的夜间效果。

【任务实施】

在掌握了必要的理论知识之后，我们根据园林规划设计的程序以及滨水绿地规划设计的原则与方法，来完成本滨水绿地规划设计。

一、调查研究阶段

1. 自然环境

调查滨水区所在地自然条件和水域情况。

2. 社会环境

调查所在地的历史、人文、风俗传统。完成这部分任务的目的是滨水景观文化内涵的表达必须取自于当地的历史、人文、风俗习惯等相关内容。

3. 设计条件或绿地现状的调查

通过现场踏查，对设计现状条件做进一步了解。我们应对绿化用地范围内现有的植物资源、建筑、地形等作详细地调查。

二、景观规划构思与目标

1. 规划理念

(1)景观空间的开放性与亲水性。

(2)景观的可赏性与可参与性。

(3)景观的生态性和以人为本的设计。

(4)景观的流动性、健康性的设计。

2. 景观主题

景观主题：历史、时尚、运动、文化、休闲。

3. 思想体现

(1)记载新区文化历史的记忆广场。

(2)包涵时尚元素的现代广场。

(3)充满活力元素的运动广场。

(4)古典元素与现代元素结合的文化广场。

(5)布置大量草地与花卉的休闲广场。

4. 规划目标

形成具有运动休闲特色的现代滨水区，充分展现瑞详新区宜人的环境与风采，成为居民亲切的休闲交往空间。

三、规划原则

1. 场地适宜原则

(1)充分反应地形特征和基地条件的可利用性。

(2)充分体现滨水公共空间的亲水性。

(3)充分注重岸边景观的丰富性。

(4)充分体现瑞安当地的时代风貌和地域文化性。

2. 功能再现原则

以人为本，强调滨水绿地的舒适性和可参与性，营造开放式的公共游憩、娱乐、运动、休闲空间(图 10-6、图 10-7)。

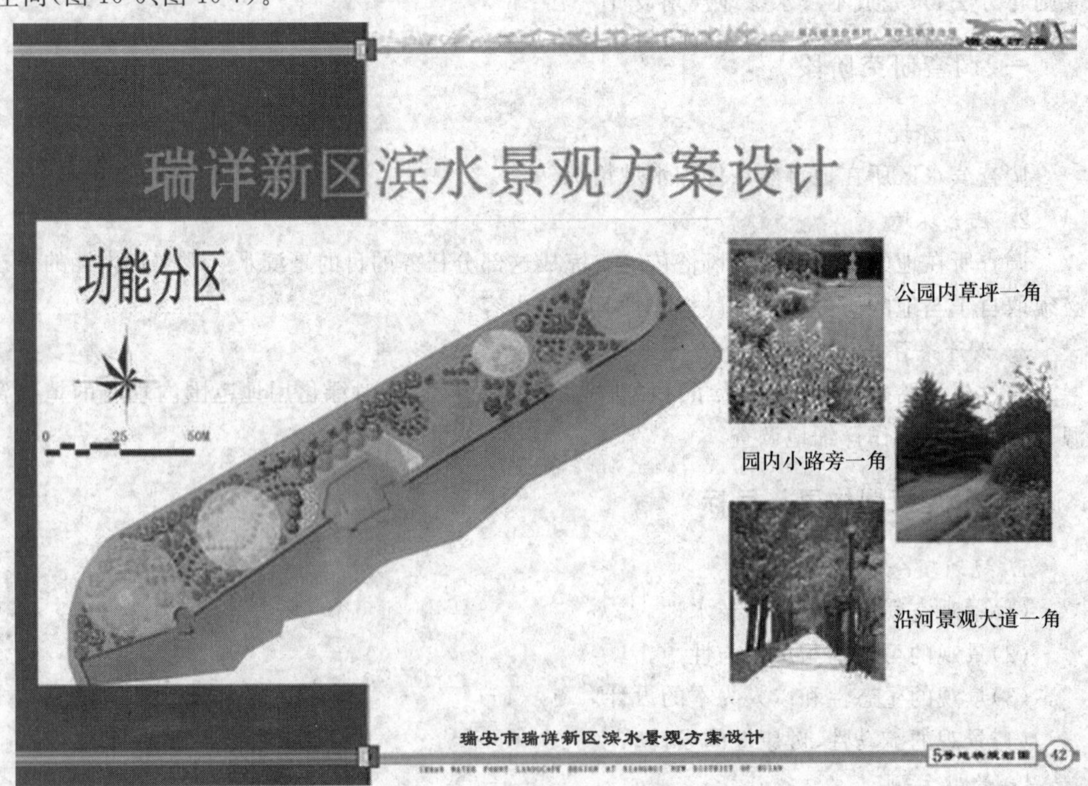

图 10-6 瑞详新区滨水功能分区

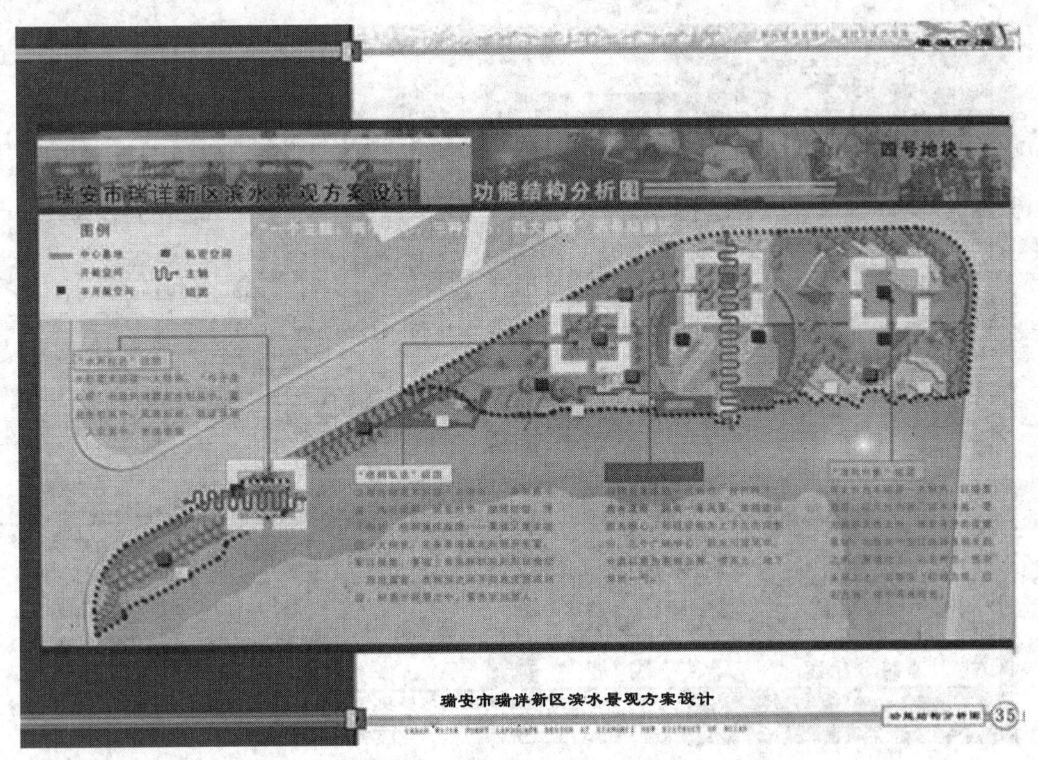

图 10-7 瑞详新区滨水功能结构图

3. 生态优先原则

强调自然赋予的生态适应性与当地生态环境的保护与改善，注重保护滨水岸线，防止水土流失，大量种植抗性强的乡土植物，形成可持续发展的植物群落景观。

4. 经济合理性原则

(1)通过环境景观建设，提升周边地产价位。

(2)功能和景观设施尽量考虑既具观赏性，又实用方便，便于实施管理。

(3)充分利用地形条件和竖向坡度现状，力图在量少的地形整治前提下，减少工程造价，同时创造出丰富多彩的滨水空间景观。

(4)植物造景尽量少采用名贵树种和大树移植，多采用现有植物，发挥乡土树种景观潜质。

四、总体布局与景观设计

根据地形特点，总体布局采用自然式造景方法，利用一条自然曲折的多轴线串联起 5 个景观节点(图 10-8)。

(1)历史—传承　此地块为滨水景观 1 号地块，为当地人们聚会场地，东西为商业大厦。为体现新区历史文化，加强新区城市形象建设，创造优良的活动休闲空间，在设计上加入了当地的历史元素，让人们在游览中感受当地的历史文化氛围。

(2)自然—休闲　本地段为滨水景观 2 号地段，在设计上本着能够营造“一种容纳与体现自然美与休闲相结合的场所概念”，设计中为了突出主体、道路、休闲场所、泉水广场、泉水平台等，因此多采用弧线，以显得自然、流畅，在功能设计首先满足了人们休闲、交流、健身等多项愿望，因此本设计采用开放与闭合空间的结合(图 10-9、图 10-10)。

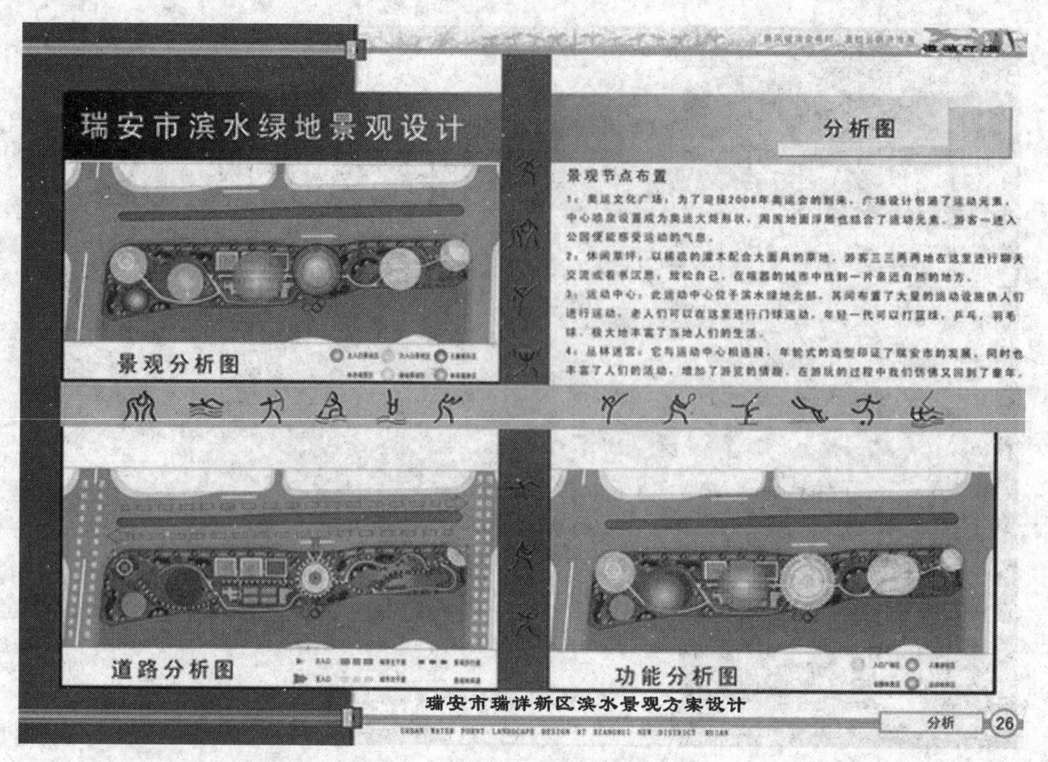

图 10-8　景观节点布置分析图

图 10-9　瑞安市瑞详新区滨水景观方案设计 2 号地段鸟瞰图

图 10-10　瑞安市瑞详新区滨水景观 2 号地段入口广场东、西透视图

(3)运动一健身　本地段位于滨水景观 3 号地段，东西为大型的居住区，在设计上以“运动元素为主，并加入了休闲、娱乐等元素”(图 10-11)。

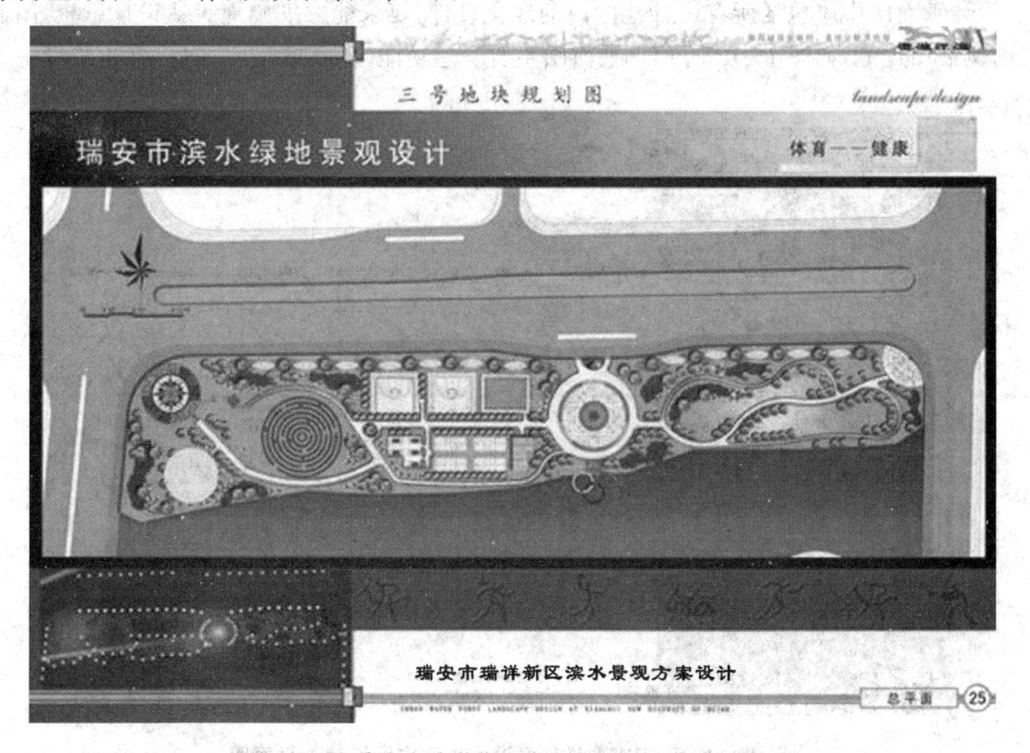

图 10-11　瑞安市瑞详新区滨水景观 3 号地段规划图

(4)繁衍—生长　本地段位于滨水景观4号地段，为新区的主要绿化地块。本设计整体采用“一主题、两空间、三中心、四组团”的布局模式，主题为“繁衍—生长”，两中心为大小两块象征瑞安和瑞安新区的基地，三空间为“开放、半开放、私密”三种空间，四组团为“清风竹影、饮酒歌舞、窃窃私语、水声彩色”。

(5)休闲—空间　本地段位于滨水景观5号地段，设计上强调以人为本的特点，同时配置大量的树木。

五、植物配置

以适地适树为原则，考虑景观需要，进行植物培植。

(1)基调树种　杜英、垂柳、棕榈、香樟、榕树、桂花、紫薇、鹅掌楸等。

(2)骨干树种　鸡爪槭、樱花、山茶、广玉兰等。

(3)一般树种

①乔木　雪松、梅花、合欢等。

②灌木　紫薇、木芙蓉、栀子花、金丝桃等。

③地被及藤本植物　常春藤、葱兰等。

④竹及水生类　荷花、南天竹等。

六、完成图样绘制

根据滨水绿地规划设计的相关知识和设计要求，我们可完成的设计图样应包括的内容如下：

1. 设计平面图

设计平面图中应包括所有设计范围内的绿化设计，要求能够准确地表达设计思想，图面整洁、图例使用规范，如图10-12所示。平面图主要表达功能区划、道路广场规划、建筑设施设计等平面设计。

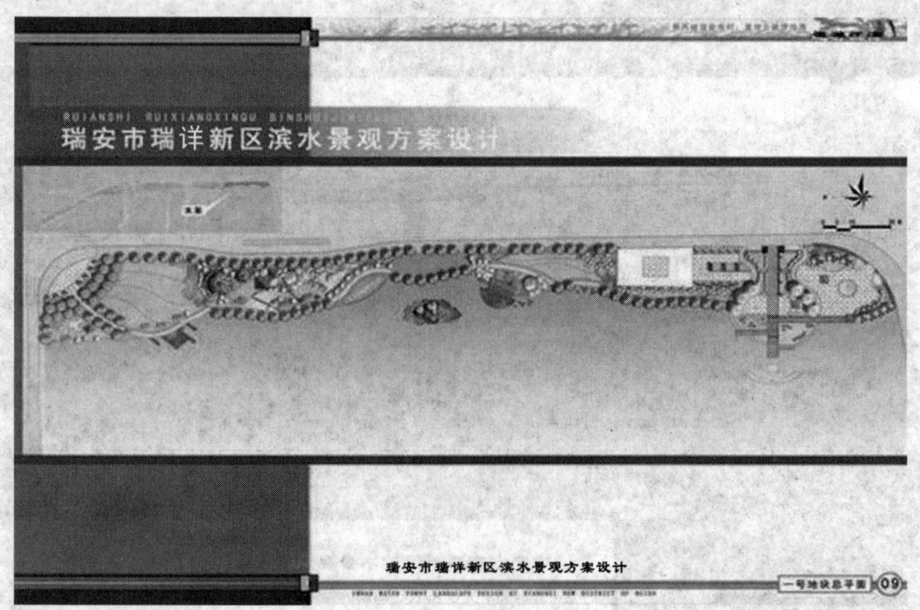

图10-12　瑞安市瑞详新区滨水景观方案设计总平面图

2. 景观分析图

为了更好地表达设计意图，清晰地表达景观设计布局，要求绘制景观分析图，见图10-7。

3. 重点景观剖、立面图

为了更好地表达设计思想，在居住区绿地规划设计中要求绘制出主要景观、主要观赏面的立面图，在绘制立面图时应严格按照比例表现硬质景观、植物以及两者间的相互联系，植物景观按照成年后最佳观赏效果时期来表现。立面图主要表达地形、建筑物、构筑物、植物等立面设计，图 10-13 所示为小品立面图。

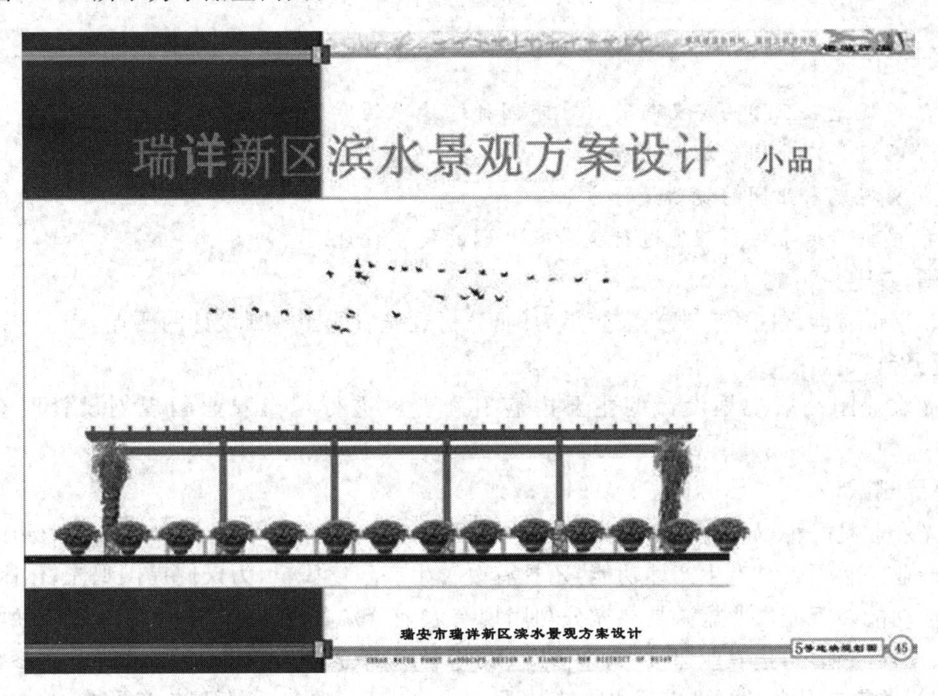

图 10-13 小品立面图

第十一章 观光农业园规划设计

【学习目标】

1. 了解观光农业园的定义与其在城市园林绿地中的地位；

2. 了解观光农业园的环境特点；

3. 掌握观光农业园的规划设计方法；

4. 能根据实地条件合理地进行观光农业园的规划设计。

【任务提出】

以北京市海淀区四季青观光采摘园为例，分析观光农业园规划设计的要点。

【任务分析】

观光农业园一般规划设计的主要内容有哪些？进行观光农业园规划设计时有什么要求？

【基础知识】

观光农业是一种以农业和农村为载体的新型生态旅游业，是农业与观光旅游业边缘交叉的新型产业。它不仅具有生产性功能，还具有改善生态环境质量，为人们提供观光、休闲、度假的生活性功能。观光农业旅游是在充分利用现有农业资源的基础上，通过以旅游内涵为主题的规划、设计与施工，把农业建设、科学管理、农艺展示、农产品加工及旅游者的广泛参与融为一体，使旅游者充分领略农业艺术及生态农业的大自然情趣的一种新型旅游形式。

观光农业的产生是农业发展、城市化推进、环境保护、人们生活水平提高和生活方式改变的必然趋势，也是城乡大融合的必然产物。近年来伴随着全球农业产业化发展的新趋势，传统农业正成为备受旅游业关注的一个新兴领域，于是地域农业文化与旅游边缘交叉的新型旅游项目，观光农业应运而生。

观光农业起源于100多年前的欧洲。最初的观光农业选址理论雏形可追溯到1826年杜能的“孤立国”理论，又称农业区位论。意大利是欧洲旅游业最发达的国家之一，它的农业旅游始于20世纪70年代，农业旅游景观注重现代化的农业和优美的自然环境、多姿多彩的民风民俗、新型的生态环境的结合。19世纪末英国的霍华德提出了“田园城市”的理论，他在《明日，一条通向真正改革的道路》中，认为田园城市实质上是城市与乡村的结合体，它的规模不应该超过一定程度，四周要有永久性农业地带围绕。从20世纪30年代起，英国政府就开始用景观环境保护的眼光来综合考虑城市和农村的区域规模。阿尔伯克比爵(P. Abercrombie)于1933年出版的《城乡规划》(Town and Country Planning)，对此有积极的影响。1942—1947年间，他吸收了霍华德“田园城市”与盖迪斯“组合城市”(Conurbation)等规划思想，主持编制了英国大伦敦规划。其中最有名的内容之一，就是在城市建成区外围，设置了一条宽约16km的绿带圈。它既可以作为伦敦的农业区，保持原有小镇的乡野风光特色，又可以阻止城市的过分扩张。

在亚洲，日本的观光农业开展得较早，早在1930年宫前义嗣在《大阪府农会报》杂志上就对都市农业有了初步的描述。1935年日本学者青鹿四朗在《农业经济地理》中将“都市农业”作为学术名词而提出。日本的观光农业在发展进程中主要出现了采摘观光、自然休养村、农舍投宿、市民农艺园等形式，为工业化日本社会中人们在紧张的工作之余提供接近自然、返璞归真的场所。它的规划很注重自然环境和生活景观的结合，在保持生态环境完美的同时，挖掘农村文化，以新的乡村文化来吸引外来游客。在韩国和马来西亚，近几年来观光农业发展迅速，它们主要采取观光农园的形式，将观光农业与花卉产业、旅游业紧密结合在一起。

在美洲，观光农业的内容和形式也很丰富多彩。20世纪90年代初，美国生态学家W. Haber提出了观光农业的规划和设计在很大程度上是景观生态学原理的实际应用问题，可以直接运用近几年来迅速发展的景观生态规划和设计的一系列原理和方法。美国风景园林学会主席西蒙兹在他的《大地景观规划—环境指南》中，就景观生态在农业景观规划中的应用也有所涉及。

我国的观光农业项目开发以台湾地区为早，在1978年台湾的农业和旅游业开始实现产业的结合。在我国大陆，20世纪80年代后期在北京昌平县十三陵旅游区首次出现了观光桃园，之后许多发达地区，如广东、上海、苏南的观光农业在90年代初也已纷纷兴起，至今已遍及到了全国中小城市。近年来我国分别启动了国家生态旅游示范区、旅游扶贫开发区、国家旅游度假区建设工程，在“十五”期间形成了三区联动、滚动发展的旅游产品新格局。

总之，观光农业的兴起依赖于深广的社会、经济背景，并将有着很好的发展前景。

一、观光农业的类型

发展观光农业，明确功能定位对于合理确定投资取向和规模以及配置科学管理方式和生产经营战术至关重要。观光农业园的类型很多，依形式和功能主要分为5种：

1. 观光农园

在城市近郊或风景区附近开辟特色果园、菜园、花圃、茶园等，让游客入内摘果、拔菜、赏花、采茶，享受田园乐趣。这是国内外观光农业最普遍的一种形式。

2. 农业公园

即按照公园的经营思路，把农业生产场所、农产品消费场所和休闲旅游场所结合为一体，如北戴河集发生态农业示范观光园。

3. 科普教育农园

这是兼顾农业生产与科普教育功能的农业经营形态。代表性的有法国的教育农场、日本的学童农园、台湾的自然生态教室、上海浦东孙桥现代农业开发区等。

4. 休闲度假村

具有农林景观和乡村风情特色，以休闲度假和民俗观光为主要功能。如广东东莞的“绿色世界”、北京顺义的“家庭农场”、河南栗川重渡沟风景区的农家乐休闲度假村等。

5. 多元综合农园

集观光农园、农业公园、科普教育农园和休闲度假村为一体。如浙江丽水市石牛观光农业园、苏州吴县西山现代化农业开发区。

二、观光农业园规划设计的相关理论与原则

观光农业园的规划设计不同于一般的风景名胜区或综合性公园，而是一个多方面理论的融合体，主要有以下相关理论作为规划基础。

(一)农业系统的构成理论

农业是由许多相互联系的因素构成的复合系统，各因素都与环境相互作用并有特定结构和功能，包括农业生产结构、农村产业结构、生态结构、经营形式等。

农业生产结构是指一个国家、一个地区或一个农业企业的农业生产是由哪些生产部门和生产项目组成，以及它们之间的比例关系和结合形式。农业生产结构的确立、配置和利用是否合理对农业生产、经济、资源发展利用有着重大的影响。

农村产业结构是指在一定的农村区域中各产业部门及其内部按一定方式实现的组合或构成，一般包括三大产业：第一产业指农业，即人们通过劳动去强化或控制动植物的生命过程，以取得生活资料、工业原料的生产部门，包括农、林、牧、副、渔；第二产业指工业，即从农业分离出来的物质生产部门，主要包括乡镇工业、农村建筑业、农村交通运输业等；第三产业指服务业，包括商业、服务业和旅游业等。

(二)景观美学

景观美学是应用美学理论研究景观艺术的美学特征和规律的学科。观光农业园是一种新兴的景观形态。景观美学的理论应用于观光农业园规划的实践主要体现在如下几方面：

1. 自然景观美

包括未经人为加工的自然物的天然美(如山水地貌景观美、天文气象景观美、生物景观美等)和经人为加工的自然物的艺术美(如田园风光美、盆景艺术美等)。

2. 工程设施美

农业景观中的沟渠道路、挡土护坡、水库堤坝、喷灌滴灌等农业生产设施在满足农业生产功能的同时，注重艺术处理，改变以往的单调、呆板的生产设施的设计方法，也会呈现出特殊的美学效果，如整齐划一的沟渠、壮观的场景喷灌等。

3. 历史人文景观美

包括名胜古迹景观、文物艺术景观、民间习俗与节庆活动、地方工艺、工业、生产观光及地方风味风情。不仅是旅游农业中展示农村文化、开展农村旅游活动的重要人文景观内容，而且增强了农业旅游的文化价值，提高了农业旅游观光的品位，吸引人们观赏、研究。

4. 生态和谐美

是指利用生态系统之间、生物之间、生物与非生物之间的生态关系如生态位、生境、共生、共栖、竞争、寄生等，在色彩、线条、形体等方面，借助于形式美法则进行加工修饰，形成生态和谐的景观。

5. 旅游生活美

观光农业园是一个可游、可憩、可赏、可居、可食的综合活动空间境域，满意的生活服务、健康的文化娱乐、清洁卫生的环境、便利的交通与治安保证都将怡悦人们的性情，带来生活的美感。

(三)景观生态学

农业景观是人为活动的产物，它包括农田、林(果)场、牧场、渔场、村庄等生态系统，其不同

的生态系统之间有着物质、能量、信息的流动以及相互的作用。从景观生态学的角度来说，景观要素的基本类型是由板块、走廊和本底构成，景观总体结构具有景观多样性、景观异质性等特点。景观多样性是指景观结构和功能方面的多样化，反映了景观镶嵌体的复杂性，可以利用丰富度、均匀度、镶嵌度来表示。农业景观中的间作、套作、农林茶复合种植等形式，从生态学上减少病害、增强抵抗力，从景观结构上增加了丰富性，从生产上能相互促进、增加产量，从美学上具有丰富性、多样性的统一。

景观异质性是指每个景观都有着与其他景观不同的个性特征，即不同的景观具有不同的结构和功能，通过特有的外貌形态表现出来。如平坦如茵的草地，色彩丰富的落叶阔叶林，矮小整齐的农作物等，在功能上又有自己特殊的作用，如坡地森林的保水护土、粮食经济作物的创收、观赏植物的观赏作用等。

（四）旅游心理学

旅游心理学主要研究旅游活动中人们的心理和行为的规律。旅游心理学认为旅游动机是直接推动一个人进行旅游活动的内部动因或动力，旅游动机的产生和人类的其他行为动机一样，都来自人的需要。

我国学者根据调查，归结常见到的旅游动机有：出自求实心理的动机、出自求新心理的动机、出自求美心理的动机、出自爱好心理的动机、出自求知心理的动机和出自文化动机。旅游农业作为一种新兴的特殊的旅游产品，无论是在新奇、实用、景观美、求知、文化等方面都符合上述的旅游动机，这也是近年来许多地区掀起旅游农业热潮的原因之一。观光农业园中的视觉景观形象也体现出农业园区的综合感应形象，与其他综合性公园或风景名胜区相比，给人以与众不同的心理感受。

（五）可持续发展理论

观光农业园的规划设计遵循的是生态规划的方式：通过协调而非改造的方式重建人与自然的关系；采取多目标而非单目标的途径解决环境问题，从时间而非空间上安排景观资源的充分利用；从生态状态而非视觉质量上构建景观元素的理想品质，最终目标是重建一个永续利用、健康且具备自然与文化特质的农业景观。观光农业园在实现环境的生态持续性、社会经济持续性和旅游持续性上均具有可实现性。

生态持续性就是在一定限度内维持生态系统的结构和功能，保持其自行调节和正常循环水平，并增加生态系统适应性和稳定性。社会经济持续性是指用最小的资源成本和投资获得最大的经济效益和社会效益。

旅游持续性是指在不破坏生态环境的前提下，适度、合理、充分地开发利用旅游资源，达到再生性、创新性和多样性的开发目标。

（六）共生理论

两种或两种以上的生物共同生活在一起，彼此受益而相互依赖的关系是生物学中的共生现象。共生发展理论是从生物共生现象得到的有益启示，以资源优势为启动点，在农业和旅游业资源的开发利用过程中，注重两大产业的有机结合和协调发展，使之最终形成整体化、系统化产业优势，从而达到解放生产力、保持观光农业园经济持续、快速和健康发展的目的。

(七)观光农业园规划设计的原则

1. 艺术表达遵循科技原理

观光农业园内的景观具有科技应用和美学、艺术的双重作用,但它们的双重作用表现是不平衡的,首要是体现科学原理,艺术处理处于从属地位。因此在进行园区规划时,应在体现科技原理指导的前提下,与艺术表达有机结合,如高科技农业示范区内的智能温室,在遵循科技原理的规划思路下,还可以考虑它的造型、色彩、质材的艺术特色。

2. 主观造景服从功能实用

在对观光农业园进行规划时,首先必须考虑到园内景观要素的功能实用性,其次才是它的造景功能。如在植物栽植上,可选择一些既具有经济价值、又具有观赏价值的经济林果,充分体现“春华秋实”的景观效果。

3. 布局有序调控时空变化

基于旅游农业的产业本质,农业园的景观排列和空间组合应首先讲求具有序列性和科学性。如观光农业园内可以随着地势的高低以及地貌特征安排不同种类、不同色彩的农作物,形成空间上布局优美、错落有序的景观风貌;从入口到园内,可以安排成熟期由早到晚的农作物,以及一些茬口的科学合理的安排,形成时间上变化有序的景观特色。

4. 动态参与强化视觉愉悦

观光农业园的规划既要达到视觉愉悦的效果,又具有动态参与的可能性。除了考虑景观的静态效果外,还要强调它的动态景象,即机械化劳作或游人在采摘、收获果实的参与过程中所形成的动态景观。如一片绿油油的野菜地,令人赏心悦目,置身于其中挖野菜,更是其乐无穷。

5. 心灵满足融进增知益智

心灵满足与增知益智相结合,也就是游人在参与劳作的过程中,心灵得到满足的同时,又学到了知识。如游客在参与采茶、制茶的过程中,了解到不同地区、不同民族的茶叶生产、加工以及泡茶、饮茶的习惯;或者游人在珍奇瓜果园内看到硕大无比的大南瓜,在视觉及心灵上受到强烈震撼的同时,又被激起是哪种技术培育出这样奇特景象的好奇心。

6. 结构相融营造人景亲和

在进行观光农业园规划时,要注意人造景观构成素材与周围的自然环境相融合,也就是结构相融的寓意。如在一片休闲茶园内,设置一个竹子制成的凉亭,就比一个钢筋混凝土的亭子自然得多,游客置身于其中,看到这样和谐的景观,也会充分体会到“天人合一”的深远意境。

7. 创意美与自然美的和谐

在进行观光农业园的规划时,要充分考虑园区内人造景观与自然景观的和谐一致。如在观光果园门区营造了一个状似苹果的瓜果造型大门,设在其他公园可能是不伦不类的,但放在果园门口,与园中的自然景观非常协调一致,是一种巧妙的构思。

8. 主体色彩体现农林氛围

在进行观光农业园规划时,景致是以绿色为主色调的色彩,因为绿色是与整个农林产业氛围最协调一致的色彩。绿色让人产生宁静、平和的情感,又是生命力的象征,是在规划中运用最多的色彩。

9. 人文特征反映乡土特色

指运用乡土植被、人文历史、民俗风情、农业文化等以展现地方景观特色的景观要素，使设计切合农业庄园景观。当地的自然条件反映当地的景观特色。通俗来说，就是要体现农业、农村、农民、农家的氛围和特点。

三、观光农业园规划设计和步骤

(一)观光农业园规划设计的立意与布局

1. 观光农业园规划设计的立意

(1)服务城乡、发展高效农业　观光农业园的规划和建设是体现在加快城市化进程、转变社会经济发展思路、推动农业转型升级的探索新板块，是充分利用发展机遇和发展优势、以新理念综合农林及三产开发的精品工程、窗口形象和产业化龙头项目，是实施土地由低效种植向综合利用，以适应城市发展、市场需求、多元投资并追求效益最大化的示范样板工程和热点工程。因此，以适应城区发展、服务城乡、发展现代都市农业为定位目标和指导思想，充分体现在现代农业园区基础上结合旅游度假区和未来城乡理想社区的基本要求，突出易于生产服务和多元经营的体系性、合理性、科学性和规范性，实现园区开发的产业化、生态化和高效化。

(2)因地制宜、突出生态　根据项目区的地形地貌和原有道路水系情况，本着因地制宜、节省投资的原则，以现有的区内道路和基本水系为规划基准点，根据现代都市农业园区体系构架、现代农业生产经营和旅游服务的客观需求以及生态化建设要求和项目设置情况，科学规划园区路网、水利和绿化系统，并进行合理的项目与功能分区。

(3)突出创新、重在利用　充分运用生态学、美学、心理学、园林学的基本原理，分析观光农业园的物理形态、生物形态、文化形态的分布位置及比重，以及它们在时空上的不同组合，并以此为依据，考虑观光农业园的景观表达特性及景观的表现形式。突出创新，使无机的、有机的、文化的各视觉事物布局合理，分布适宜，并达到均衡与和谐，尤其在展示现代化设施农业景观方面以达到最佳效果。

其次，对观光农业园内及周围已有的自然园景，如农田、山丘、河流、湖泊、植被、林木等原有现状，在尽量不破坏原基地植被及地形的前提下，谨慎地选择和设计，以充分保留自然风景，表现田园风光和森林景观。

2. 观光农业园规划设计的布局

(1)符合国土规划、区域规划、城市绿地系统规划和现代农业规划中确定的性质及规模，选择交通方便、有利于人流物流畅通的城市近郊地段，园区尽量靠近城郊主要干道，有利于农产品的来往运输。

(2)选择宜作工程建设及农业生产的地段，地形起伏变化不是很大的平坦地，作为观光农业园建设。应因地制宜地经过改造，有利于丰富园区的景观规划要求。

(3)可选择自然风景条件较好及植被丰富的风景区周围的地段，还可在农场、林地或苗圃的基础上加以改造，这样投资少、见效快。

(4)可选择利用原有的名胜古迹、人文历史或现代化农村等地点建设观光农业园，展示农林古老的历史文化或是崭新的现代社会主义新农村景观风貌。

(5)观光农业园的布局形式根据非农业用地，也就是核心区在整个园区所处的位置来划分，常有围合式、中心式、放射式、制高式、因地式等几种。

①围合式　在农业园规划平面图上，非农业用地呈块状、方形、圆形、不等边三角形设置于整个园区中心，四周被农业用地所包围。

②中心式　非农业用地位于靠近入口处的中心部位，这种形式方便游人和管理人员使用。

③放射式　非农业用地位于整个园区的一角，整个园区的重心还是在农业用地部分。

④制高式　非农业用地一般位于整个园区地势较高处，也就是制高点上。

⑤混合式　将前种布局形式相互配合，结合园区基地的实际情况将非农业用地进行因地制宜的布局。

(二)观光农业园的分区规划

观光农业园以农业为载体，属风景园林、旅游、农业等多行业相交叉的综合体，观光农业园的规划理论也借鉴于各学科中相应的理论。因我国的农业资源丰富，在进行观光农业园的规划时要有所偏重、有所取舍，做到因地制宜、区别对待。

1. 分区原则

(1)根据观光农业园的建设与发展定位，按照服从科学性、弘扬生态性、讲求艺术性以及具有可能性的可行性分区原则，整个园区将形成果林环抱(一产类)核心服务区域(三产类)的绿地围合式生态格局。整体上用规范式网状道路或水利形成基本分区骨架，以充分体现农业科学的本质性和现代农业文化的理念性；而局部分区内则分别采用规则式或自然式园景设计的布局手段，以体现观光农业的艺术灵动性和现代休闲文化的时尚性。

(2)根据项目类别和用地性质，示范类作物按类别分置于不同区域且集中连片，既便于生产管理，又可产生不同的季相和特色景观。

(3)科技展示性、观赏性和游览性强且需相应设施或基础投资较大的其他种植业项目，亦相对集中布局于主入口和核心服务区附近，既便于建设，又利于汇聚人气。

(4)经营管理、休闲服务配套建筑用地集中置于主入口处，与主干道相通，便于土地的集中利用、基础设施的有效配置和建设管理的有效进行。

2. 分区规划

典型观光农业园一般可分为生产区、示范区、观光区、管理服务区、休闲配套区。

(1)生产区　是观光农业园中占地面积较大，主要供农作物生产、果树、蔬菜、花卉园艺生产、畜牧养殖、森林经营、渔业生产之处，故需选择土壤、地形、气候条件较好，并且有灌溉、排水设施的地段，此区一般因游人的密度较小，可布置在远离出入口处，但与管理区要有车道相通，内部可设生产性道路，以便生产和运输。

(2)示范区　是观光农业园中因农业科技示范、生态农业示范、科普示范、新品种新技术的生产示范的需要而设置的区域，此区内可包括管理站、仓库、苗圃等，与城市街道有方便的联系，最好设有专用出入口，不应与游人混杂，到管理区内要有车道相通，以便于运输。

(3)观光区　是观光农业园中的闹区，是人流集中的地方。设有观赏型农田、瓜果、珍稀动物饲养、花卉苗圃等，园内的景观建筑往往较多地设在这个区。选址可选在地形多变、周围自然环境较好的地方，让游人身临其境感受田园风光和自然生机。群众性的观光娱乐活动常常人流集中，要合理地组织空间，应注意要有足够的道路、广场和生活服务设施。

(4)管理服务区　是因观光农业园经营管理而设置的内部专用地区，此区内可包括管理、经营、培训、咨询、会议、车库、产品处理厂、生活用房等，与园区外主干道有方便的联系，一般位于大门入口附近，到管理区内要有车道相通，以便于运输和消防。

(5)休闲配套区　在观光农业园中,为了满足游人休闲需要,在园区中单独划出休闲配套区是很必要的,休闲配套区一般应靠近观光区,靠近出入口,并与其他区用地有分隔,保持一定的独立性,内容可包括餐饮、垂钓、烧烤、度假、游乐等,营造一个能使游人深入乡村生活空间、参加体验的场所。

(三)农业产业的项目设计

农业项目设计面对生命体,受到自然规律和社会经济规划的制约,而且不是单一产业,包括农林牧副渔业和农产加工业。种养业和加工业有多种产业特点,有着完全不同的专业技术要求,设计方案要做到科学性、合理性和可操作性。

1. 农业项目设计原则

(1)技术先进　农业园区的项目选择必须以先进的科学技术为支撑,这样园区不仅可以作为带动区域经济的增长点,而且可以成为高新技术产业发育与成长的源头,向社会各个领域辐射。

(2)品种优良　不同的农业产业项目形态中,可选择一些品种优良的作物或畜禽,如经过基因组合选育的杂交玉米、彩色棉花、樱桃番茄和各种不同产地与种类的奶牛、肉牛、鹿、兔、猪、山猪、猫、狗等,进行产品加工、展销。

(3)观赏价值高　农业项目的设计中,观赏价值高也是我们选择的因素之一,起伏的山体,逶迤的林相,多姿多彩的蔬菜、水果和鲜花,奇异的畜禽水产,在园区内随着时空的变化映现出园区的生动和谐与朴实的乡间氛围,这种给游客视觉和心灵上带来的强烈的震撼,是一般园林景观所不能给予的。

(4)因地制宜　不同的区域、地段、地形、水文、气候等条件会有不同产业构成和种养要求,需要不同技术和设施要求。

(5)充分利用资源　包括地理景观、人文艺术、童玩技艺、农耕农产、渔牧生活等各种可供利用的农业与农村资源。合理地进行综合开发,才能提高农业的综合效益。

(6)可操作性　工艺技术要求要明确,并符合自然和社会规律,才能确保实现产业价值。

(7)经济可行性　农业园区的项目选择,关系到整个园区的技术水准和经济效益,必须以市场为导向,效益为中心,技术为支撑,才能真正达到农业增效、农民增收的效果。

(8)可持续性　农业项目设计不仅要满足经济发展的需要,同时还要满足资源与环境永续利用的需要,才能使园区长盛不衰,不断发展。

2. 农业产业项目种类

(1)农业　如果园、茶园、菜园、稻田、花圃等。

(2)林业　如林场、森林游乐区等。

(3)牧业　如牧场、养鸡场、养猪场等以畜牧经营为主的场合。

(4)渔业　如养虾场、贝类养殖场、鳄鱼养殖场、渔港、垂钓等。

(四)观光农业园设施景观设计

在进行观光农业园景观设计时,应有机地将自然素材、人工素材、事件素材进行创造和组织,使观光农业园景观的形象、意境、风格能有效地表达与显现。景观的形象是指外部形态的形状、尺度、色彩等;景观的意境是指设计者通过对各个元素在空间结构的组织和各元素的符号处理,使景观表现出设计者的意愿及内涵,以充分显示其环境特征、性质及可识别性;观光农业园景观在风格上应反映农业文化历史脉络，把历史文化、科学内涵、生活习俗等象征性因素融会贯通在景观形象之中，使景观在人们审美情趣过程中产生情感交流。

1. 建筑设施景观

观光农业园内建筑景观的创造既要具有实用功能，又具有艺术性。园区建设要与环境融为一体，尽量给游人以接近和感受大自然的机会，从而达到“相看两不厌”的境界。景区建筑的体量和风格应视其所处的周围环境而定，宜得体于自然，不能喧宾夺主，既要考虑到单体造型，又要考虑到群体的空间组合。

2. 道路景观

道路、水系、防护篱垣勾画出整齐的观光农业园空间格局，自然引导，畅通有序，体现了景观的秩序性和通达性。而且观光农业园内一个完整的道路、水系景观的空间结构为动物、农作物、昆虫等提供良好的生存环境和迁徙廊道，是园区中最具生命力与变化的景观形态，是理想的生境走廊(景观生态学上的廊道)。在一些农业历史文化展示的景观模式中，道路及水系景观保留了丰富的历史文化痕迹，这也是观光农业园规划的一项重要内容。

3. 农业工程设施景观

农业工程设施景观包括堤坝、沟渠、护坡、灌溉等农业生产设施景观，在满足农业生产功能的同时，注重艺术处理，改变以往单调呆板的生产设施设计方法，也会呈现出特殊的美学效果。

4. 生产景观

在大多数景观模式的规划中生产景观是最基本和主要的内容。露地随季节变化的果、菜、粱、棉、油等色彩，温室内反季节栽培的蔬菜瓜果和鲜活的畜禽水产等，在观光农业园中是不可缺少的景观规划内容。

(五)观光农业园道路交通、农业水利设计

1. 观光农业园道路设计

(1)着眼长远，又兼顾现状，确定主次出入口。园区内外进出通畅。

(2)园区内路径便捷、循环有序，流向合理，通达所有项目区。

(3)结合原有道路基础，合理布局分隔各大小项目区。

(4)主要道路连接园区中主要区域及景点，在平面上构成园路系统的骨架。在园路规划时应尽量避免让游客走回头路，路面宽度一般为 8 m，道路纵坡一般小于 8%。

(5)次要道路要伸出各景区，路面宽度为 6 m，地形起伏可较主要道路大些，坡度大时可做平台、踏步等处理形式。

(6)游憩小路为各景区内的游玩、散步小路。布置比较自由，形式较为多样，对于丰富园区内的景观起着很大作用。

2. 观光农业园水利设计

(1)园区内外水系贯通，灌、排、蓄兼用，进有水源，排有出路。

(2)充分利用原有的主要水系及水利工程。做好各级排水沟系。

(3)园地灌排工程要因地制宜。

(4)生产、生活用水分置考虑。

(六)观光农业园绿化设计

首先要从观光农业园的功能、环境质量、游人活动、庇荫等要求出发来全面考虑，按植物的

生物学特性，同时也要注意植物布局的艺术性。观光农业园中不同的分区对绿化种植的要求也不一样。

1. 生产区

因生产需要，生产区内温室内外或者花木生产道两侧原则上不用高大乔木作为道路主干绿化树种。一般以落叶小乔木为主调树种，常绿灌木为基调树种，形成道路两侧的绿带，再适当配以地被草花，总体上形成与生产区内农作物四季变化的景观季相的互补效应。

2. 示范区

示范区内的树木种类相对生产区内可丰富些，原则上根据示范区单元内容选取植物，形成各自的绿化风格，总体上体现彩化、香化并富有季相变化特色。

3. 观光区

观光区内植物可根据园区主题营造不同意境的绿化景观效果，总体上形成绿色生态为基调而又活泼多姿且季相变化丰富的植被景观。在大量游人活动较集中的地段，可设开阔的大草坪，留有足够的活动空间，以种植高大的乔木为宜。

4. 管理服务区

可以高大乔木作为基调树种，与花灌木和地被植物结合，一般采用规则式种植，形成前后层次丰富、色块对比强烈、绚丽多姿的植被景观。

5. 休闲配套区

可片植一些观花小乔木并且搭配一些秋色叶树和常绿灌木，以自由式种植为主，地被四时花卉、草坪，力求形成春有花、夏有荫、秋有果、冬有绿的四季景观特色。也可在一些游人较多的地方，规划建造一些花、果、菜、鱼和大花篮等不同造型和意境景点，既与观光农园主题相符，又增加园区的观赏效果。

(七)观光农业园电力及通讯规划

(1)估算园区的常规民用和市政年用电量，以常住人员按 50 kW·h/(人·月)计；经营用电(旅游接待)按 0.5 kW·h/人次计，农业及绿地养护年用电量按每 667 m^2 100 kW·h/年计。从而估算出园区近期(5～6 年)，远期为(7～10 年)的年用电量。

(2)测算固定电话、移动通讯、互联网的需求数量，电信部门设计施工。

(3)电力线布局，依路(沟)而建，建议园区内特别是休闲服务区、家庭农庄区和文体教项目区采用地下电缆。

【知识链接】

典型案例——北京市海淀区四季青观光采摘园

北京市海淀区四季青观光采摘园位于北京市西郊，西倚香山，北望玉泉山，东邻四环路，西邻五环路，风景优美，环境清新，是距离北京城区最近的观光休闲农园(图 11-1)。由 1979 年成立的北京四青乡政府所属果林所兴办，该园集科技服务、科技示范、良种推广、科普教育等为一体的综合性科普示范基地。

该园在合理利用原有景观的基础上，注重增加林木的观赏性、丰富色彩和层次感，在充分体现农业园区特色的同时，努力营造三季有花、四季常青的美丽景色。全园分为休闲娱乐区、园艺示范区、认养区、采摘区、园林区五个功能区，并重点对办公接待区、果艺馆、采摘区、服务设施、游憩路线进行改造设计。

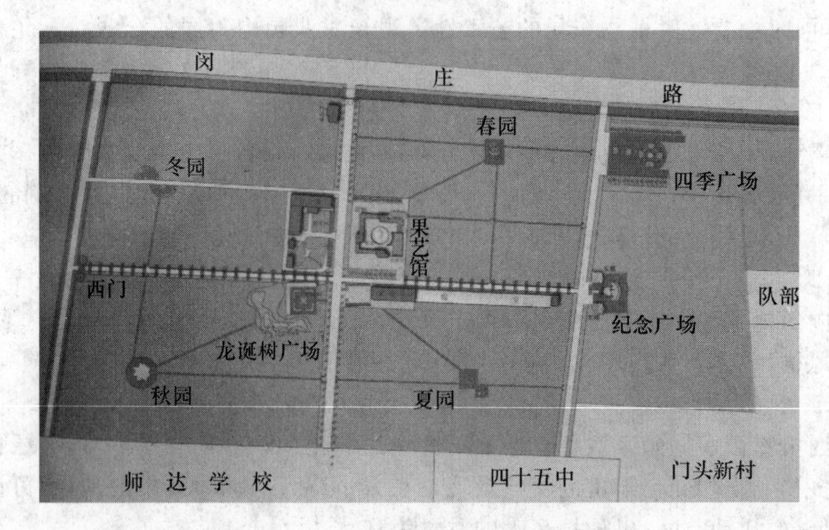

图 11-1 北京四季青观光采摘园平面图

办公接待区园林规划设计符合办公区的整体氛围，整齐划一，中央设有大型水池，池内设有配以彩灯的蒲公英型高大喷泉；池边相配合辟出一块台地，作为舞台，专为民艺和自乐表演之用。

果艺馆集宣传、教育与游憩于一体，采用现代材料的连廊，使建筑形成一个有机的整体，避免了零碎分散之感，并且起到遮风挡雨之功能。果艺文化展通过对农业文化、饮食文化、果品知识、食用工艺、实际操作的具体展示，给游人以放松心情的同时更得到精神上的升华与享受；同时可以进行各种果品的展销，在品评鲜美果品同时，还可得到独特的艺术享受。

采摘区内有国内外樱桃品种百余个，并兼种有杏、油桃、海棠、枣等其他果品。该区主要分为四部分，每部分分别设计一处小园，各自与春夏秋冬四季景色相呼应。春园以春花为主要造型；夏园以水体为主，池中种植有睡莲、荷花等名贵水生花卉；秋园以欧式喷泉为主景；冬园以松柏为主景。此外，园区种植规划重点强化了早、中、晚品种的配套，延长园区果实的采摘期，丰富采摘品种；园区内早春鲜花满园，春季有晶莹的樱桃、金黄的杏，夏季有鲜美的甜桃，秋季有大枣和海棠，晚秋初冬有冬红果。

服务设施的建设本着保护景观、方便游客、因地制宜、合理布局的原则，既有特色、质朴实用又有美学价值、适宜观赏，达到与幽静环境融为一体、相得益彰的作用；在现有基本建设的基础上，规划增设了厕所、小卖店、休息厅、加工坊等设施。

游憩路线在原有生产道路交叉口、重点地段设置一些特色的路标、指示牌、介绍牌，通过卡通形象造型介绍果品的栽培、繁殖、养护、采摘、贮藏、加工等一系列的过程。

观光农业园以安全生产、发展生态农业、建设标准化农业生产基地为宗旨，为游客提供了回归大自然、返璞归真、追求乡情野趣的独厚条件，在享受丰收果实的同时，增长了很多农业生产及生态保护的相关知识，在生态效益和社会效益方面起着重要而深远的意义。

第十二章　风景名胜区规划设计

任务　风景名胜区规划

【学习目标】

1. 了解风景名胜区的特点和设计过程；
2. 了解风景名胜资源综合评价和一般原则；
3. 掌握风景名胜区规划设计的方法和技巧。

【任务提出】

以庐山风景区为例，分析风景名胜区规划设计的要点。

【任务分析】

风景名胜区一般规划的主要内容有哪些？进行风景名胜区规划时有什么要求？

【基础知识】

一、风景名胜区总体规划

编制风景名胜区的总体规划，必须确定风景名胜区的范围、性质与发展目标，分区、结构与布局，容量、人口与生态原则等基本内容。

（一）范围、性质与发展目标

为便于总体布局、保护和管理，每个风景名胜区必须有确定的范围和外围特定的保护地带。确定风景名胜区规划范围及其外围保护地带，主要依据有以下原则：景源特征及其生态环境的完整性；历史文化与社会连续性；地域单元的相对独立性；保护、利用、管理的必要性与可行性。

规定风景名胜区范围的界限必须明确、易于标记和计量。风景名胜区的性质，必须依据风景区的典型景观特征、游览欣赏特点、资源类型、区位因素以及发展对策与功能选择来确定。风景名胜区发展目标，应根据风景名胜区的性质和社会需求，提出适合本景区的自我健全目标和社会作用目标两方面的内容。如以“天下秀”著名的峨眉山，在中低山部分有丰富的植物群落，有黑白两龙江的清溪、奇石，充分体现出“秀丽”之意，在海拔 3 100 m 高山部位，一山突起，又有“雄秀”之势，峨眉山又有丰富的典型地质现象、佛教名山的历史文化和众多的名胜古迹，因此形成了峨眉山具有悠久历史和丰富文化、雄秀神奇、游程长、景层高的山岳风景区性质，从而提出“以发展旅游为中心，以文物古迹为重要内容，在‘峨眉秀’字上做文章”的峨眉山的规划指导方针。

(二)分区、结构与布局

1. 规划分区

风景名胜区应依据规划对象的属性、特征及其存在环境进行合理区别，并应遵循以下原则：同一区内的规划对象的特性及其存在环境应基本一致；同一区内的规划原则、措施及其成效特点应基本一致；规划分区应尽量保持原有的自然、人文、线状等单元界限的完整性。

根据不同需要而划分的规划分区应符合下列规定：当需要调节控制功能特征时，应进行功能分区；当需要组织景观和游赏特征时，应进行景区划分；当需要确定保护培育特征时，应进行保护区划分；在大型或复杂的风景区中，可以几种方法协调并用。

2. 规划结构

风景名胜区应依据规划目标和规划对象的性能、作用及其构成规律来组织整体规划结构或模型，并应遵循下列原则：规划内容和项目配置应符合当地的环境承载能力、经济发展状况和社会道德规范，并能促进风景名胜区的自我生存和有序发展；有效调节控制点、线、面等结构要素的配置关系；解决各枢纽或生长点、走廊或通道、片区或网格之间的本质联系和约束条件。

凡含有一个乡或镇以上的风景区，或其人口密度超过 100 人/hm² 时，应进行景区的职能结构分析与规划，并应遵循下列原则：兼顾外来游人、服务职工和当地居民三者的需求与利益；风景游览欣赏职能应有相应的效能和发展动力；旅游接待服务职能应有相应的效能和发展动力；居民社会管理职能应有可靠的约束力和时代活力；各职能结构应自成系统并有机组成风景区的综合职能结构网络。

3. 规划布局

风景名胜区应依据规划对象的地域分布、空间关系和内在联系进行综合部署，形成合理、完善而又有自身特点的整体布局，并应遵循下列原则：正确处理局部、整体、外围三层次的关系；解决规划对象的特征、作用、空间关系的有机结合问题；调控布局形态对风景名胜区有序发展的影响，为各组成要素、各组成部分能共同发挥作用创造满意条件；构思新颖，体现地方和自身特色。

(三)容量、人口及生态原则

1. 风景名胜区容量

游人容量应随规划期限的不同而有变化。对一定规划范围的游人容量，应综合分析并满足该地区的生态允许标准、游览心理标准、功能技术标准等因素而确定。

(1)生态允许标准　符合表 12-1 的规定。

表 12-1　游憩用地生态容量

用地类型	允许容人量和用地指标		用地类型	允许容人量和用地指标	
	人/hm²	m²/人		人/hm²	m²/人
针叶林地	2～3	3 300～5 000	城镇公园	30～200	50～330
阔叶林地	4～8	1 250～2 500	专用浴场	<500	>20
森林公园	<20	>500～660	浴场水域	1 000～2 000	10～20
疏林草地	20～25	400～500	浴场沙滩	1 000～2 000	5～10
草地公园	<70	>140			

资料来源：《风景名胜区规划规范》(GB 50298—1999)。

(2)游人容量及计算方法 应由一次性游人容量、日游人容量、年游人容量三个层次表示。一次性游人容量(亦称瞬时容量),单位以“人/次”表示;日游人容量,单位以“人次/日”表示;年游人容量,单位以“人次/年”表示。游人容量的计算可分别采用线路法、卡口法、面积法、综合平衡法。

线路法:以每个游人所占平均道路面积计,5～10 m^2/人。

面积法:以每个游人所占平均游览面积计。其中:主景景点 50～100 m^2/人(景点面积);一般景点 100～400 m^2/人(景点面积);浴场海域 10～20 m^2/人(海拔 0～2 m 以内水面)。

卡口法:实测卡口处单位时间内通过的合理游人量,单位以“人次/单位时间”表示。

(3)风景区总人口容量测算 应包括外来游人、服务职工、当地居民三类人口容量。当规划地区的居住人口密度超过 50 人/hm^2 时,宜测定用地的居民容量;当规划地区的居住人口密度超过 100 人/hm^2 时,必须测定用地的居民容量;居民容量应依据最重要的要素容量分析来确定,其常规要素应是淡水、用地、相关设施等。

2. 风景区人口规模

风景区人口规模的预测应符合下列规定:人口发展规模应包括外来游人、服务职工、当地居民三类人口;一定用地范围内的人口发展规模不应大于其总人口容量;职工人口应包括直接服务人口和维护管理人口;居民人口应包括当地常住居民人口。

风景区内部的人口分布应符合下列原则:根据游赏需求、生境条件、设施配置等因素对各类人口进行相应的分区分期控制;应有合理的疏密聚散变化,使其各得其所;防止因人口过多或不适当集聚而不利于生态与环境;防止因人口过少或不适当分散而不利于管理。

3. 风景区的生态分区

风景区的生态原则应符合下列规定:制止对自然环境的人为消极作用,控制和降低人为负荷,分析游览时间、空间范围、游人容量、项目内容、开发强度等因素,并提出限制性规定或控制性指标;保持和维护原有生物种群、结构及其功能特征,保护典型而有示范性的自然综合体;提高自然环境的复苏能力,提高氧、水、生物量的再生能力与速度,提高其生态系统或自然环境对人为负荷的稳定性或承载力。

风景区的生态分区应符合下列原则:将规划用地的生态状况按危机区、不利区、稳定区和有利区四个等级分别加以标明;按其他生态因素划分的专项生态危机区应包括热污染、噪声污染、电磁污染、放射性污染、卫生防疫条件、自然气候因素、振动影响、视觉干扰等;生态分区应对土地使用方式、功能分区、保护分区和各项规划设计措施的配套起重要作用。

4. 风景区的环境质量

风景区规划应控制和降低各项污染程度,大气环境质量标准应符合 GB 3095—2012 中规定的一级标准;地面水环境质量一般应按 GB 3838—2002 中规定的第一级标准执行,游泳用水应执行 GB 9667—1996 中规定的标准,海水浴场水质标准不应低于 GB 3097—1997 中规定的二类海水水质标准,生活饮用水标准应符合 GB 5749—2006 中的规定;风景区室外允许噪声级应低于 GB 3096—2008 中规定的“特别住宅区”的环境噪声标准值;放射防护标准应符合 GB 18871—2002 中规定的有关标准。

二、风景名胜区专项规划

风景名胜区专项规划包括保护培育规划、风景游赏规划、典型景观规划、游览设施规划、基础工程规划、居民社会调控规划、经济发展引导规划、土地利用协调规划、分期发展规划等 9 个方面。

(一)保护培育规划

保护培育规划包括查清保育资源,明确保育的具体对象,划定保育范围,确定保育原则和措施等基本内容。

1. 风景保护分类

可以分为生态保护区、自然景观保护区、史迹保护区、风景恢复区、风景游览区和发展控制区等。

对风景区内有科学研究价值或其他保存价值的生物种群及其环境,应划出一定的范围与空间作为生态保护区。在生态保护区内,可以配置必要的安全防护性设施,应禁止游人进入,不得搞任何建筑设施,严禁机动交通及其设施进入。

对需要严格限制开发行为的特殊天然景源和景观,应划出一定的范围与空间作为自然景观保护区。在自然景观保护区内,可以配置必要的步行游览和安全防护设施,宜控制游人进入,不得安排与其无关的人为设施,严禁机动交通及其设施进入。

在风景区(森林公园)内各级文物和有价值的历代史迹遗址的周围,应划出一定的范围与空间作为史迹保护区。在史迹保护区内,可以安置必要的步行游览和安全防护设施,宜控制游人进入,不得安排旅宿床位,严禁增设与其无关的人为设施,严禁机动交通及其设施进入,严禁任何不利于保护的因素进入。

对风景区内需要重点恢复、培育、抚育、涵养、保持的对象与地区,例如森林与植被、水源与水土、浅海及水域生物、珍稀濒危生物、岩溶发育条件等,宜划出一定的范围与空间作为风景恢复区。在风景恢复区内,可以采用必要技术与设施,应分别限制游人和居民活动,不得安排与其无关的项目与设施,严禁对其不利的活动。

对风景区的景物、景点、景群、景区等各级风景结构单元和风景游赏对象集中地,可以划出一定的范围与空间作为风景游览区。在风景游览区内,可以进行适度的资源利用行为,适宜安排各种游览欣赏项目,应分级限制机动交通及旅游设施的配置,并分级限制居民活动进入。

在风景区范围内,对上述五类保育区以外的用地与水面及其他各项用地,均应划为发展控制区。在发展控制区内,可以准许原有土地利用方式与形态,可以安排同风景区性质与容量相一致的各项旅游设施及基地,可以安排有序的生产、经营管理等设施,应分别控制各项设施的规模与内容。

2. 风景保护分级

风景保护的分级可以分为特级保护区、一级保护区、二级保护区和三级保护区等四级。

风景区内的自然核心区以及其他不应进入游人的区域应划为特级保护区。特级保护区应以自然地形地物为分界线,其外围应有较好的缓冲条件,在区内不得搞任何建筑设施。

在一级景点和景物周围应划出一定范围与空间作为一级保护区,宜以一级景点的视域范围作为主要划分依据。一级保护区内可以安置必需的游步道和相关设施,严禁建设与风景无关的设施,不得安排旅宿床位,机动交通工具不得进入此区。

在风景区范围内,以及风景区范围之外的非一级景点和景物周围应划为二级保护区。二级保护区内可以安排少量旅宿设施,但必须限制与风景游赏无关的建设,应限制机动交通工具进入本区。

在风景区范围内,对以上各级保护区之外的地区应划为三级保护区。在三级保护区内,应有序控制各项建设与设施,并应与风景环境相协调。

保护培育规划应依据本风景区的具体情况和保护对象的级别而择优实行分类保护或分级保护，或两种方法并用，应协调处理保护培育、开发利用、经营管理的有机关系，加强引导性规划措施。

（二）风景游赏规划

风景游赏规划包括景观特征分析与景象展示构思，游赏项目组织，风景单元组织，游线组织与游程安排，游人容量调控，风景游赏系统结构分析等基本内容。

景观特征分析和景象展示构思，应遵循景观多样化和突出自然美的原则，对景物和景观的种类、数量、特点、空间关系、意趣展示及其游览欣赏方式等进行具体分析和安排，并对欣赏点选择及其视点、视角、视距、视线、视域和层次进行分析和安排。

游赏项目组织应包括项目筛选，游赏方式、时间和空间安排，场地和游人活动等内容。

风景单元组织应把游览欣赏对象组织成景物、景点、景群、园苑、景区等不同类型的结构单元。景点组织应包括景点的构成内容、特征、范围、容量；景点的主、次、配景和游赏序列组织；景点的设施配备；景点规划一览表等四部分。

景区组织应包括：景区的构成内容、特征、范围、容量；景区的结构布局、主景、景观多样化组织；景区的游赏活动和游线组织；景区的设施和交通组织要点等四部分。

游线组织应依据景观特征、游赏方式、游人结构、游人体力与游览规律等因素，精心组织主要游线和多种专项游线，包括以下内容：游线的级别、类型、长度、容量和序列结构；不同游线的特点差异和多种游线间的关系；游线与游路及交通的关系。

（三）典型景观规划

风景区典型景观规划应包括典型景观的特征与作用分析；规划原则与目标；规划内容、项目、设施与组织；典型景观与风景区整体的关系等内容。

典型景观规划必须保护景观本体及其环境，保持典型景观的永续利用；应充分挖掘与合理利用典型景观的特征及价值，突出特点，组织适宜的游赏项目与活动；应妥善处理典型景观与其他景观的关系。

（四）游览设施规划

旅行游览接待服务设施规划，包括游人与游览设施现状分析；客源分析预测与游人发展规模的选择；游览设施配备与直接服务人口估算；旅游基地组织与相关基础工程；游览设施系统及其环境分析等五部分。

游人现状分析，包括游人的规模、结构、递增率、时间和空间分布及其消费状况。游览设施现状分析，应表明供需状况、设施与景观及其环境的相互关系。

客源分析与游人发展规模的选择，应分析客源地的游人数量与结构、时空分布、出游规律、消费状况等，分析客源市场发展方向和发展目标，预测本地区游人、国内游人、海外游人递增率和旅游收入，游人发展规模、结构的选择与确定应符合要求，合理的年、日游人发展规模不得大于相应的游人容量。

依风景区（森林公园）的性质、布局和条件的不同，各项游览设施既可配置在各级旅游基地中，也可以配置在所依托的各级居民点中，其总量和级配关系应符合风景区规划的需求。

（五）基础工程规划

风景区基础工程规划包括交通道路、邮电通信、给水排水和供电能源等内容，根据实际需要，还可进行防洪、防火、抗灾、环保、环卫等工程规划。

风景区交通规划分为对外交通和内部交通两方面内容。应进行各类交通流量和设施的调查、分析、预测，提出各类交通存在的问题及其解决措施等内容。

风景区道路规划应合理利用地形，因地制宜地选线，同当地景观和环境相配合；对景观敏感地段，应用直观透视演示法进行检验，提出相应的景观控制要求；不得因追求某种道路等级标准而损伤景源与地貌，不得损坏景物和景观；应避免深挖高填，道路通过而形成的竖向创伤面的高度或竖向砌筑面的高度，均不得大于道路宽度。并应对创伤面提出恢复性补救措施。

通讯规划应提供风景区内外通信设施的容量、线路及布局。

风景区（森林公园）给水排水规划包括现状分析；给、排水量预测；水源地选择与配套设施；给、排水系统组织；污染源预测及污水处理措施；工程投资匡算。给、排水设施布局还应符合以下规定：在景点和景区范围内，不得布置暴露于地表的大体量给水和污水处理设施；在旅游村镇和居民村镇采用集中给水、排水系统，主要给水设施和污水处理设施可安排在居民村镇及其附近。

风景区供电规划应提供供电及能源现状分析，负荷预测，供电电源点和电网规划三项基本内容。在景点和景区内不得安排高压电缆和架空电线穿过；在景点和景区内不得布置大型供电设施。

（六）居民社会调控规划

凡含有居民点的风景区，应编制居民点调控规划；居民社会调控规划应包括现状、特征与趋势分析；人口发展规模与分布；经营管理与社会组织；居民点性质、职能、动因特征和分布；用地方向与规划布局；产业和劳力发展规划等内容。

（七）经济发展引导规划

经济发展引导规划包括经济现状调查与分析；经济发展的引导方向；经济结构及其调整；空间布局及其控制；促进经济合理发展的措施等内容。

（八）土地利用协调规划

土地利用协调规划应包括土地资源分析评估；土地利用现状分析及其平衡表；土地利用规划及其平衡表等内容（表 12-2）。

表 12-2　风景区用地平衡表

用地代号	用地名称	面积/km^2	占总用地/%		人均/(m^2/人)	
			现状	规划	现状	规划
甲	风景游赏用地					
乙	旅游设施用地					
丙	居民社会用地					
丁	交通与工程用地					
戊	林地					
己	园地					
庚	耕地					
辛	草地					
壬	水域					
癸	滞留用地					
年，现状总人口　　万人。其中：游人　　，职工　　，居民　　。						
年，规划总人口　　万人。其中：游人　　，职工　　，居民　　。						

资料来源：《风景名胜区规划规范》(GB 50298—1999)。

土地资源分析评估，包括对土地资源的特点、数量、质量与潜力进行综合评估或专项评估。土地利用现状分析应表明土地利用现状特征，风景用地与生产生活用地之间关系，土地资源演变、保护、利用和管理存在的问题。土地利用规划应在土地利用需求预测与协调平衡的基础上，表明土地利用规划分区及其用地范围。土地利用规划应遵循下列基本原则：突出风景区土地利用的重点与特点，扩大风景用地；保护风景游赏地、林地、水源地和优良耕地；因地制宜地合理调整土地利用，发展符合风景区特征的土地利用方式与结构。

（九）分期发展规划

风景区总体规划分期应符合以下规定：第一期或近期规划为5年以内；第二期或远期规划为5～20年；第三期或远景规划为大于20年。近期发展规划应提出发展目标、重点、主要内容，并应提出具体建设项目、规模、布局、投资估算和实施措施等。远期发展规划的目标应使风景区内各项规划内容初具规模，并应提出发展期内的发展重点、主要内容、发展水平、投资匡算、健全发展的步骤与措施。远景规划的目标应提出风景区规划所能达到的最佳状态和目标。

三、投资匡算与效益分析

投资匡算主要对服务设施工程、道路工程、供电工程、通信工程、给排水工程、营造林工程、景点建设、文物保护和管理机构建设等项目进行投资匡算。效益分析主要对风景区的营业收入、营业成本和税收等进行估算，计算出税后利润额，对投资收益进行分析。

风景区规划的成果应包括风景区规划文本、规划图纸、规划说明书、基础资料汇编等四个部分。规划文本应以法规条文方式，直接叙述规划主要内容的规定性要求。规划图纸应清晰准确、图文相符、图例一致，并应在图纸的明显处标明图名、图例、规划期限、规划日期、规划单位及其资质图签编号等内容。规划设计的主要图纸应符合规定。规划说明书应分析现状，论证规划意图和目标，解释和说明规划内容。

【知识链接】

典型案例——庐山风景区

庐山，又称匡山或匡庐，隶属于江西省九江市。位于九江市南36 km处，北靠长江，南傍鄱阳湖。南北长约25 km，东西宽约20 km。大部分山峰在海拔1 000 m以上，主峰汉阳峰海拔1 474 m，云中山城牯岭镇海拔约1 167 m。庐山雄奇秀拔，云雾缭绕，山中多飞泉瀑布和奇洞怪石，名胜古迹遍布，夏天气候凉爽宜人，是我国著名的旅游风景区和避暑疗养胜地，于1996年被列入“世界自然与文化遗产名录”(图12-1、图12-2)。古人云“匡庐奇秀甲天下”，自司马迁将庐山载入《史记》后，历代诗人墨客相继慕名而来，陶渊明、谢灵运、李白等1 500余位诗人相继登山，留下了许多珍贵的名篇佳作，成为千百年来脍炙人口的名篇。

庐山主要景点有锦绣谷、花径、秀峰、五老峰、碧龙潭瀑布、三宝树、美庐、芦林湖、庐山会议旧址、大口瀑布、乌龙潭、黄龙潭、白鹿洞书院、植物园、三叠泉、博物馆、含鄱口、龙首崖、仙人洞、汉阳峰、石门涧、小天池、牯岭、大天池、铁船峰、观音桥景区、御碑亭等。

锦绣谷：自天桥循左侧石级路前行至仙人洞，为一段长约1.5 km的秀丽山谷，这便是庐山1980年新辟的著名风景点——锦绣谷。相传为晋代东方名僧慧远采撷花卉、草药处。这儿

图 12-1　庐山风景区局部平面图

四时花开，犹如锦绣，故得名。

花径公园：位于牯岭街西南 2 km 处的如琴湖畔。有公路抵达，沿大林路步行，顺路可见冰川遗迹——冰桌巨石，又叫飞来石。花径相传是唐代诗人白居易咏诗《大林寺桃花》的地方。

图 12-2　庐山风景区入口

秀峰：是香炉峰、双剑峰、文殊峰、鹤鸣峰、狮子峰、龟背峰、姊妹峰等诸峰的总称。

五老峰：地处庐山东南，因山的绝顶被垭口所断，分成并列的五个山峰，仰望俨若席地而坐的五位老翁，故人们便把这原出一山的五个山峰统称为“五老峰”。它根连鄱湖，峰尖触天，五老峰海拔 1 358 m。

碧龙潭瀑布：距庐山牯岭十多里处的重岩幽林中，即王家坡瀑布。这个瀑布是在 20 世纪 20 年代初由一个砍柴的樵夫发现的，此后四方游客争相观赏，被视作山北绝胜。其水来自梭子岗北麓，由于这里层岩叠石，水流一路逶迤环绕。在注入碧龙潭的上段，分成三层挂瀑，而每层分为两条似白练般的悬瀑，连成数十米长，犹如双龙倚天，俯坠潭中。潭旁建有“观瀑亭”。在潭中还有一巨石横列，站在石上可东望鄱阳湖。

三宝树：黄龙潭上行约 300 m。此处浓荫蔽日，绿浪连天，三棵参天古树凌空耸立，其中两棵为柳杉,树龄 600 余年,另一棵为银杏,树龄 1 600 年,主干数人合抱不拢,形同宝塔。

美庐:曾作为蒋介石的夏都官邸,“主席行辕”,曾是当年“第一夫人”生活的房子。绿荫笼罩下的“美庐”别墅,为石木结构,主楼为两层,附楼为一层,占地面积为 455 m^2,建筑面积为 996 m^2。整个“美庐”庭园占地面积为 4 928 m^2,建筑占地面积仅占其中不足 10%,因而显得庭园特别敞亮,而建筑主体却又显得适宜,既不感到笨拙,又不感到纤弱,产生出一种和谐的美。

芦林湖:从黄龙寺沿石阶曲径上行约 20 min,便到芦林大桥。一路密林蔽日,树干高耸挺拔,夏日人行其间颇感凉爽身轻。芦林大桥高 30 m,桥坝一体,拦水成湖,湖水如镜,似发光的碧玉镶嵌在林荫秀谷之中,在缥缈的云烟衬托下,犹如天上神湖。二三百万年前,庐山处于第四纪冰期,这里是一个典型的冰窖,是当年庐山最大的屯积冰雪的谷地。1954 年在此筑坝蓄水,于是高峡出平湖,青山绿水,山色倒影,相映成趣。为庐山添一胜景。

庐山会议旧址:位于牯岭东谷掷笔峰麓。松柏茂密,溪水潺潺,环境优美。原是蒋介石在庐山创办军官训练团的三大建筑之一,于 1937 年落成,名庐山大礼堂。新中国成立后改名“人民剧院”,外表壮观,内饰华丽。1959 年中国共产党八届八中全会,1961 年中央工作会议和 1970 年九届二中全会均在此召开。里面保存着当年许多珍贵的实物、照片、材料和根据纪录片制作的录像片。右侧不远处的“庐山大厦”为外观 4 层、内有 6 层的钢筋水泥建筑,原为国民党军官训练团的中下级军官住所。位于会址和大厦中间的一座宫殿式建筑即为 1935 年落成的庐山图书馆。

大口瀑布:是庐山管理局近年开发出来的景点,游客可乘索道直接到大口瀑布,也可以从含鄱口坐索道直接到大口瀑布,大口瀑布又称彩虹瀑布,因为在雨过天晴后,在这里往往可以从灿烂的阳光下看到五颜六色的彩虹。

乌龙潭:原由三个大小不一的潭渊组成,古书中记载:“乌龙潭凡三潭,中、上两潭皆高数十百丈,下潭稍平夷”。今只见一潭,潭水分五股从巨石隙缝中飞扬而下,短而有力。

黄龙潭:与乌龙潭相邻,各有千秋。黄龙潭幽深、静谧,古木掩映的峡谷间,一道溪涧穿绕石垒而下,银色瀑布冲击成暗绿色的深潭。静坐潭边,听古道落叶、宿鸟鸣涧,自然升起远离尘世、超凡脱俗之感。大雨初过,隆隆不尽的闷雷回荡在密林之中。

白鹿洞书院:位于五老峰东南,全院山地面积为 3 000 亩,建筑面积为 3 800 m^2。山环水合,幽静深邃,为中国重点文物保护单位。至今已有 1 000 多年。

植物园:创建于 1934 年,面积 3 km^2。是中国最早的植物园之一,长江中下游地区植物物种迁地保存的重要基地。已收集国内外植物标本 10 万余种,引种驯化 3 400 多种。称为“活化石”的我国水杉,繁殖万株。植物园不仅是科研基地,且为风景胜地,按照植物自然群落,不同生态,分成 11 个展区。园中有休息厅,林荫下设石凳石桌,供游人休憩。

三叠泉:位于五老峰下部,飞瀑流经的峭壁有三级,溪水分三叠泉飞泻而下,落差共 155 m,极为壮观,撼人魂魄。

博物馆:在芦林湖畔,有一栋中西合壁的别墅式建筑。那是毛泽东在庐山期间曾住过的地方,人称芦林别墅。因房号是 1 号,故亦称“芦林一号”。别墅系 1961 年兴建,单层平顶,中有内院,总面积 2 700 m^2。1984 年改成博物馆馆址。新中国成立前庐山各栋中外别墅中的精品、陈列品和历史文物是馆藏中的主要组成部分。博物馆内展出历代名瓷中的精品,有汉代的青瓷、唐三彩、宋影青瓷、明青花瓷、清逗彩瓷,特别是明清代的展品,都柔润细腻,非常精美。博物馆内还收藏了蒋介石用过的“蒋”字瓷盘,宋美龄的象牙柄扇,以及蒋介石五十寿辰时,官僚们赠送的佩剑和铜砚。此外，馆中还藏有青铜器、陶器、工艺品、金石篆刻、历代钱币等藏品，其中也有许多是难得的珍品。

含鄱口：海拔 1 286 m，含鄱岭和对面的汉阳峰之间形成一个巨大壑口，大有一口汲尽山麓的鄱阳湖水之势，故得名。

龙首崖：位于大天池西南侧，下临绝壑，孤悬空中宛如苍龙昂首，飞舞天外。从悬崖左边的石亭中观看，龙首崖悬壁峭立，一石横亘其上，恰似苍龙昂首。崖下扎根石隙的几棵虬松在微风吹拂下，恰似龙须飘飞。

仙人洞：位于锦绣谷的南端，在佛手岩的覆盖下，一洞中开即为仙人洞。洞高、深各约 10 m，幽深处有清泉下滴，称“一滴泉”。

汉阳峰：是庐山第一高峰，海拔 1 474 m。据说，在月明风清之夜，站在峰巅上，可观汉阳灯火而得名。

石门涧瀑布：是庐山众多瀑布中最早录入史册的。2 000 多年前的《后汉书地理》中就有记载。

小天池：位于庐山牯岭北面，池中之水置于高山而终年不溢不涸。池后山脊上，屹立着一座白塔似的喇嘛塔，该塔建于 1936 年。小天池山对面还有一怪石，远望似一雄鹰伸颈欲鸣。鹰首由巨石叠就，一石伸出鹰嘴崖，石缝中绿树芳草婆娑似羽毛，名鷂鹰嘴。

牯岭：位于庐山的中心，三面环山，一面临谷，海拔 1 164 m，方圆 46.6 km，是一座桃源仙境般的山城。

大天池：位于庐山西部海拔 900 余米的天池山顶，南望九奇峰，下俯石门涧，东瞻佛手岩，西眺白云峰。龙首崖之险、凌虚阁之云、文殊台之佛光，堪称大天池“三绝”。

铁船峰：俗称“桅杆石”，与龙首崖隔涧相望。高峰矗立，似巨舰昂首而得名。1992 年在铁船峰顶新修建了静观亭及近人石刻等。

观音桥景区：观音桥号称“江南第一古桥”，建于公元 1014 年，该桥长 19.4 m、宽 4.8 m，它以雄伟的气势横跨在庐山的栖贤大峡谷之中，是国家级重点文物保护单位。

御碑亭：是明朝洪武二十六年(1393 年)九月，朱元璋为了纪念周颠仙等人修建，亭中至今还保存着朱元璋的御碑。碑上刻着他亲自撰写的《周颠仙人传》和《四仙诗》。这块御碑高约 4 m、宽 1.3 m、厚 0.23 m。

【知识拓展】

我国 960 万 km^2 的地域跨五个气候带，地形复杂、气候多样，大自然给我们造就了许多名山大川及其他自然美景，又有 5 000 多年的文化历史以及 56 个民族，拥有许多宝贵的人文景观。这些美丽的自然风景和历史人文景观需要有便利的交通和服务设施才能广泛地为人类所共享，因此，利用它们开发建设风景名胜区和森林公园恰到好处。

风景名胜区也称风景区，指经过国家或地方政府批准的，具有一定范围和规模及游览条件的，自然景观或历史人文景观富集，可供人们游览、休憩、娱乐的境域。经相应的人民政府审查批准后的风景区规划，具有法律权威，必须严格执行。

风景名胜区类型众多。既有山岳、湖泊、瀑布、海滨、岛屿等众多自然景观类型的，也有文物、古迹等人文景观为主的风景名胜区。

自然景观奇特。在我国的许多风景名胜区中，自然景观多姿多彩，千奇百怪，各具特色。如九寨沟风景名胜区有成百个阶梯彩色湖泊，无数飞瀑流泉。黄山奇峰怪石林立。

自然景观与人文景观融为一体。历来名山僧占多，我国的自然山川大都伴有不少文物古迹、神话传说，从不同的侧面体现中华民族的悠久历史和灿烂文化。如泰山、黄山两个风景名胜区，以“世界自然与文化遗产”列入了《世界遗产名录》。

早在20世纪50年代后期，我国就对个别风景区如桂林、庐山风景区进行了总体规划，1978年开始进行全国性风景名胜区规划工作。1982年11月，国务院正式发文批准同意城乡建设环境保护部联合文化部和国家旅游局提交的《关于审定第一批国家重点风景名胜区的请示》，并要求各地区、各部门切实做好风景名胜的保护和管理工作。至此，我国有了第一批经国务院批准设立的国家级重点风景名胜区，包括泰山、武夷山、鸡公山、杭州西湖等44处。

1988年8月1日，国务院正式行文公布了第二批国家级重点风景名胜区的名单，包括黄河壶口瀑布、金石滩、楠溪江、武陵源、昆明滇池、丽江玉龙雪山等40处。

国务院从1982年至2004年先后公布了五批国家级风景名胜区，共177处，建立起国家级、省级和县级风景名胜区相结合的管理体系。

1985年，全国人大批准我国加入联合国教科文组织《保护世界文化和自然遗产公约》。为了以国际标准保护我国的风景名胜资源，提高我国风景名胜区在国际上的地位，建设部随即着手开展申报列入世界遗产名录的工作。世界遗产是指被联合国教科文组织和世界遗产委员会确认的人类罕见的目前无法替代的财富，是全人类公认的具有突出意义的和普遍价值的文物古迹及自然景观。它包括“世界文化遗产”、“世界自然遗产”、“世界文化与自然遗产”和“文化景观”四类。截止到2006年7月，我国已有世界遗产36处，其中文化遗产有故宫、苏州古典园林、颐和园等22处，九寨沟、黄龙等自然遗产5处，泰山、黄山等文化自然遗产4处，文化景观1处，即庐山。

实 训 篇

实训内容

【知识目标】

1. 理解园林设计立意和布局的方法；

2. 掌握设计的构思立意、布局以及园林置景要素配置方法；

3. 理解造园各要素之间的相互关系和作用。

【技能目标】

掌握小型绿地的布局方法和空间尺度概念，将相关学科如园林建筑、园林工程、城市绿地规划、观赏植物学等课程的内容加以综合运用，达到设计的入门，并能绘制出相应的方案设计图纸。

实训一　园林构成要素

一、实训目的

通过在对公园、风景名胜区的参观实习和在理论课多媒体课件中的各种园林绿地图片的观察，了解园林构成要素包括的具体内容、各自的使用价值和艺术欣赏价值及其园林配置等，本项实习主要任务是对自然景观、历史人文景观和园林工程等各种园林构成要素进行调查，分析其平面、立体和色彩的基本构成，为今后在各种园林绿地规划设计的综合运用中奠定基础。

二、实训教学仪器及消耗材料

(1)测量仪器：数码照相机、激光测距仪、全站仪、地质罗盘仪。

(2)绘图工具：1＃图板，900 mm 丁字尺，45°、60°三角板，量角器，曲线板，模板，圆规，分规，比例尺，鸭嘴笔，绘图铅笔，粗、中、细针管笔。

(3)计算机辅助设计软件：AutoCAD、3DS MAX、Photoshop、HCAD。

(4)其他：各类辅助工具。

(5)图纸：园林制图采用国际通用的 A 系列幅面规格的图纸，以 2＃图幅(420×594)为准。

A 系列幅面规格如下：

	A0	A1	A2	A3	A4
$B\times L$	841×1 189	594×841	420×594	297×420	210×297
C	10			5	
a	25				

B:图纸宽度;L:图纸长度;C:非装订边各边缘到相应框线的距离;a:装订宽度,横试图纸左侧边缘,竖式图纸上侧边缘到图框线的距离。

要求绘制标题栏,标题栏格式如下：

<table>
<tr><td colspan="2" rowspan="2">单位：　　　学校
系　　级　　班</td><td>课程名称</td><td colspan="3">园林规划设计</td></tr>
<tr><td>设计课题</td><td colspan="3">园林构成要素</td></tr>
<tr><td>设计者</td><td></td><td colspan="2" rowspan="3">图纸名称</td><td>比例</td><td></td></tr>
<tr><td>制图者</td><td></td><td>图号</td><td></td></tr>
<tr><td>指导教师</td><td></td><td>设计日期</td><td></td></tr>
</table>

三、实训内容步骤

(1)观察山、水、道路、桥梁、假山、置石、建筑、设施、园林小品等的设计。

(2)地形是构成园林的骨架,主要包括平地、土丘、丘陵、山峦、山峰、凹地、谷地、坞、坪等类型。

(3)静水和动水两种类型:静水包括湖、池、塘、潭、沼等形态;动水的形态有河、湾、溪、渠、涧、瀑布、喷泉、涌泉、壁泉等。

(4)园林建筑的类型:厅、堂、楼、阁、塔、台、轩、馆、亭、榭、斋、舫、廊等。

(5)植物要素包括乔木、灌木、攀缘植物、花卉、草坪地被、水生植物等。

(6)各类园林小品。

四、作业

实训报告 1 份。

选择一有代表性的园林绿化地段,完成下列调查设计说明。

(1)山体、水体的基本形状;园林建筑、小品设计临摹。

(2)园林植物种类、用途。

(3)设计思路与原则与布局方式。

要求:小型园林构成要素如园桌、园椅、置石、雕塑、栏杆、宣传廊、花坛、花架、绿篱等园林小品,用 1∶(20～50)的比例尺,山水、道路、桥梁、假山、建筑等尽量采用大样图,图面结构完整,构图合理,清洁美观;图例、文字标注和图幅符合制图规范。

实训二　植物配置与造景

一、实训目的

掌握各种不同园林植物配置的基本规律以及由园林植物构成景观素材的特点和设计要

求,掌握园林景观设计图的制作方法。

二、实训教学仪器设备及消耗材料

(1)测量仪器:数码照相机、激光测距仪、全站仪、地质罗盘仪。

(2)绘图工具:1#图板,900 mm 丁字尺,45°、60°三角板,量角器,曲线板,模板,圆规,分规,比例尺,鸭嘴笔,绘图铅笔,粗、中、细针管笔。

(3)计算机辅助设计软件:AutoCAD、3DS MAX、Photoshop、HCAD。

(4)其他:各类辅助工具。

(5)图纸:园林制图采用国际通用的A系列幅面规格的图纸,以2#图幅(420×594)为准。

三、实训内容步骤

1. 实训内容

(1)独立花坛设计:盛花花坛,摸纹花坛,立体花坛,木本植物花坛,混合花坛,草皮花坛。

(2)花境设计:双面观花境,单面观花境。

(3)绿篱设计:常绿篱,花篱,蔓篱,刺篱。

(4)园林植物配置:孤植,对植,群植,丛植。

(5)攀缘植物配置:墙壁装饰,门窗,花架,栅栏,电杆,枯木。

(6)水生植物种植设计:规则式水面,自然式水面。

2. 实训步骤

(1)以上所列内容应重点进行实地考查,对确定的区域范围或对象进行有针对性的调查。

(2)对设计对象进行调查,测量并进行计算。

(3)绘制设计图,编写设计说明书。

四、作业

实习报告1份。

(1)设计思路。

(2)以人为单元,进行独立设计,并针对不同的设计对象,提出设计方案,绘制设计图,编写设计说明书,提出种苗计划、施工要求及注意事项等。

要求:以组为单位,进行踏查、调查和测量计算。图面结构完整,构图合理,清洁美观;图例、文字标注和图幅符合制图规范。

实训三　公园规划设计

一、实训目的

通过综合性公园的规划设计实习,学会公园规划设计的方法、手段、步骤。掌握城市公园规划设计的基本原则及园林风景构图与园林造景的基本手法,通过分析城市公园的立意、规划布局，确定各功能分区的联系与划分和植物的选择与配植。

二、实训教学仪器设备及消耗材料

(1)测量仪器：数码照相机、激光测距仪、全站仪、地质罗盘仪。

(2)绘图工具：1#图板，900 mm 丁字尺，45°、60°三角板，量角器，曲线板，模板、圆规，分规，比例尺，鸭嘴笔，绘图铅笔，粗、中、细针管笔。

(3)计算机辅助设计软件：AutoCAD、3DS MAX、Photoshop、HCAD。

(4)其他：各类辅助工具。

(5)图纸准备：园林制图采用国际通用的A系列幅面规格的图纸，以2#图幅(420×594)为准，绘制平面效果图。

三、实训内容步骤

以某一个公园为例，调查分析规划布局的基本形式。

1. 公园设置主要内容调查分类

观赏游览：观赏山石、水体、文物、花草、雕塑等。

安静休息：游泳、划船、音乐等。

儿童活动：如少年宫、迷宫、障碍游戏场、小型动物角、气象站、阅览室等。

政治及科普教育：展览、陈列、科技活动等。

体育活动：跑步、滑冰、球类、骑马等。

老年人活动：健身活动场地。

服务设施：餐厅、茶室、摄影、卫生室、厕所。

园务管理：办公、会议、温室、广播等。

2. 功能分区

文化娱乐区：俱乐部、游戏广场、露天剧场、音乐厅、戏水厅，一般公园主要建筑位于此区，全园布局重点常于中部，对建筑组合的景观要求较高。

观赏游览区：以观赏、游览、参观为主，进行相对安静的活动。

安静休息区：供休息、学习、散步及安静活动。

儿童活动区：一般可分为学龄前儿童区与学龄期儿童区。主要活动设施有游戏场、戏水池、运动场、障碍游戏、少年宫、阅览室等。

体育活动区：大众体育区及室内体育馆。

老人活动区：道路宜平坦，防滑。

四、作业

实训报告1份。

(1)设计思路(分析该公园的设计思路)。

(2)以人为单元，绘制总体平面图，绘制功能分区图，编写设计说明书，植物种植规划图等。

要求：①总体规划意图明显，符合园林绿地性质、功能要求，布局合理。②种植设计树种选择正确，能因地制宜地运用种植类型，符合构图要求，造景手法丰富。③图面表现能力强，整洁美观，图例、文字标注，图幅符合制图规范。④说明书语言流畅，言简意赅，能准确地对图纸进行说明，体现设计意图。⑤绿化材料统计基本准确。

实训四 居住小区游园设计

一、实训目的

了解居住小区游园的三种常见形式，掌握小游园规划设计要点，结合周边环境设计一个融生态、功能、艺术于一体的小游园。

二、实训教学仪器设备及消耗材料

(1)测量仪器：数码照相机、激光测距仪、全站仪、地质罗盘仪。

(2)绘图工具：1＃图板，900 mm 丁字尺，45°、60°三角板，量角器，曲线板，模板，圆规，分规，比例尺，鸭嘴笔，绘图铅笔，粗、中、细针管笔。

(3)计算机辅助设计软件：AutoCAD、3DS MAX、Photoshop、HCAD。

(4)其他：各类辅助工具。

(5)图纸准备：园林制图采用国际通用的 A 系列幅面规格的图纸，以 2＃图幅(420×594)为准，绘制平面效果图。

三、实训内容步骤

(1)调查当地的气候、土壤、地质条件等自然环境。

(2)了解小区游园周边环境、当地居民生活习惯、当地人文历史情况。

(3)实地考察测量，或者通过其他途径获得现状平面图。

(4)分析各种因素，如适当面积的铺装广场，以供市民聚集活动，适当的休息设施，如花坛、亭及花架，其他市民户外休闲活动设施，做出初步设计方案。

(5)经推敲，确定总平面图。

(6)绘制其他图纸，包括功能分区规划图、地形设计图、植物种植设计图、建筑小品平面图、立面图、剖面图、局部效果图或总体鸟瞰图等。

(7)编制设计说明书。

四、作业

实训报告 1 份。

设计图纸 1 套、设计说明书 1 份。

要求：①符合园林绿地性质、功能要求，布局合理。②种植设计树种选择正确，能因地制宜地运用种植类型，符合构图要求，造景手法丰富。③图面表现能力强，整洁美观，图例、文字标注，图幅符合制图规范。④说明书语言流畅，言简意赅，能准确地对图纸进行说明，体现设计意图。⑤绿化材料统计基本准确。

实训五　工厂绿化设计

一、实训目的

工矿企业不同的性质、类型，特殊的生产工艺等，对环境有着不同的影响与要求。工矿企业绿地与其他绿地形式相比，有环境恶劣、用地紧凑、安全生产、服务本厂职工的特点，根据这些情况进行工厂的绿化设计。

通过实训，掌握工厂的绿地规划设计的原则、植物选择要求，功能分区特点。

二、实训教学仪器设备及消耗材料

(1)工具：测量仪器、绘图工具、现有的图纸及文字资料等。

(2)图纸：采用国际通用的 A 系列幅面规格的图纸，以 1# 图幅(841×594)为准。

三、实训内容步骤

(1)生产区绿地：生产区主要有生产车间、辅助车间和动力设施、运输设施及工程管线。绿地比较零碎分散，常呈带状和团片状分布在道路两侧或车间周围。

(2)仓库、露天堆场区绿地：该区是原料、燃料和产品堆放的区域，绿化要求与生产区基本相同。

(3)道路绿地：工矿企业内部道路的绿化，基本要求与城市道路相同。但在植物选择上，要考虑企业的个体特点。

(4)绿化美化地段：工矿企业用地周围的防护林、全厂性的游园、屋顶花园、企业内部水源地的绿化。

四、作业

设计图纸 1 套、设计说明书 1 份。

以某工厂绿地规划设计为例，要求绘制总体平面图(1∶500)，标出植物明细表、设计说明等。

图纸要求：①总体规划意图明显，符合园林绿地性质、功能要求，布局合理，自成系统。②种植设计树种选择正确，能因地制宜地运用种植类型，符合构图要求，造景手法丰富，能与道路、地形地貌、山石水、建筑小品结合。空间效果较好，层次、色彩丰富。③图面表现能力强，设计图种类齐全，设计深度能满足施工的需要，线条流畅，构图合理，清洁美观，图例、文字标注，图幅符合制图规范。④说明书语言流畅，言简意赅，能准确地对图纸补充说明，体现设计意图。⑤方案绿化材料统计基本准确，有一定的可行性。

实训六　广场绿地设计

一、实训目的

了解城市广场设计的特点，基本要求和内容，掌握城市广场的设计方法。

二、实训教学仪器设备及消耗材料

(1)工具：测量仪器、绘图工具、现有的图纸及文字资料等。

(2)图纸：采用国际通用的 A 系列幅面规格的图纸，以 2＃图幅(841×594)为准。

(3)调查表格：见下表。

城市广场设计调查记录表

<table>
<tr><td>广场名称</td><td colspan="4"></td></tr>
<tr><td>广场类型</td><td colspan="4"></td></tr>
<tr><td colspan="2">广场的位置及周围环境状况</td><td colspan="3"></td></tr>
<tr><td colspan="2">广场的布局形式</td><td colspan="3"></td></tr>
<tr><td colspan="2">广场的主要景点布置</td><td colspan="3"></td></tr>
<tr><td colspan="2">广场道路的铺装材料</td><td colspan="3"></td></tr>
<tr><td rowspan="7">广场绿化植物种类的选择</td><td rowspan="2">乔木类</td><td>常绿</td><td colspan="2"></td></tr>
<tr><td>落叶</td><td colspan="2"></td></tr>
<tr><td rowspan="2">灌木类</td><td>常绿</td><td colspan="2"></td></tr>
<tr><td>落叶</td><td colspan="2"></td></tr>
<tr><td>花卉植物</td><td colspan="3"></td></tr>
<tr><td>草坪、地被植物</td><td colspan="3"></td></tr>
<tr><td>水生植物</td><td colspan="3"></td></tr>
<tr><td colspan="2">广场植物种植形式</td><td colspan="3"></td></tr>
<tr><td>调查时间</td><td colspan="2"></td><td>调查人</td><td></td></tr>
</table>

三、实训内容步骤

(1)选择所在城市具有代表性的 2～3 个城市广场(要有休闲广场、交通广场、集散广场等)并组织参观。

(2)以小组为单位，每组 2～3 人，进行调查、记载。包括广场的性质、广场的布局形式、广场绿化树种的选择、广场绿地植物种植的形式、广场的位置、广场周围的环境条件、广场道路的铺装材料、广场主要景点的特点及表现手法等。填写城市广场调查记录表，并对其现状及设计进行评价。

(3)对所调查的城市广场进行整理、汇总,总结不同类型广场的布局形式,广场绿化植物的选择,广场植物种植的形式等。

(4)给定一块空地及其周围的环境,作为城市休闲广场,对其进行设计。

(5)确定广场的布局形式,采用规则式、自然式、混合式或自由式。

(6)确定广场出入口的位置,考虑出入口内外的广场设置。包括主要出入口、次要出入口的设置等。

(7)组织城市休闲广场空间、设置游览路线、划分功能区、景区、布置景点。

(8)设计平面图,对广场绿地进行植物种植设计。

(9)最后完成整个休闲广场效果图的绘制。

(10)写出设计说明书:包括整体设计说明,局部景点的设计说明,植物的选择及植物种植设计说明等。

(11)要求每人设计一套图纸,包括城市休闲广场设计的平面图、效果图、局部立面图、植物种植设计图(附植物名录)。并编写设计说明书。

四、作业

实训报告1份。

设计图纸1套、设计说明书1份。

图纸要求:①符合园林绿地性质、充分考虑周边环境的关系有独到的设计理念,特点鲜明,布局合理。②种植设计树种选择正确,能因地制宜地运用种植类型,符合构图要求,造景手法丰富,能与道路、地形地貌、山石水、建筑小品结合。空间效果较好,层次、色彩丰富。③图面表现能力强,设计图种类齐全,设计深度能满足施工的需要,线条流畅,构图合理,清洁美观,图例、文字标注,图幅符合制图规范。④说明书语言流畅,言简意赅,能准确地对图纸补充说明,体现设计意图。⑤方案绿化材料统计基本准确,有一定的可行性。

实训七 屋顶花园的绿化设计

一、实训目的

了解屋顶花园设计遵循的原则、设计方法和屋顶花园的特征,掌握屋顶花园的构造和要求,掌握屋顶花园的植物种植设计。

二、实训教学仪器设备及消耗材料

(1)工具:测量仪器、绘图工具、现有的图纸及文字资料等。

(2)图纸:采用国际通用的A系列幅面规格的图纸,以1#图幅(841×594)为准。

三、实训内容步骤

(1)以本校的教学楼或图书馆楼顶为设计对象进行屋顶绿化设计。

(2)以小组为单位,每组 3～5 人进行设计,查阅相关资料,每个人提出各自的设计方案。

(3)对每个人提出的设计方案进行讨论总结,写出最后的设计方案。确定屋顶花园的绿化形式。以植物种植设计为主,绘制教学楼或图书馆屋顶绿化平面图。并写出设计说明,附植物名录。

(4)绘制该屋顶花园的构造剖面图。

(5)完成屋顶花园设计平面图、构造剖面图的绘制,写出实习报告。

四、作业

实训报告。

设计图纸 1 套、设计说明书 1 份。

要求:①符合园林绿地性质、充分考虑周边环境的关系有独到的设计理念,特点鲜明,布局合理。②种植设计树种选择正确,能因地制宜地运用种植类型,与道路、建筑小品结合好。③图面表现能力强,设计图种类齐全,设计深度能满足施工的需要。线条流畅,清洁美观,图例、文字标注,图幅符合制图规范。④说明书语言流畅,言简意赅,能准确地对图纸补充说明,体现设计意图。⑥方案绿化材料统计基本准确,有一定的可行性。

参考文献

1. 童隽.造园史纲.2版.北京:中国建筑工业出版社,1999.
2. 刘管平,等.园林建筑设计.北京:中国建筑工业出版社,1987.
3. 李敏.中国现代公园.2版.北京:科学技术出版社,1987.
4. 肖创伟.园林规划设计.2版.北京:中国农业出版社,2001.
5. 杨向青.园林规划设计.南京:东南大学出版社,2004.
6. 贾建中.城市绿地规划设计.北京:中国林业出版社,2012.
7. 同济大学,等.城市园林绿地规划设计.北京:中国建工出版社,1982.
8. 胡长龙.城市园林绿化.北京:中国林业出版社,1993.
9. 张维妮.景观设计初步.北京:气象出版社,2004.
10. 胡长龙.园林规划设计.北京:中国农业出版社,1998.
11. [美]尼古拉斯·T·丹尼斯等.景观设计师便捷手册.刘玉杰等译.北京:中国建筑工业出版社,2002.
12. 彭一刚.建筑空间组合.北京:中国建筑工业出版社,1983.
13. 艾友明.园林空间的色彩配置.安徽农业科学,2005,6.
14. 王晓俊.风景园林设计.南京:江苏科学技术出版社,2009.
15. 温扬真.园林设计原理概论.北京:中国林业出版社,2002.
16. 彭一刚.中国古典园林分析.北京:中国建筑工业出版社,2000.
17. [美]诺曼 K·布恩.风景园林设计要素.曹礼昆,曹德鲲译.北京:中国林业出版社,1989.
18. 苏州园林管理局.苏州园林.上海:同济大学出版社,1991.
19. 施政.留园.南京:南京工学院出版社,1988.
20. 吴靖宇.拙政园.南京:南京工学院出版社,1988.
21. 陈珍棣.网师园.南京:南京工学院出版社,1988.
22. 唐学山,等.园林设计.北京:中国林业出版社,1997.
23. 周武忠.园林美学.北京:中国农业出版社,1996.
24. 孟兆祯,等.园林工程.北京:中国林业出版社,1995.
25. 毛培琳.水景设计.北京:中国林业出版社,1993.
26. 吴为濂.景园建筑工程设计(上、下册).上海:同济大学出版社,1996.
27. 过元炯.园林艺术.北京:中国农业出版社,1996.
28. 周维权.中国古典园林史.北京:清华大学出版社,1999.
29. 刘永德,三村翰弘,川西利昌,等.建筑外环境设计.北京:中国建筑工业出版社,1996.

30. 王先杰. 园林艺术及设计原理. 哈尔滨:东北农业大学出版社,1997.
31. 周武忠. 园林植物配置. 北京:中国农业出版社,1999.
32. 熊济华. 观赏树木学. 北京:中国农业出版社,1998.
33. 赵建民. 园林规划设计. 北京:中国农业出版社,2001.
34. 邓述平,王仲谷. 居住区规划设计资料集. 北京:中国建筑工业出版社,1996.
35. 杨向青. 园林规划设计. 南京:东南大学出版社,2004.
36.《城市园林绿地规划》编写组. 城市园林绿地规划. 北京:北京林业出版社,1987.
37. 陈跃中. 休闲社区—现代居住环境景观设计手法探讨. 中国园林,2003,1.
38. 何昉,叶枫. 小康社会初期住区环境设计的"价廉物美"——从深圳政府福利房环境设计谈起. 中国园林,2003(6).
39. 杨赉丽. 城市园林绿地规划. 北京:中国林业出版社,2006.
40. 段战锋,邹志荣,吴雪萍. 浅析居住区景观设计原则. 安徽农业科学,2006(9).
41. 席跃良,李珠志. 环境艺术设计概论. 北京:清华大学出版社,2006.
42. 黄金锜. 屋顶花园设计与营造. 北京:中国林业出版社,1996.
43. 中国城市规划学会. 城市环境绿化与广场设计. 北京:中国建筑工业出版社,2003.
44. 黄东兵. 园林规划设计. 北京:高等教育出版社,2003.
45. 梁明,赵小平,王亚娟. 园林规划设计. 北京:化学工业出版社,2005.
46. 夏祖华,黄伟康. 城市空间设计. 2 版. 南京:东南大学出版社,2002.
47. 上海市绿化管理局. 上海园林绿地佳作. 北京:中国林业出版社,2004.
48. 梁心如. 城市园林景观:广州园林建筑规划设计院作品集. 沈阳:辽宁科学技术出版社,2000.
49. 李德华. 城市规划原理. 北京:中国建筑工业出版社,2006.
50. 宜春学院. 园林规划设计(电子教案).
51. 刘滨谊. 城市滨水区景观规划设计. 南京:东南大学出版社,2006.
52. 徐峰,等. 水景园设计与施工. 北京:化学工业出版社, 2006.
53. 罗斯玛丽・麦克里里,著. 水景园. 倪琪等译. 北京:中国建筑工业出版社,2004.
54. 中国城市规划学会. 滨水景观. 北京: 中国建筑工业出版社,2000.
55. 毛培林. 水景设计. 北京:中国林业出版社, 1993.
56. 陈晓丽. WTO 与中国的城市规划. 城市规划,2002(6):10-11.